FLUGZEUGE

Einführung

Der Traum vom Fliegen hat die Menschen immer schon fasziniert. So ist es nicht weiter verwunderlich, dass sich seit den Anfängen der motorisierten Luftfahrt hunderte, ja tausende Begeisterte der Verwirklichung dieses Traumes widmeten, die unglaublichsten Maschinen konstruierten und sich damit in die Lüfte erhoben. Da man im Ersten Weltkrieg die strategische Verwendbarkeit des Flugzeugs erkannte, endete die Pionierzeit sehr abrupt und es wurden Kampfmaschinen in großer Zahl entwickelt und gebaut. Mut und ein Mindestmaß an technischem Verständnis waren jedoch erforderlich, um diese Maschinen zu fliegen und auch zu beherrschen. Mit der Entwicklung der »modernen« Luftfahrt in den Zwanziger- und Dreißigerjahren hatten die »fliegenden Kisten« ausgedient. Die neuen Motoren wurden leistungsfähiger, aber auch sicherer, und aus aller Welt gab es Berichte über neue Rekorde, Überflüge und Luftraumeroberungen. Die Konstruktion und der Bau neuer Flugzeuge wurde nun zur Aufgabe großer Firmen, die sich zu Industrien entwickelten und über spezielle Einrichtungen und Produktionsmöglichkeiten einer Größenordnung verfügten, mit der die kleinen handwerklichen Betriebe nicht mehr mithalten konnten.
Heute, rund hundert Jahre nach dem ersten legendären Flug der Brüder Wright, hat der unaufhaltbare Fortschritt noch kein Ende gefunden und auf dem Gebiet der Technologie zu einer Kostenexplosion geführt. Viele Unternehmen der Branche mussten schließen oder wurden von anderen, stärkeren aufgekauft. Industrieländer Asiens mischen heute in der Luftfahrtindustrie erheblich mit und haben in der Elektronik einen hohen Stellenwert.
Das Flugzeug ist zweifellos, sowohl was seine Konstruktion als auch seine Nutzung durch den Menschen betrifft, eine der umwälzendsten Errungenschaften des 20. Jahrhunderts. Durch dieses neue Transportmittel ist der Planet sprichwörtlich kleiner geworden, wir Menschen sind zusammengerückt und fühlen uns zunehmend als Weltbürger. Das Flugzeug hat das Angesicht des Krieges und seinen Rhythmus verändert und sich zu einem entscheidenden Element in den kriegerischen Auseinandersetzungen entwickelt. Gleichzeitig hat es sich als unverzichtbares Hilfsmittel zur Rettung menschlichen Lebens erwiesen, von den täglichen Einsätzen der Rettungsflugzeuge und -helikopter bis zu den Luftbrücken, die zu entlegenen Gebieten eingerichtet werden, wo Menschen durch Katastrophen in Not geraten sind. Auch bei der Erkundung der Natur und der Umwelt, der Geografie, Geologie, Zoologie, Meteorologie und Archäologie, auf den Weltmeeren und auf allen Kontinenten, wird es immer wichtiger.
Dieses Handbuch hat es sich zum Ziel gesetzt, alle wichtigen und repräsentativen Flugzeuge dieses Jahrhunderts in einem einzigen Band zusammenzufassen, um allen Interessierten und auch den auf dem Gebiet der Luftfahrt weniger Beschlagenen einen guten Überblick über die Aeronautik zu geben. Der Neuling wird in diese faszinierende Materie eingeführt und findet hier viele seiner Fragen beantwortet, während dem Experten mit diesem Buch eine wertvolle und umfassende Informationsquelle zum Nachschlagen und »Auffrischen« in die Hand gegeben ist.

Wie man dieses Buch benutzt

Alle Fluggeräte, die der Mensch im Laufe der Geschichte der bemannten Luftfahrt gebaut hat, mit Bildern und genauen technischen Daten in einem einzigen Buch zusammenzufassen, wäre ein Ding der Unmöglichkeit. Die 400 ausgewählten Beschreibungen in diesem Handbuch entwerfen ein mehr als repräsentatives Bild der Gesamtheit aller Flugzeuge und Helikopter, die für die Entwicklung der Luftfahrt und der Luftfahrtindustrie von Bedeutung waren. Experimentalmodelle oder Prototypen, die niemals die Serienreife erreichten, wurden in diese Auswahl bewusst nicht aufgenommen, ebenso wie Segelflugzeuge sowie die so genannten Ultraleicht-Flugzeuge (ULF), da sie den Rahmen dieses Buches sprengen würden. Die einzelnen Flugzeuge sind alphabetisch nach dem Namen der Produktionsfirma sowie dem Alter des Modells vorgestellt. **Jedes Flugzeug ist aus Gründen der Übersichtlichkeit immer unter dem Namen der Firma zu finden, die es ursprünglich konstruiert hat** (siehe auch »Index der Flugzeugtypen«), auch wenn spätere Namensänderungen vorgenommen bzw. Produktionsrechte abgetreten wurden.

Visitenkarte

In tabellarischer Übersicht werden hier die wichtigsten Informationen über das einzelne Fluggerät aufgelistet: Ursprungsland, Typ, Antriebssystem, Datum des Jungfernfluges, die Anzahl gebauter Exemplare und Versionen sowie die Anzahl der Länder, in denen es eingesetzt wird (bzw. wurde). Wie man sich unschwer vorstellen kann, sind die letzten beiden Angaben jene, die mit Abstand am schwierigsten zu überprüfen sind. Aus Gründen der Geheimhaltung oder mangels an Informationen, weil das Flugzeug auch in Lizenz produziert wurde oder die Produktion noch im Gange ist, kann man manchmal nicht mit Sicherheit angeben, wie viele Exemplare eines bestimmten Modells bisher gebaut wurden. Die Länder, die den jeweiligen Flugzeugtyp einsetzen, sind bei teilweise oder ausschließlich zivil genutzten Flugzeugen nicht angegeben, da gerade Kaufverträge zwischen Privatfirmen, die oft auch gebrauchte Flugzeuge betreffen, schwer zu kontrollieren und zu erfassen sind. Durch die verschiedenen Farben der Visitenkarten (siehe Legende rechte Seite) kann man die Flugzeuge und Helikopter schnell und einfach ihrem Verwendungszweck zuordnen.
Die allgemeine Beschreibung erzählt die Geschichte des jeweiligen Flugzeugs von der Projektphase bis zu den ersten Prototypen bzw. zur Serienproduktion und dokumentiert auch die im Laufe der Jahre eingeflossenen technischen Verbesserungen und Veränderungen, durch die neue Modelle entstanden sind. Bei Kampfflugzeugen und -hubschraubern, die bereits im Krieg eingesetzt wurden, werden die Kriegsschauplätze und Operationen angegeben, bei denen sie eine wichtige Rolle spielten.

Seite 6: Die Northrop-Grumman B-2 Spirit, ein streng geheimer, hochmoderner US-Bomber. Seite 10: Die Supermarine Spitfire, die unter dem Banner der R.A.F. in den Luftschlachten des Zweiten Weltkrieges berühmt wurde.

Technische Daten

Dieser Absatz ist den technischen Merkmalen gewidmet und liefert wichtige Daten für den Vergleich mit ähnlichen Modellen oder zur Beobachtung des Fortschritts und der Entwicklung im Laufe der Jahrzehnte.

Ein umfangreicher alphabetischer Index der Flugzeugtypen ergänzt dieses Handbuch und macht es zu einem praktischen Nachschlagewerk und einer Fundgrube an Informationen und Wissenswertem.

Jäger	Unter diesem Stichwort findet man alle für den Luftkampf und zur Bekämpfung von Bodenzielen entwickelten **Jagdflugzeuge.**
Bomber	Unter diesem Stichwort findet man alle **Kriegsflugzeuge,** die ausschließlich zum Abwurf von Bomben konzipiert und ausgerüstet sind.
Schulflugzeuge	Hier findet man alle Flugzeuge für **Schulungszwecke,** die ursprünglich als solche entworfen wurden, auch wenn man sie später anderweitig verwendete.
Zivile Transporte **Militärische Transporte**	Unter dem Stichwort **Transporte** sind all jene Flugzeuge zusammengefasst, die für Transporte auf dem militärischen oder zivilen Sektor entworfen wurden, auch wenn sie später für andere Zwecke umgestaltet wurden.
Zivile Helikopter **Militär-helikopter**	Bei den **Helikoptern** wird ebenfalls unterschieden, für welche Zwecke sie gebaut wurden, auch wenn einige Modelle sowohl im zivilen als auch im militärischen Bereich eingesetzt werden.
Allgemeine Luftfahrt	Unter diesem Stichwort findet man **alle Flugzeuge,** die entweder in privatem Gebrauch von Einzelpersonen stehen oder Geschäfts-, Sport- und Tourismuszwecken dienen.
Luftraum-überwachung	Hier sind **alle Flugzeuge** zusammengefasst, die der Überwachung von der Luft aus dienen, wie etwa Aufklärer, Radarflugzeuge etc.
Spezielle Fluggeräte	In dieser Gruppe finden wir **besondere Arten von Flugzeugen,** die eigenen Kategorien angehören, wie etwa das Wasserflugzeug oder der Senkrechtstarter.

Die Flugzeuge von A bis Z

Aeritalia G222

Visitenkarte

Land
Italien

Typ
Allzweck-Transportflugzeug

Antrieb
zwei Propellerturbinen

Jungfernflug
18. Juli 1970

Gebaute Exemplare
108

Gebaute Versionen
6

Einsatzländer
9

Den Auftrag zur Entwicklung eines neuen Transportflugzeugs für die italienische Luftwaffe erging 1963 an Fiat. Es war an der Zeit, die veralteten Fairchild C-119 zu ersetzen. Die **G222** konnte 44 voll ausgerüstete Soldaten oder 32 Fallschirmspringer aufnehmen. Sieben Jahre später stieg der erste Prototyp zu seinem Jungfernflug auf. 1976 wurden 44 Exemplare an die italienische Luftwaffe geliefert. Spätere Versionen wurden zur Brandbekämpfung eingesetzt, dienten als Rettungsflugzeug und wurden auch für Beobachtungs- und Vermessungsflüge verwendet. Der Erfolg dieses Flugzeugtyps zeigt sich darin, dass es in acht Länder exportiert wurde. 1990 bestellte die USAF 10 Exemplare einer neueren Version, der **C27-A Spartan,** für spezifische strategische Einsatzbereiche, die Lieferung erfolgte 1991. In Zusammenarbeit mit Alenia und Lockheed-Martin entwickelte man die **C-27J,** die einige Ausstattungen und Komponenten der **C-130J** verwendet. *Foto: G222 TCM.*

Technische Daten: Spannweite 28,70 m; Länge 22,70 m; Höhe 10,50 m; Tragflügelfläche 82 m². **Gewicht:** Leergewicht 15.700 kg; max. Startgewicht 28.000 kg; oder 9000 kg und 53 ausgerüstete Soldaten/42 Fallschirmspringer. **Triebwerk:** zwei General Electric T64-GE-P4D-Propellerturbinen mit je 2534 kw (3447 PS). **Leistung:** Höchstgeschwindigkeit in 4575 m Höhe 540 km/h; Dienstgipfelhöhe 7600 m; max. Einsatzreichweite 4000 km, bei voller Beladung 1259 km. **Besatzung:** 3-4. *Die Daten beziehen sich auf die G222.*

Aermacchi M.B.339

Visitenkarte

Land
Italien

Typ
militärische Trainermaschine

Antrieb
Strahltriebwerk

Jungfernflug
12. August 1976

Gebaute Exemplare
219 (noch in Produktion)

Gebaute Versionen
7

Einsatzländer
9

Als die italienische Luftwaffe 1972 die Ausschreibung für einen neuen Trainer der zweiten Generation, der das Modell **M.B.326** ersetzen sollte, veröffentlichte, kamen neun verschiedene Entwürfe der Aeronautica Macchi in die engere Wahl. Man entschied sich für die Viper-Version, die dem Modell im Großen und Ganzen der Zelle der **M.B.326K** glich. Im Wesentlichen bestanden die neuen Hauptgruppen lediglich aus dem Vorderrumpf mit seinem modifizierten Cockpit, das eine erheblich bessere Sicht nach allen Seiten bot, und dem größeren Seitenleitwerk. 1978 wurden die ersten Exemplare geliefert, und 1982 wurde auch die Kunstflugstaffel »Frecce Tricolori« damit ausgestattet. Später wurde die **M.B.339** in acht Länder exportiert. 1980 präsentierte Aermacchi den einsitzigen Jagdbomber **M.B.339K,** der der Philosophie der M.B.326 entsprach, jedoch den Markt nicht erobern konnte. Die letzten Versionen **CD/FD** wurden speziell für den Kunstflug entwickelt und sind Jäger der neuesten Generation. *Foto: M.B.339 PAN.*

Technische Daten: Spannweite 10,80 m; Länge 10,90 m; Höhe 3,90 m; Tragflügelfläche 19,30 m². **Gewicht:** Leergewicht 3125 kg; max. Startgewicht 5900 kg. **Triebwerk:** Strahltriebwerk Rolls-Royce Viper 632-43 mit 1814 kp Schub. **Leistung:** Höchstgeschwindigkeit 898 km/h; Dienstgipfelhöhe 14.630 m; max. Einsatzreichweite 2110 km. **Bewaffnung:** sechs Außenlastträger mit einer Höchstlast von 1800 kg. **Besatzung:** 2. *Die Daten beziehen sich auf die M.B.339A.*

Aero Spacelines Guppy

Aero Spacelines erkannte die Notwendigkeit übergroßer Frachtflugzeuge als Erste und kam 1961 zu dem Entschluss, eine Boeing B-377 zweckmäßig umzubauen. Man verlängerte den Rumpf um 5,08 m und setzte eine gewaltige Rumpfröhre auf das alte, oben offene Flugwerk, dadurch erhielt man eine Kabine, die Frachtstücke mit einem Durchmesser von bis zu 6,02 m aufnehmen konnte. Dem **B-377PG Pregnant Guppy** folgte der **B-377SG Super Guppy**, der zusätzlich mit größerer Spannweite und vier Turboprop-Triebwerken punktete. Beide Modelle standen ab 1963 im Dienst der NASA. 1972 kaufte Airbus Industries vier **Guppy 201** zur Beförderung großer Frachtstücke (bis zu 6 m Durchmesser); der Frachtraum hat eine Nutzladefläche von ca. 1104 m^2. 1995 hat man begonnen, diese mit dem SATIC Airbus A300-600ST »Beluga« zu ersetzen. *Foto: Guppy 201.*

Technische Daten: Spannweite 47,60 m; Länge 43,80 m; Höhe 14,70 m; Tragflügelfläche 182,50 m^2. **Gewicht:** Leergewicht 45.360 kg; max. Startgewicht 77.100 kg. **Triebwerk:** vier Allison 501-D22C-Propellerturbinen mit je 3663 kW (4981 PS). **Leistung:** Höchstgeschwindigkeit 463 km/h; max. Einsatzreichweite 813 km. **Besatzung:** 2-3. *Die Daten beziehen sich auf die Guppy 201.*

Visitenkarte

Land
Vereinigte Staaten

Typ
Schwerlast-Transportflugzeug

Antrieb
vier Propellerturbinen

Jungfernflug
19. September 1962

Gebaute Exemplare
6

Gebaute Versionen
3

Aérospatiale SA 321 Super Frelon

Der Super Frelon ist das Produkt verschiedener Entwicklungsstufen, die aus dem **SA 3200 Frelon** (Hornisse) Anfang der Sechzigerjahre von Sud-Aviation konstruiert wurden. Der zweite Prototyp, der im Mai 1963 seinen Jungfernflug absolvierte, wurde speziell für die Marine gebaut. Es folgten weitere Versionen, die sowohl im Zivil- als auch im Militärbereich zum Einsatz kamen. Exportiert wurde unter anderem nach Israel und Libyen. Der **Super Frelon** wurde als Verkehrshubschrauber eingesetzt, aber auch als Rettungshubschrauber und zur U-Boot-Bekämpfung. *Foto: SA 321.*

Technische Daten: Durchmesser des Hauptrotors 18,90 m; Länge bei laufenden Rotoren 23,03 m; Höhe 6,76 m; Hauptrotorkreisfläche 280,55 m^2. **Gewicht:** Leergewicht 6863 kg; max. Startgewicht 13.000 kg. **Triebwerk:** drei Turboméca Turmo IIIC6-Wellenturbinen mit je 1140 kW (1550 PS). **Leistung:** Marschgeschwindigkeit 248 km/h; Dienstgipfelhöhe 3100 m; Flugdauer im Einsatz U-Boot-Bekämpfung 4 Stunden. **Bewaffnung:** vier Zielsuchtorpedos, gegen Schiffe zwei Exocet-Lenkraketen. **Besatzung:** 5. *Die Daten beziehen sich auf die SA 321G Super Frelon.*

Visitenkarte

Land
Frankreich

Typ
U-Boot-Jagd-hubschrauber

Antrieb
drei Wellenturbinen

Jungfernflug
7. Dezember 1962

Gebaute Exemplare
97

Gebaute Versionen
10

Einsatzländer
8

Aérospatiale SA 330 Puma

Visitenkarte

Land
Frankreich

Typ
mittelgroßer Mehrzweckhubschrauber

Antrieb
zwei Wellenturbinen

Jungfernflug
SA 330 – 15. April 1965; AS 332 – 13. September 1978

Gebaute Exemplare
über 500 (noch in Produktion)

Gebaute Versionen
18

Einsatzländer
45

Anfang der Sechzigerjahre begann Sud-Aviation mit dem Bau des **SA 330.** Aufgrund der gesammelten Erfahrungen der Kriegsschauplätze Algerien und Indochina wurde die Notwendigkeit eines taktischen und allwetterbeständigen Transporthubschraubers erforderlich. Dank der guten Erfahrungen mit dem Super Frelon beschlossen Frankreich (Aérospatiale) und England (Westland) den **SA 330 Puma** gemeinsam zu bauen. Verschiedene Versionen wurden so auch für die zivile Luftfahrt erzeugt. Das aus 1978 resultierende Modell, der **AS 332 Super Puma,** hatte die gleiche Transportkapazität wie der SA 330 Puma, verfügte aber über einen deutlich besseren Flugleistungsbereich. Diese Modelle wurden durch ihre Vielseitigkeit und Flexibilität sowohl im zivilen als auch im militärischen Bereich hoch geschätzt. Die militärische Version des Super Pumas ist der **AS 532 Cougar,** durch unterschiedliche Ausrüstung als Nutzhubschrauber, mit kurzem Rumpf als Aufklärer und in der Forschung zur Meeres- und Küstenüberwachung eingesetzt. *Fotos: oben SA 330C, unten AS 332.*

Technische Daten: Rumpflänge 15,40 m (16,70 m); Höhe 4,90 m; Durchmesser des Hauptrotors 15 m (16,20 m); **Gewicht:** Leergewicht 3760 kg (4660 kg); max. Startgewicht 7400 kg (9000 kg). **Triebwerk:** zwei Turboméca Turmo IVC-Wellenturbinen mit je 1160 kW (1575 PS), zwei Turboméca Makila 1A2-Wellenturbinen mit je 1356 kW (1843 PS). **Leistung:** Höchstgeschwindigkeit 296 km/h (315 kmh); Dienstgipfelhöhe 4800 m (5180 m); max. Einsatzreichweite 550 km (830 km). **Besatzung:** 2-3. **Passagiere:** bis zu 20 (29) Soldaten. *Die Daten beziehen sich auf den AS 332 L2 Super Puma Mk.2, in Klammern die Daten des AS 532 U2 Cougar Mk.2.*

Gebaute Versionen: SA 330A, SA 330B, SA 330C, SA 330E oder Puma HC Mk.1, SA 330F, SA 330G, SA 330H, SA 330J, SA 330L, AS 331 oder Prototyp Super Puma, AS 332A, AS 332B, AS 332C, AS 332F, AS 332L1, AS 332L2, AS 532U2, AS 532 A2.

Einsatzländer: Abu Dhabi, Algerien, Saudi-Arabien, Argentinien, Brasilien, Kamerun, Chile, China, Korea, südliche Elfenbeinküste, Ecuador, Frankreich, Gabun, Japan, Jordanien, Großbritannien, Guinea, Indonesien, Irak, Kenia, Kuwait, Libanon, Malawi, Malaysia, Marokko, Mexiko, Nepal, Nigeria, Oman, Pakistan, Panama, Katar, Rumänien, Senegal, Singapur, Spanien, Südafrika, Sudan, Schweden, Schweiz, Togo, Türkei, Venezuela, Vietnam, Jemen.

Aérospatiale-British Aerospace Concorde

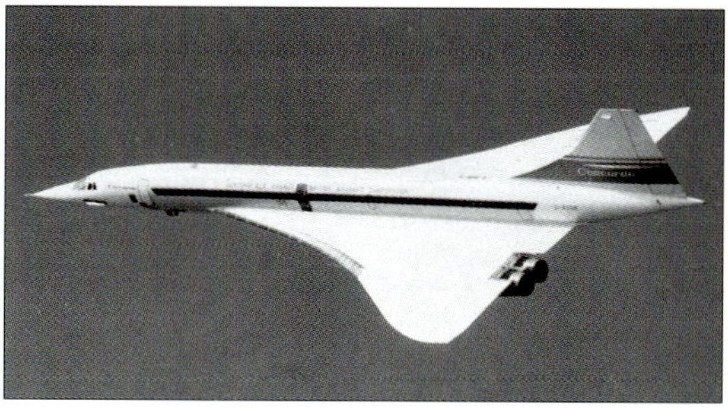

Zwischen 1950 und 1960 befassten sich unabhängig voneinander Großbritannien und Frankreich mit der Idee eines überschallschnellen Verkehrsflugzeugs. 1962 wurde ein entsprechendes Abkommen zwischen den beiden Regierungen unterzeichnet, die übereinkamen, die Konstruktionskosten gemeinsam zu tragen. Das Modell wurde in Zusammenarbeit von BAC (British Aircraft Corporation) und Rolls-Royce sowie Sud-Aviation und der SNECMA gebaut. Man taufte dieses Projekt **»Concorde«** (Eintracht), um auf die Einstimmigkeit und die Kooperation auf allen Ebenen hinzuweisen. 1965 begann man mit dem Bau der zwei Prototypen **001** von Aérospatiale und **002** von BAC. Nach vier Jahren fand am 2. März 1969 der Jungfernflug der 001 statt, gefolgt von der britischen 002 am 9. April 1969. Anfang der Siebzigerjahre startete man mit ausgedehnten Demonstrations- und Werbetouren. Trotz der unbestrittenen Probleme, Triebwerkslärm, Überschallknall, Treibstoffverbrauch und hohe Betriebskosten, war das Interesse an diesen Modellen groß. Schon bald hatte man die Aufträge für 77 Exemplare in der Tasche, doch bis 1976 ließen die unvorhersehbare Preisexplosion des Erdöls und die Umweltschutzbewegungen die Bestellliste auf ganze neun Stück zusammenschrumpfen. Die Concorde fliegt heute die Strecken zwischen Paris/London – New York/Washington.

Technische Daten: Spannweite 25,50 m; Länge 62,10 m; Höhe 11,40 m; Tragflügelfläche 385,20 m^2. **Gewicht:** Leergewicht 78.700 kg; max. Startgewicht 185.066 kg. **Triebwerk:** vier Rolls-Royce/Snecma Olympus 593 Mk.610-Strahltriebwerke mit je 17.260 kp Schub. **Leistung:** Reisefluggeschwindigkeit für optimale Reichweite Mach 2.04 oder 2179 km/h in 15.635 m Höhe; Dienstgipfelhöhe 18.300 m; max. Einsatzreichweite 6230 km. **Besatzung:** 3 Piloten und mehrere Flugbegleiter. **Passagiere:** bis zu 144.

Visitenkarte

Länder
Frankreich, Großbritannien

Typ
überschallschnelles Verkehrsflugzeug

Antrieb
vier Strahltriebwerke

Jungfernflug
2. März 1969
9. April 1969

Gebaute Exemplare
20

Gebaute Versionen
1

Agusta A 109A

Visitenkarte

Land
Italien

Typ
leichter Nutzhubschrauber

Antrieb
zwei Wellenturbinen

Jungfernflug
4. August 1971

Gebaute Exemplare
über 600 (noch in Produktion)

Gebaute Versionen
10

Von Agusta entwickelte und in Großserien gefertigte Hubschrauber waren das Endprodukt einer umfassenden, 1965 gestarteten Marktanalyse. Dieser leichte, hauptsächlich für die zivile Nutzung konzipierte Helikopter wurde ab 1976 ausgeliefert. Der **A 109A** wird vor allem als leichter Passagierhubschrauber, aber auch in der Luftambulanz eingesetzt, ebenso als Aufklärer zur vorgeschobenen Beobachtung und auf militärischer Ebene für den Einsatz in hoch gelegenen Gebieten und heißen Klimazonen. Ingesamt wurden ca. 250 Exemplare mit verschiedenen Optionen hergestellt. Vor kurzem wurden die Modelle **MAX** vorgestellt, speziell geeignet für den Krankentransport durch die nach oben aufklappbaren Seitentüren und den an der Wand vorgesehenen Platz für zwei Sanitäter. *Foto: A 109 Power.*

Technische Daten: Rumpflänge 10,71 m; Höhe 3,30 m; Durchmesser des Hauptrotors 11 m. **Gewicht:** Leergewicht 1418 kg; max. Startgewicht 2600 kg; **Triebwerk:** zwei Allison-250-C20B-Wellenturbinen mit je 313 kW (425 PS). **Leistung:** Höchstgeschwindigkeit 311 km/h; Dienstgipfelhöhe 4450 m; max. Einsatzreichweite 615 km. **Besatzung:** 1-2. **Passagiere:** 4. *Die Daten beziehen sich auf die Agusta A 109A Mk II.*

Agusta A 129 Mangusta

Visitenkarte

Land
Italien

Typ
Kampfhelikopter

Antrieb
zwei Wellenturbinen

Jungfernflug
11. September 1983

Gebaute Exemplare
60 (noch in Bau)

Gebaute Versionen
2

Einsatzländer
1

Der **A 129 Mangusta** (Mungo) wurde auf Grund einer Forderung des italienischen Heeres nach einem leichten Beobachtungs- und Panzerabwehrhubschrauber in den Siebzigerjahren entwickelt und beruhte auf der Konzeption des **A 109.** Nach langen Testserien begann man 1986 mit der Serienproduktion von 60 Hubschraubern, die 1990 an die italienischen Luftstreitkräfte ausgeliefert wurden. Um für den Export attraktiv zu werden, wurde der fünfte Prototyp der Serie Anfang 1990 umgebaut. Dieses Modell nannte man **A 129 International.** Kennzeichnend waren ein stärkerer Motor (LHTEC-T800-Wellenturbine mit 982 kW, 1335 PS), fünf Rotorblätter, zwei 20-mm-Kanonen oder Raketenbehälter mit sieben Projektilen, Luft-Luft-Raketen wie Sidewinder, Stinger und Mistral können am Träger unter der Endfläche mitgeführt werden. *Foto: A 129 International.*

Technische Daten: Rumpflänge 12,40 m; Höhe 3,30 m; Durchmesser des Hauptrotors 11,90 m. **Gewicht:** Leergewicht 2529 kg; max. Startgewicht 4100 kg. **Triebwerk:** zwei Rolls-Royce Gem 2 Mk 01004D-Wellenturbinen mit je 615 kW (836 PS) Dauerleistung mit vier Rotorblättern. **Leistung:** kurzzeitige Jagdgeschwindigkeit 315 km/h; Dienstgipfelhöhe 4725 m; Einsatzreichweite 561 km. **Bewaffnung:** Bombenlast bis zu 1200 kg auf vier Außenlastträgern, acht Panzerabwehrraketen TOW. **Besatzung:** 2.

Airbus A300/340

Visitenkarte

Land
International

Typ
Mittel-/Lang-Strecken-Passagierflugzeug

Antrieb
zwei Turbofan-Triebwerke

Jungfernflug
28. Oktober 1972

Gebaute Exemplare
über 1900 (noch in Produktion)

Gebaute Versionen
22

Als 1970 Boeing in den USA mit den Abschlussarbeiten am Entwurf des weltweit ersten Großraumflugzeugs befasst war, entschloss sich die europäische Luftfahrtindustrie zum Bau einer Kurzstrecken-Verkehrsmaschine mit großer Passagierkapazität. Im Dezember 1970 gründeten Aérospatiale, Hawker-Siddley (später BAe), Fokker-VFW und CASA Airbus Industries die Dachorganisation für das Vorhaben. Nach anfänglichen Verkaufsschwierigkeiten nimmt der **A300** 1974 den Linienbetrieb bei Air France auf, und der Erfolg ließ nicht auf sich warten. Das Flugzeug wurde in der Folge in verschiedenen Versionen gefertigt. Der **A310** absolvierte den ersten Flug am 3. April 1982, der **A300-600** am 8. Juli 1983, der **A320** am 22. Februar 1987, der **A321** am 11. März 1993 und schließlich der **A319** am 25. August 1995. Um weiterhin Marktführer zu sein, startete Airbus Industries die Produktion von **A330** und **A340.** Beide Modelle sollten auf Fernrouten mit hoher Passagierkapazität eingesetzt werden. Am 25. Oktober 1991 startete die viermotorige A340 ihren Jungfernflug, gefolgt von der zweimotorigen A330 am 2. November 1992. Der Airbus deckt eine ganze Palette von Flugzeugen ab, die im Fassungsvermögen von 124 Passagieren **(A319)** bis zu max. 440 Passagieren **(A330/340)** variieren. Airbus Industries ist heute wie Boeing einer der zwei größten Flugzeughersteller der Welt im Passagiertransport. *Fotos: A300-600R (oben), A340 (unten).*

Technische Daten: Spannweite 44,84 m; Länge 54,08 m; Höhe 16,52 m; Tragflügelfläche 260 m². **Gewicht:** Leergewicht 90.100 kg; max. Startgewicht 165.000 kg. **Triebwerk:** zwei Pratt & Whitney PW4156-Turbofan-Triebwerke mit je 25.424 kp Schub. **Leistung:** Höchstgeschwindigkeit 880 km/h; Dienstgipfelhöhe 12.200 m; max. Einsatzreichweite 6800 km. **Besatzung:** 2 Piloten und Flugbegleiter. **Passagiere:** bis zu 361. *Die Daten beziehen sich auf den A300-600.*

Gebaute Versionen: A300B2-100, A300B2-200, A300B4-100, A300B4-200, A300-600, A300-600R, A300-600C, A300-600F, A310-200, A310-300, A310C, A310F, A319, A319CJ, A320, A321-100, A321-200, A330-300, A330HGW, A340-200, A340-300, A340HGW.

AIRCO D.H.4

Visitenkarte

Land
Großbritannien

Typ
zweisitziger Tagbomber

Antrieb
Reihenmotor

Jungfernflug
August 1916

Gebaute Exemplare
6295

Gebaute Versionen
60

Einsatzländer
über 10

Die britische Aircraft Manufacturing Company (AIRCO) wurde im Jahre 1912 gegründet und baute nach Entwürfen von Geoffrey De Havilland Flugzeuge, die im Ersten Weltkrieg großen Erfolg hatten, den die Firma aber nicht überdauerte. Das berühmteste Ergebnis war ohne Zweifel die **AIRCO D.H.4,** die man als den besten Tagbomber des Ersten Weltkrieges hält. Im Frühjahr 1918 setzten bereits nicht weniger als neun britische und 13 amerikanische Staffeln dieses Modell ein.

Technische Daten: Spannweite 12,90 m; Länge 9,30 m; Höhe 3,30 m; Tragflügelfläche 40,30 m². **Gewicht:** Leergewicht 1083 kg; max. Startgewicht 1575 kg. **Triebwerk:** Rolls-Royce Eagle VIII-Reihenmotor mit 280 kW (380 PS); **Leistung:** Höchstgeschwindigkeit 230 km/h; Dienstgipfelhöhe 6705 m; max. Einsatzreichweite 3 Stunden 45 Minuten. **Bewaffnung:** bis zu vier 7,7-mm-Maschinengewehren Vickers oder Lewis, und bis zu 210 kg Bombenlast. **Besatzung:** 2.

Albatros D.III/V

Visitenkarte

Land
Deutschland

Typ
Jagdeinsitzer

Antrieb
Reihenmotor

Jungfernflug
Dezember 1916

Gebaute Exemplare
über 1800

Gebaute Versionen
5

Einsatzländer
1

1916 von Robert Thelen aus dem Vorläufermodell **D.II** weiterentwickelt, mit einem neu konzipierten Tragwerk und einer besseren Motorleistung, welche durch eine höhere Kompression erreicht wurde. Der **Albatros D.III** erwies sich als der beste deutsche Jagdbomber des Ersten Weltkrieges, der bis Ende 1917 keinen Gegner hatte. Nachfolgemodelle sind der Albatros **D.V** und **D.Va**. Man erzielte durch neue Seiten- und Querruder eine höhere Beweglichkeit. Man produzierte schnell große Mengen, was der Qualität schadete und in Folge hohe Verluste einbrachte. Foto: *D.Va.*

Technische Daten: Spannweite 9 m; Länge 7,30 m; Höhe 3 m (2,80 m); Tragflügelfläche 20,50 m² (21,20 m²). **Gewicht:** Leergewicht 661 kg (687 kg); max. Startgewicht 886 kg (937 kg). **Triebwerk:** Mercedes D.IIIa-Reihenmotor mit 125 – 128 kW (170 – 175 PS); 132 – 147 kW (180 – 200 PS, abhängig von der Kompression). **Leistung:** Höchstgeschwindigkeit 175 km/h (186 km/h); Dienstgipfelhöhe 5500 m (5700 m); max. Einsatzreichweite 2 Stunden. **Bewaffnung:** zwei 7,92-mm-Maschinengewehre LMG 08/15. **Besatzung:** 1. *Die Daten beziehen sich auf die D.III, in Klammern die Daten der D.Va.*

Ansaldo S.V.A.

Dieses Flugzeug wurde 1917 gebaut, und die Abkürzung S.V.A. steht für die Initialen von Umberto Savoia und Rodolfo Verduzio und dem Namen der Fabrik Ansaldo in Genua. Unterstützung bekamen die Konstrukteure dann von Celestino Rosatelli, um den Jagddoppeldecker für die italienische Armee zu verwirklichen. Die erste Serie **S.V.A.4** war schnell, aber sehr unbeweglich und wurde somit als einer der besten Aufklärer des Ersten Weltkrieges eingesetzt. Die verbesserte Version, die **S.V.A.5,** hatte eine Vorrichtung für eine Bombenzuladung und eine größere Einsatzreichweite. Der Dichter und Flieger Gabriele D'Annunzio flog eine dieser Maschinen, die 1918 über Wien kreisten, um Luftaufnahmen durchzuführen. Die beiden Zweisitzerversionen **S.V.A.9** und **S.V.A.10** wurden vor allem zur Schulung verwendet, aber auch für die bewaffnete Aufklärung mit leichter Bewaffnung herangezogen. Bei der **S.V.A.3** verkürzte man die Spannweite, um sie als Abfangjäger einzusetzen. Bemerkenswert war auch der Start zum Fernflug von S.V.A. unter der Führung des Leutnants Arturo Ferrarin, am 26. Februar 1920 in Rom, wovon am 21. Mai zwei in Tokio landeten. Verschiedene Exemplare blieben sogar bis in die Dreißigerjahre im Einsatz. *Fotos: S.V.A.10 (oben), S.V.A.9 (unten).*

Technische Daten: Spannweite 9,10 m; Länge 8,10 m; Höhe 2,60 m; Tragflügelfläche 24,20 m^2. **Gewicht:** Leergewicht 690 kg (700 kg); max. Startgewicht 940 kg (1050 kg). **Triebwerk:** Reihenmotor S.P.A.6A mit 195 kW (265 PS). **Leistung:** Höchstgeschwindigkeit 226 km/h (205 km/h); Dienstgipfelhöhe 7000 m (5400 m); max. Einsatzreichweite 3 Stunden 15 Minuten (3 Stunden). **Bewaffnung:** synchronisiertes Vickers-Maschinengewehr, Kaliber 7,7 mm (zwei Vickers-Maschinengewehre). **Besatzung:** 1. *Die Daten beziehen sich auf die S.V.A.4, in Klammern die Daten der S.V.A.5, wenn sie sich unterscheiden.*

Gebaute Versionen: S.V.A.3, S.V.A.4, S.V.A.5, S.V.A.9, S.V.A.10, Hydro-S.V.A.

Einsatzländer: Argentinien, Brasilien, Frankreich, Italien, Lettland, Litauen, die Niederlande, Peru, Polen, Russland, Spanien, Vereinigte Staaten.

Visitenkarte

Land
Italien

Typ
Doppeldecker-Aufklärer

Antrieb
Reihenmotor

Jungfernflug
19. März 1917

Gebaute Exemplare
etwa 2000

Gebaute Versionen
6

Einsatzländer
12

Antoinette

Visitenkarte

Land
Frankreich

Typ
einsitziger Eindecker

Antrieb
Reihenmotor

Jungfernflug
9. Oktober 1908

Gebaute Versionen
10

Zwischen 1907 und 1912 wurde die Aufmerksamkeit der gesamten Luftfahrt auf eines von der Firma Antoinette entwickeltes, sehr modernes Flugzeug gelenkt. Nach einigen Versuchsmodellen startete am 9. Februar 1909 die **Antoinette IV** zum erfolgreichen Jungfernflug und landete nach einer Strecke von 5000 m. Das Serienmodell, **Antoinette 1909,** war bei jeder Flugschau vertreten und belegte bei den Biennalen 1909 und 1911 jeweils den ersten Platz. Nur wenig später hörte die Firma auf zu existieren.
Technische Daten: Spannweite 12,80 m; Länge 11,50 m; Höhe 3 m; Tragflügelfläche 50 m^2. **Gewicht:** max. Startgewicht 520 kg. **Triebwerk:** Antoinette-Reihenmotor mit 36 kW (50 PS). **Leistung:** Höchstgeschwindigkeit 70 km/h. **Besatzung:** 1. *Die Daten beziehen sich auf die Antoinette 1909.*

Antonow An-2

Visitenkarte

Land
ehemalige UdSSR

Typ
Mehrzweck-Doppeldecker

Antrieb
Sternmotor

Jungfernflug
31. August 1947

Gebaute Exemplare
über 18.000

Gebaute Versionen
22

Schon früh interessierte sich Oleg Antonow für die Fliegerei und gründete nach dem Zweiten Weltkrieg seinen eigenen Konstruktions- und Produktionsbetrieb für ein echtes Allzweckflugzeug. Das Ergebnis war die **An-2 »Colt«,** vorübergehend **SKh-1** (russ. Abkürzung für »Landwirtschaft 1«) genannt. Die An-2 ist ein Anderthalbdecker mit stromlinienförmigen Doppel-T-Streben und doppelter Drahtverspannung und ist nahezu vollständig aus Metall gebaut. Sie wurde sowohl in der zivilen als auch in der militärischen Luftfahrt eingesetzt. China und Polen erwarben die Rechte, die **An-5** zu bauen. Das Modell **An-4** wurde für die meteorologische Aufklärung eingesetzt, die **An-6** als Wasserflugzeug.
Technische Daten: obere Spannweite 18,10 m; untere Spannweite 14,20 m; Länge 12,70 m; Höhe 4 m; gesamte Tragflügelfläche 71,60 m^2. **Gewicht:** Leergewicht 3450 kg; max. Startgewicht 5500 kg. **Triebwerk:** Schwetsow-Neunzylinder-Sternmotor Ash-62IR mit 736 kW (1000 PS). **Leistung:** Höchstgeschwindigkeit 258 km/h; Dienstgipfelhöhe 4400 m; max. Einsatzreichweite (mit einer Ladung von 500 kg) 900 km. **Besatzung:** 1-2; **Passagiere:** bis zu 12 Personen. *Die Daten beziehen sich auf die WSK-PZL An-2P.*

Antonow An-26

Die **An-26 »Curl«** nimmt 1970 ihren Betrieb als militärisches Transportflugzeug in den damaligen osteuropäischen Ländern auf. Angelehnt an das Modell **Antonow 24,** unterscheidet sich diese Maschine durch einen antriebsstärkeren Motor und einen neu entworfenen Hinterrumpf. Dieses Modell kam in 33 Ländern zum Einsatz. China entwickelte eine eigene Variante, die **Xian Y-14.** Die zweite Version war die Antonow **An-30 »Clank«,** die man zur Luftbildvermessung und Kartografie einsetzte. Die dritte Variante war die Antonow **An-32 »Cline«,** eine Spezialausführung für den Einsatz in hoch gelegenen und heißen Regionen. *Foto: An-26.*
Technische Daten: Spannweite 29,20 m; Länge 23,80 m; Höhe 8,50 m; Tragflügelfläche 75 m². **Gewicht:** Leergewicht 16.914 kg; max. Startgewicht 24.000 kg. **Triebwerk:** zwei Iwtschenko-AI-24T-Propellerturbinen mit je 2073 kW (2820 PS). **Leistung:** Höchstgeschwindigkeit 540 km/h; Dienstgipfelhöhe 9000 m; max. Einsatzreichweite 2700 km. **Besatzung:** 3-5. *Die Daten beziehen sich auf die An-26.*

Visitenkarte

Land
ehemalige UdSSR

Typ
Kurzstrecken-transportflugzeug

Antrieb
zwei Propellerturbinen

Jungfernflug
21. Mai 1969

Gebaute Exemplare
über 1700 (noch in Produktion)

Gebaute Versionen
13

Einsatzländer
33

Antonow An-124

Ab Sommer 1977 wurde der Westen hellhörig, man wusste, dass Antonow an einem neuen Giganten bastelte. Das Ergebnis war die **An-124,** das größte Flugzeug der Welt, mit starker Ähnlichkeit zur Lockheed C-5 Galaxy. Seit 1987 im Einsatz, werden jährlich ungefähr acht bis zehn Flugzeuge gebaut. Sie wird sowohl für zivile als auch militärische Zwecke genutzt. Die NATO führt dieses Modell unter der Bezeichnung »Condor«.
Technische Daten: Spannweite 73,30 m; Länge 69,10 m; Höhe 21 m; Tragflügelfläche 628 m². **Gewicht:** Leergewicht 175.000 kg; max. Startgewicht 405.000 kg; max. Nutzlast 150.000 kg. **Triebwerk:** vier Lotarew D-18T Turbofan-Triebwerke mit je 229,5 kN Schub. **Leistung:** Höchstgeschwindigkeit 850 km/h (Mach 0,77); Dienstgipfelhöhe 9500 m; max. Einsatzreichweite 16.090 km; max. Einsatzreichweite 4500 km mit einer Ladung von 150.000 kg. **Besatzung:** 6-7. *Die Daten beziehen sich auf die An-124.*

Visitenkarte

Land
ehemalige UdSSR

Typ
schweres Transportflugzeug

Antrieb
vier Turbofan-Triebwerke

Jungfernflug
26. Dezember 1982

Gebaute Exemplare
etwa 40

Gebaute Versionen
7

Einsatzländer
2

Arado Ar 196

Visitenkarte

Land
Deutschland

Typ
zweisitziges Schwimmerflugzeug

Antrieb
Sternmotor

Jungfernflug
Juni 1937

Gebaute Exemplare
über 500

Gebaute Versionen
8

Einsatzländer
3

Die Ar 196 wurde 1937 als Nachfolger der Heinkel He 50 gewählt und in Auftrag gegeben. Dieses Wasserflugzeug hatte besondere Vorzüge und diente als Aufklärer auf Großkampfschiffen der Kriegsmarine. Die **Ar 196** war ein zweisitziger Eindecker mit einem starken Sternmotor von BMW als Antrieb. *Foto: Ar 196A.*
Technische Daten: Spannweite 12,40 m; Länge 11 m; Höhe 4,40 m; Tragflügelfläche 28,40 m^2. **Gewicht:** Leergewicht 2990 kg; max. Startgewicht 3730 kg. **Triebwerk:** Sternmotor BMW 132K mit 707 kW (960 PS). **Leistung:** Höchstgeschwindigkeit 310 km/h; Dienstgipfelhöhe 7000 m; Einsatzreichweite 1070 km. **Bewaffnung:** zwei 20-mm-Kanonen MG FF in den Flächen, ein 7,92-mm Maschinengewehr MG 17 und ein 7,92-mm-Maschinengewehr MG 15 sowie Aufhängungen für zwei 50-kg-Bomben unter den Tragflächen. **Besatzung:** 2. *Die Daten beziehen sich auf die Ar 196A-3.*

Arado Ar 234 Blitz

Visitenkarte

Land
Deutschland

Typ
Aufklärer und Bomber

Antrieb
zwei Strahlturbinen

Jungfernflug
15. Juni 1943

Gebaute Exemplare
etwa 200

Gebaute Versionen
22

Einsatzländer
1

Deutschland hatte mit dem **Ar 234** den ersten Strahlbomber der Welt herausgebracht. 1940 geplant, kommt es zu Konstruktionsverzögerungen. Nach dem Bau verschiedener Versionstypen und Testflügen als Aufklärer und Jagdbomber erkannte man die Schwächen dieses Flugzeugtyps, vor allem in der schlechten Beschleunigung bei niedriger Geschwindigkeit, die das Flugzeug beim Landeanflug verwundbar machte. Trotzdem wurde sie ab 1944 in der deutschen Luftwaffe eingesetzt und mit so genannten »Rauchgeräten« unter den Flächen ausgerüstet. *Foto: Ar 234B.*
Technische Daten: Spannweite 14,10 m; Länge 12,60 m; Höhe 4,30 m; Tragflügelfläche 26,40 m^2. **Gewicht:** Leergewicht 5200 kg; max. Startgewicht 9850 kg. **Triebwerk:** zwei Strahlturbinen Junkers Jumo 0048 mit je 890 kp Schub. **Leistung:** Höchstgeschwindigkeit 740 km/h; Dienstgipfelhöhe 10.000 m; max. Einsatzreichweite 1630 km. **Bewaffnung:** bis zu 2000 kg Bombenlast. **Besatzung:** 1. *Die Daten beziehen sich auf die Ar 234B-2.*

ATR-42

Die Gesellschaft Avions de Transport Regional (ATR) wurde Anfang der Achtzigerjahre von der französischen Aérospatiale und der italienischen Alenia gemeinsam gegründet, um ein Transportflugzeug der dritten Generation zu bauen. Die **ATR-42** ist ein zweimotoriger Hochdecker mit einem T-Leitwerk. Die Typenzulassung wurde 1985 erteilt und die erste Lieferung ging 1989 an die Fluggesellschaft Air Littoral. Am 27. Oktober 1988 flog das Modell **ATR-72** zum ersten Mal. Die Hauptmerkmale dieser Version waren ein längerer Rumpf und ein stärkerer Motor. Ein weiteres Modell dieser Serie ist die **ATR-52C,** konzipiert als Mehrzwecktransportflugzeug für den zivilen und militärischen Bereich mit einer hinteren Laderampe. Die Maschinen der ATR sind marktführend im Bereich der Flugzeuge der dritten Generation. *Foto: ATR-42.*

Technische Daten: Spannweite 24,50 m; Länge 22,60 m; Höhe 7,60 m; Tragflügelfläche 54,50 m^2. **Gewicht:** Leergewicht 10.285 kg; max. Startgewicht 16.700 kg. **Triebwerk:** zwei Propellerturbinen Pratt & Whitney Canada PW 120 mit je 1470 kW (2000 PS). **Leistung:** Geschwindigkeit (im Rundflug) 490 km/h; Dienstgipfelhöhe 7600 m; Einsatzreichweite 1704 km. **Besatzung:** 2 Piloten und Flugbegleiter. **Passagiere:** 42-50. *Die Daten beziehen sich auf die ATR-42-300.*

Visitenkarte

Land
Frankreich, Italien

Typ
ziviles Transportflugzeug

Antrieb
zwei Propellerturbinen

Jungfernflug
16. August 1984

Gebaute Exemplare
über 500 (noch in Produktion)

Gebaute Versionen
5

Avro 504

Entwickelt wurde die **Avro 504** aus dem Vorgängermodell der **Avro 500.** Der erste Prototyp flog im Juli 1913 und bereits ein Jahr später bestellte das »War Office« 12 Exemplare für das Royal Flying Corps (RFC). Es gab auch private Abnehmer. Doch berühmt wurde dieses Flugzeug durch den militärischen Einsatz während des Ersten Weltkrieges, wo über 8000 Stück hergestellt wurden. Anfänglich wurde das Modell 504 ausschließlich als Aufklärer und leichtes Bombenflugzeug eingesetzt, später nutzte man es als Ausbilder und als so genannten Abfangjäger im Einsatz gegen Luftschiffe. Verschiedene Versionen wurden gebaut, davon auch einige für den Einsatz in der Royal Navy. Bei Kriegsende waren noch 3000 bei der R.A.F. im Einsatz. Die **Avro 504K** eignete sich besonders für zivile Zwecke, sodass zwischen 1919 und 1930 über 300 solcher Maschinen im Luftfahrtregister eingetragen waren. Die Avro 504K wurde weltweit exportiert und auch in Lizenz von Australien, Belgien, Kanada, Dänemark und Japan gebaut. *Foto: 504K.*

Technische Daten: Spannweite 10,90 m; Länge 8,90 m; Höhe 3,10 m; Tragflügelfläche 30,60 m^2. **Gewicht:** Leergewicht 558 kg; max. Startgewicht 830 kg. **Triebwerk:** Le Rhône-Umlaufmotor mit 82 kW (111 PS). **Leistung:** Höchstgeschwindigkeit 145 km/h; Dienstgipfelhöhe 4875 m; max. Einsatzreichweite 402 km. **Besatzung:** 1-2. *Die Daten beziehen sich auf die 504K.*

Visitenkarte

Land
Großbritannien

Typ
zweisitziges Trainingsflugzeug

Antrieb
Umlaufmotor

Jungfernflug
Juli 1913

Gebaute Exemplare
etwa 10.000

Gebaute Versionen
11

Einsatzländer
25

Avro 621 Tutor

Visitenkarte

Land
Großbritannien

Typ
zweisitziges Schulflugzeug

Antrieb
Sternmotor

Jungfernflug
Dezember 1929

Gebaute Exemplare
795

Gebaute Versionen
3

Einsatzländer
3

1930 suchte man nach einem Nachfolgemodell der Avro 504 als Schulflugzeug der R.A.F. Man entschied sich für die **Avro 621 Tutor,** die 1932 mit 21 Exemplaren ihren Dienst aufnahm und ihren Platz bis nach dem Zweiten Weltkrieg behauptete. Einige Modelle wurden zu Seeflugzeugen mit Zwillingsschwimmern, zur **Sea Tutor,** umgebaut. Die Avro 621 Tutor wurde auch in Lizenz in Südafrika und Polen gabaut.
Technische Daten: Spannweite 10,30 m; Länge 8 m; Höhe 2,90 m; Tragflügelfläche 27,90 m^2. **Gewicht:** Leergewicht 839 kg; max. Startgewicht 1115 kg. **Triebwerk:** Armstrong-Siddley-Lynx-IVC-Sternmotor mit 172 kW (243 PS). **Leistung:** Höchstgeschwindigkeit 196 km/h; Dienstgipfelhöhe 4950 m; max. Einsatzreichweite 400 km. **Besatzung:** 1-2.

Avro 683 Lancaster

Visitenkarte

Land
Großbritannien

Typ
siebensitziger schwerer Bomber

Antrieb
vier Reihenmotoren

Jungfernflug
9. Januar 1941

Gebaute Exemplare
7378

Gebaute Versionen
23

Einsatzländer
4

Die **Avro 683 Lancaster** wurde aus der erfolglosen zweimotorigen **Avro 679 Manchester** entwickelt. Diese Maschine galt als bester schwerer Bomber Großbritanniens während des Zweiten Weltkrieges. Der erste Prototyp war eine umgebaute Manchester mit erweitertem Tragflächenmittelstück und vier Triebwerken vom Typ Rolls-Royce Merlin X. Nach etlichen Veränderungen am Motor ging die Lancaster 1941 mit einem Auftrag von 1070 Bombern in Serie. Anschlussaufträge folgten und Avro sah sich mit der Produktion überfordert, sodass Fremdfirmen mit der kompletten Flugzeugfertigung beauftragt wurden. Die Nachfrage war so groß, dass schließlich Packard die Lizenz zum Bau und zur Weiterentwicklung des Merlin-Motors erhielt. Dem Basismodell **B I** folgten verschiedene andere Versionen, die sich vor allem im Triebwerk unterschieden, wurden aber mit Ende des Zweiten Weltkrieges in der Produktion eingestellt.
Technische Daten: Spannweite 31 m; Länge 21,10 m; Höhe 6,10 m; Tragflügelfläche 120,50 m^2. **Gewicht:** Leergewicht 16.740 kg; max. Startgewicht 31.750 kg. **Triebwerk:** vier Rolls-Royce-Merlin-Reihenmotoren mit je 1205 kW (1640 PS). **Leistung:** Höchstgeschwindigkeit 462 km/h; Dienstgipfelhöhe 7470 m; max. Einsatzreichweite 4070 km. **Bewaffnung:** acht 7,7-mm-Maschinengewehre und eine Bombenlast bis 6350 kg. **Besatzung:** 7. *Die Daten beziehen sich auf die Lancaster B I.*

Avro 698 Vulcan

Nach dem Zweiten Weltkrieg entschied die R.A.F., zur Erhaltung des Friedens ein Bomberkommando zu erstellen, das mit nuklearen Waffen ausgerüstet sein sollte. Der 1947 herausgegebene Leistungskatalog führte zur Konstruktion des so genannten **V-Bombers** des britischen Bomberkommandos in Zusammenarbeit mit Vickers Valiant und Handley Page Victor. Charakteristisch ist die Deltaform. 1956 nahm die **Vulcan** mit dem OCU 230 in Waddington offiziell ihren Dienst auf. Am 31. August 1957 folgte der Prototyp **Vulcan B Mk.2** mit einem neuen und stärkeren Motor, einer größeren Flügelspannweite und Elevons anstelle der separaten Quer- und Höhenruder. Mit der Einführung der Polaris-Raketen auf U-Booten als Hauptabschreckungswaffe passte man die Vulcan auf offensive Langstreckeneinsätze in geringer Höhe an und rüstete sie ausschließlich mit konventionellen Mehrzweckbombern aus. 1984 wurde die Produktion eingestellt. *Foto: Vulcan B Mk.2.*

Technische Daten: Spannweite 33,80 m; Länge 30,40 m; Höhe 8,20 m; Tragflügelfläche 368,20 m². **Gewicht:** max. Startgewicht 113.398 kg. **Triebwerk:** vier Rolls-Royce Olympus 301-Strahltriebwerke mit je 9072 kp Schub. **Leistung:** Höchstgeschwindigkeit 1038 km/h; Dienstgipfelhöhe 19.810 m; max. Einsatzreichweite (mit normaler Bombenlast) 7400 km. **Bewaffnung:** bis zu 21.454 kg Bomben im internen Waffenschacht. **Besatzung:** 5. *Die Daten beziehen sich auf die Vulcan B Mk.2.*

Visitenkarte

Land
Großbritannien

Typ
taktischer Bomber

Antrieb
vier Strahltriebwerke

Jungfernflug
30. August 1952

Gebaute Exemplare
136

Gebaute Versionen
6

Einsatzländer
1

BAC One-Eleven

Die **BAC One-Eleven** hat ihren Ursprung in der Hunting H.107, ein Entwurf, der 1956 fertig auf dem Tisch lag. Doch durch Änderungen am Triebwerk und dadurch, dass Hunting von British Aircraft Corporation übernommen wurde, kam es zu einer Bauverzögerung von vier Jahren. Die **BAC 111** (später **One-Eleven** genannt) wurde mit zwei Rolls-Royce Spey Mk.506-Turbofan-Triebwerken ausgerüstet und hatte eine Kapazität bis zu 119 Passagieren. Zwei Monate nach dem Erstflug ging dieser Prototyp bei einem Absturz verloren, bei der die siebenköpfige Besatzung ums Leben kam. Dadurch kam es zu einer Verzögerung der Zulassung. Als es im April 1965 so weit war, stand die BAC 111 einer steigenden Konkurrenz gegenüber und konnte den erhofften Verkaufserfolg nicht erreichen. 1982 wird die Lizenz zum Bau mit der Typenbezeichnung **Romaero 1-11** an Rumänien vergeben.

Technische Daten: Spannweite 28,50 m; Länge 32,61 m; Höhe 7,47 m; Tragflügelfläche 95,78 m². **Gewicht:** Leergewicht 24.454 kg; max. Startgewicht 47.500 kg. **Triebwerk:** zwei Rolls-Royce Spey Mk.512DW-Turbofan-Triebwerke mit je 5963 kp Schub. **Leistung:** Höchstgeschwindigkeit 871 km/h; Dienstgipfelhöhe 10.670 m; Einsatzreichweite 3484 km. **Besatzung:** 2. **Passagiere:** bis zu 119. *Die Daten beziehen sich auf die One-Eleven-Reihe 500.*

Visitenkarte

Land
Großbritannien

Typ
Kurz-/Mittel-Strecken-Verkehrsflugzeug

Antrieb
zwei Turbofan-Triebwerke

Jungfernflug
20. August 1963

Gebaute Exemplare
etwa 300

Gebaute Versionen
10

Beech Bonanza

Visitenkarte

Land
Vereinigte Staaten

Typ
vier-/fünfsitziges Reiseflugzeug

Antrieb
Sechszylinder-Boxermotor

Jungfernflug
22. Dezember 1945

Gebaute Exemplare
über 15.000 (noch in Produktion)

Gebaute Versionen
15

Die **Beech** Modell **35 Bonanza** war das Gründungsmuster für eine ganze Flugzeugfamilie. In etwas mehr als 50 Jahren wurden nicht weniger als 15.000 Bonanza aller Versionen – mit den nötigen Verbesserungen – gebaut und werden immer noch produziert. Der Erfolg war von Anfang an bemerkenswert. Der freitragende Tiefdecker war samt »Schmetterlings-Leitwerk« aus Metall konstruiert und hatte eine geschlossene Kabine für einen Piloten sowie drei oder vier Passagiere. Das Modell hat ein einziehbares Fahrwerk, wovon das Bugrad lenkbar ist. Seit 1979 gibt es eine Turboversion des Modells **36** mit der Bezeichnung **B36TC Turbo Bonanza.** Die Versionen **F33, A36** und **B36TC** sind auch heute noch in Produktion.
Technische Daten: Spannweite 10,21 m; Länge 8,05 m; Höhe 2,31 m; Tragflügelfläche 16,81 m². **Gewicht:** Leergewicht 955 kg; max. Startgewicht 1542 kg. **Triebwerk:** Continental IO-520-BB-Sechszylinder-Boxermotor mit 213 kW (290 PS). **Leistung:** Höchstgeschwindigkeit 338 km/h; Dienstgipfelhöhe 5500 m; max. Einsatzreichweite 1648 km. **Sitzplätze:** 4-5. *Die Daten beziehen sich auf die V35B.*

Beech Baron

Visitenkarte

Land
Vereinigte Staaten

Typ
Mehrzweckflugzeug

Antrieb
zwei turbogeladene Boxermotoren

Jungfernflug
29. Februar 1960

Gebaute Exemplare
über 6000

Gebaute Versionen
13

Die **Beech 55 Baron,** die erstmals am 29. Februar 1960 flog, basierte auf dem früheren Modell **95 Travel Air.** Es unterschied sich hauptsächlich durch stärkere Motoren, ein zurückgepfeiltes Seitenleitwerk sowie durch eine gesteigerte Allwetterfähigkeit. Die ersten Auslieferungen erfolgten im November 1960. Verbesserungen führten zum Modell **B55,** das 1963 als Standardviersitzer eingesetzt wurde. 1965 erschien zusätzlich das Modell **C55** mit einem 290 PS starken Motor und einem größeren Hubraum. Eine deutliche Leistungssteigerung brachte das Modell **56TC Baron** mit turbogeladenen Motoren. Ein weiteres Modell aus dieser Serie wurde 1969 vorgestellt. Der Prototyp Modell **58 Baron** hatte einen längeren Rumpf und war dadurch etwas komfortabler. Schließlich wurde das Modell **58P** verwirklicht, mit druckbelüfteter Kabine. Mit der Bezeichnung **T-42A Cochise** setzte die US Army 65 Exemplare der Baron als Schulungsflugzeug ein. *Foto: D55.*
Technische Daten: Spannweite 11,53 m; Länge 9,12 m; Höhe 2,79 m; Tragflügelfläche 18,51 m². **Gewicht:** Leergewicht 1822 kg; max. Startgewicht 2812 kg. **Triebwerk:** zwei turbogeladene Continental TSIO-520-WB-Sechszylinder-Boxermotoren mit je 242 kW (329 PS). **Leistung:** Höchstgeschwindigkeit 483 km/h; Dienstgipfelhöhe 7600 m; max. Einsatzreichweite 2277 km. **Sitzplätze:** 1-6. *Die Daten beziehen sich auf die 58P.*

Beech T-34 Mentor

Auf eigene Initiative baute Beech 1948 ein zweisitziges Schulflugzeug, das aus der zivilen Bonanza mit V-Leitwerk entwickelt war. Diese Maschine erhielt folgende Bezeichnung: **Beech** Modell **45 Mentor.** Drei Prototypen mit verschieden starken Motoren werden gebaut und 1950 von der USAF unter dem Namen **YT-34** zusammengefasst. Nach einer dreijährigen Testserie, am 4. März 1954, entschied sich die USAF, das Modell 45 als Trainer **T-34A Mentor** für die fliegerische Grundausbildung einzusetzen. Für diese Aufgabe wurden schließlich 450 Stück gebaut. Am 17. Juni 1954 zog die US Navy mit einer Bestellung von 423 Trainern mit der Bezeichnung **T-34B** nach. 1973 beschloss die US Navy, das Kolbentriebwerk der Mentor gegen eine Propellerturbine auszutauschen. Für die Ummotorisierung wählte Beech die PT6A-25 von Pratt & Whitney Aircraft of Canada. Die erste **T-34C Turbo-Mentor** trat im November 1977 in Dienst. Zahlreiche Exemplare der T-34 wurden exportiert und sind auch heute noch weltweit im Einsatz. *Fotos: T-34A (oben), T-34C (unten).*

Technische Daten: Spannweite 10,16 m; Länge 8,75 m; Höhe 2,92 m; Tragflügelfläche 16,68 m^2. **Gewicht:** Leergewicht 1342 kg; max. Startgewicht 1959 kg. **Triebwerk:** Pratt & Whitney Canada PT6A-25-Propellerturbine mit 533 kW (725 PS). **Leistung:** Höchstgeschwindigkeit 396 km/h; Dienstgipfelhöhe 9145 m; max. Einsatzreichweite 1300 km. **Besatzung:** 1-2. *Die Daten beziehen sich auf die T-34C.*

Gebaute Versionen: T-34A, T-34B, T-34C.

Einsatzländer: Algerien, Argentinien, Chile, Kolumbien, Ecuador, El Salvador, Philippinen, Japan, Indonesien, Marokko, Mexiko, Peru, Spanien, Vereinigte Staaten, Türkei, Uruguay, Venezuela.

Visitenkarte

Land
Vereinigte Staaten

Typ
zweisitziges Schulungsflugzeug oder zweisitziger Trainer

Antrieb
Propellerturbine

Jungfernflug
2. Dezember 1948

Gebaute Exemplare
über 1200

Gebaute Versionen
3

Einsatzländer
17

Beech King Air

Visitenkarte

Land
Vereinigte Staaten

Typ
leichtes Transport- und Geschäftsflugzeug

Antrieb
zwei Propellerturbinen

Jungfernflug
20. Januar 1964

Gebaute Exemplare
über 3000 (noch in Produktion)

Gebaute Versionen
über 30

Anfang 1963 begann die Flugerprobung eines Modells, das seinerzeit als Beech **Queen Air** Modell **65-80** bezeichnet und von zwei 373 kW (507 PS) starken Propellerturbinen angetrieben wurde. Die US Army nannte diese Version Modell **65-90T** und die spätere turbogetriebene Queen Air erhielt den Beinamen **King Air.** Die Testflüge bewiesen die militärische Tauglichkeit und so erteilte die US Army einen Auftrag über 48 Exemplare. Beech erhielt 1976 den Auftrag der US Navy für einen Trainer mit der Bezeichnung **T-44A.** 1979 erschien das Modell **F90 Super King Air.** Zur Zeit sind die Versionen **King Air C90B, C90SE, Super King Air Serie B200** (**C-12** für die Luftstreitkräfte der USA) und **Super King Air 350** in Produktion. *Foto: Super King Air B200.*

Technische Daten: Spannweite 16,61 m; Länge 13,34 m; Höhe 4,57 m; Tragflügelfläche 28,15 m². **Gewicht:** Leergewicht 3791 kg; max. Startgewicht 5670 kg. **Triebwerk:** zwei Pratt & Whitney Canada PT6A-42-Turbo-Propellerturbinen mit je 625 kW (850 PS). **Leistung:** Höchstgeschwindigkeit 544 km/h; Dienstgipfelhöhe 10.668 m; max. Einsatzreichweite 3746 km. **Besatzung:** 1. **Passagiere:** von 7 bis 15. *Die Daten beziehen sich auf die B200.*

Bell-Boeing V-22 Osprey

Visitenkarte

Land
Vereinigte Staaten

Typ
Kipprotor-Transportflugzeug

Antrieb
zwei Wellenturbinen

Jungfernflug
19. März 1989

Gebaute Exemplare
9 (noch in Produktion)

Gebaute Versionen
3

Einsatzländer
1

Der **V-22 Osprey** ist das Produkt eines der ambitioniertesten und revolutionärsten Programme unserer Zeit und steht wegen seiner hohen Kosten ständig im Mittelpunkt von Haushaltsdiskussionen. So wurde das Projekt unter Präsident Bush zurückgestellt und erst durch Präsident Clinton wiederbelebt. Der Osprey, dessen Wurzeln auf den XV-3 aus dem Jahre 1955 und den XV-15 von 1977 zurückgehen, ist heute das erste Flugzeug, das in der Lage ist, wie ein Propellerturbinenflugzeug zu fliegen und wie ein Helikopter zu starten und zu landen. Diese Eigenschaften standen im Mittelpunkt eines Gemeinschaftsprojektes der drei amerikanischen Militärstreitkräfte. Die 500 Exemplare des V-22 sind in unterschiedlicher Ausführung bei der USAF, der US Navy und den Marines im Einsatz. Die zivile Version, das Modell **609,** erhielt noch während der Flugausstellung in Paris 1997 29 Bestellungen, noch bevor der Erstflug absolviert wurde.

Technische Daten: Rotorendurchmesser (laufende Rotoren) 25,78 m; Länge (laufende Rotoren) 25,55 m; Höhe 5,38 m; Rotorkreisfläche 210,70 m². **Gewicht:** Leergewicht 15.032 kg; max. Startgewicht 24.948 kg. **Triebwerk:** zwei Allison T406-AD-400-Wellenturbinen mit je 4522 kW (6150 PS). **Leistung:** Höchstgeschwindigkeit 581 km/h; Dienstgipfelhöhe 7925 m; Einsatzreichweite 3892 km. **Besatzung:** 2. **Passagiere:** 24.

Bell 209 Cobra

Im März 1965 leitete Bell die selbstfinanzierte Entwicklung eines bewaffneten Hubschraubers für Luftnahunterstützung/Bodenangriff auf der Grundlage des bewährten Modells **204** (UH-1B-1C) ein. Dieser Helikopter war eine Kombination eines neuen, schmalen, flachen Rumpfes mit Tandemsitzen, mit dem Hauptrotor, dem Triebwerk sowie der Leistungsübertragung des UH-1C. Nach Erprobung erteilte die US Army 1966 einen Auftrag über zwei Vorserien- und 110 Serienhubschrauber. Der **AH-1G** mit dem Beinamen **HueyCobra** erreichte die US Army im Juni 1967 und kämpfte bereits zwei Monate später in Vietnam. Das US Marine Corps interessierte sich ebenfalls für diesen Hubschrauber und bestellte 1968 49 **AH-1J SeaCobras.** Von diesem Hubschrauber sind die Versionen **AH-1F** (einmotorig), **AH-1S** und **AH-1W** (zweimotorig) noch in Produktion. *Foto: HA-1W.*

Technische Daten: Hauptrotordurchmesser 14,63 m; Länge 17,68 m; Höhe 4,31 m; Hauptrotorkreisfläche 168,10 m². **Gewicht:** Leergewicht 4656 kg; max. Startgewicht 6690 kg. **Triebwerk:** zwei General Electric T700-GE-401-Wellenturbinen mit je 1196 kW (1626 PS). **Leistung:** Höchstgeschwindigkeit 315 km/h; Dienstgipfelhöhe 4500 m; Einsatzreichweite 587 km. **Bewaffnung:** eine 20-mm-Kanone, TOW- oder Hellfire-Panzerabwehrrakete, AGM-65 Maverick-Raketen, AIM-9L Sidewinder AIM-122 Sidearm. **Besatzung:** 2. *Die Daten beziehen sich auf den AH-1W.*

Visitenkarte

Land
Vereinigte Staaten

Typ
Kampfhubschrauber

Antrieb
ein-/zweimotorig, Wellenturbine

Jungfernflug
7. September 1965

Gebaute Exemplare
über 2500 (noch in Produktion)

Gebaute Versionen
14

Einsatzländer
9

Bell P-59 Airacomet

Mit dem Abkommen zwischen den Vereinigten Staaten und England zum gegenseitigen Austausch von technologischen Fortschritten wollte man ein schnelleres Ende des Zweiten Weltkrieges erreichen. Die USA erhielten aber auch auf diesem Wege neue Einzelheiten über das Strahltriebwerk von Frank Whittle. Die amerikanische Firma beauftragte General Electric, mit dem Entwurf und der Konstruktion eines Jagdflugzeugs zu beginnen. Die erste **XP-59A,** angetrieben von zwei General Electric-Tyo-I-A-Strahltriebwerken mit je 567 kp Schub, hob am 1. Oktober 1942 zum Erstflug ab. Trotz aller Mühen enttäuschte das Modell **P-59** – von dem 50 Exemplare bis 1944 gebaut wurden – in der Konzeption und in der Flugleistung, sodass die Produktion eingestellt wurde.

Technische Daten: Spannweite 13,87 m; Länge 11,62 m; Höhe 3,66 m; Tragflügelfläche 35,84 m². **Gewicht:** Leergewicht 3074 kg; max. Startgewicht 6214 kg. **Triebwerk:** zwei General Electric J31-GE-5-Strahltriebwerke mit je 907 kp Schub. **Leistung:** Höchstgeschwindigkeit 658 km/h; Dienstgipfelhöhe 14.000 m; max. Einsatzreichweite 644 km. **Bewaffnung:** eine 37-mm-Kanone M4 und drei 12,7-mm-Maschinengewehre im Bug. **Besatzung:** 1. *Die Daten beziehen sich auf die P-59B.*

Visitenkarte

Land
Vereinigte Staaten

Typ
einsitziges Jagdflugzeug

Antrieb
zwei Strahltriebwerke

Jungfernflug
1. Oktober 1942

Gebaute Exemplare
66

Gebaute Versionen
4

Einsatzländer
1

Bell P-39 Airacobra

Visitenkarte

Land
Vereinigte Staaten

Typ
Jagdbomber

Antrieb
Reihenmotor

Jungfernflug
6. April 1938

Gebaute Exemplare
12.887,
9584 P-39
(3303 P-63)

Gebaute Versionen
27

Einsatzländer
6

Nachdem Bell einer Vorführung der 37-mm-Kanone T9 von der American Armament Corporation beiwohnte, war man so begeistert, dass Bell einen Entwurf für einen Jagdbomber konzipierte. 1937 erteilte die USAAC den Auftrag zum Bau des ersten Prototyps **Bell XP-39** (Modell **12**). Nach einer umfassenden Bewertung durch die US Army erging ein Auftrag über 12 Vorserienflugzeuge des Typs **YP-39** und einer einzelnen **YP-39A** mit turbogeladenem Antrieb. Am 10. August 1939 wurde die Serienfertigung des neuen Jägers als **P-45** (spätere Bezeichnung **P-39C** und **P-39D**) genehmigt und ein Erstauftrag über 80 Flugzeuge erteilt. Die ersten Airacobras erreichten 1941 Großbritannien und wurden sofort an die Front geschickt, getestet und für absolut ungeeignet für europäische Verhältnisse erklärt; sie wurden schon bald durch die Supermarine Spitfire ersetzt. Im Dezember 1942 flog die **XP-63,** eine verbesserte Version der **P-39,** die 1943 als **P-63 Kingcobra** in Produktion ging. Der Großteil der Produktion (2400 Flugzeuge) ging an die ehemalige UdSSR. *Fotos: P-39D (oben), P-63 (unten).*

Technische Daten: Spannweite 10,36 m; Länge 9,19 m; Höhe 3,61 m; Tragflügelfläche 19,79 m^2. **Gewicht:** Leergewicht 2540 kg; max. Startgewicht 3720 kg. **Triebwerk:** 12-Zylinder-Allison V-1710-35-Reihenmotor mit 846 kW (1150 PS). **Leistung:** Höchstgeschwindigkeit 592 km/h; Dienstgipfelhöhe 9785 m; Einsatzreichweite 1290 km. **Bewaffnung:** eine 37-mm-Kanone, sechs 7,62-mm-Maschinengewehre und eine Bombenlast bis zu 227 kg. **Besatzung:** 1. *Die Daten beziehen sich auf die P-39D.*

Gebaute Versionen: XP-39, YP-39, YP-39A, XP-39B, P-39C, P-39D, P-39F, P-39J, P-39K, P-39L, P-39G, P-39M, P-39N, P-39Q, TP-39F, RP-39Q, XP-39E, XP-63, XP-63A, P-63A, P-63C, P-63D, P-63E, P-63F, RP-63A, RP-63C, RP-63G.

Einsatzländer: Frankreich, Großbritannien, Italien, Portugal, Vereinigte Staaten, ehemalige UdSSR.

Bell 47

Der **Bell** Modell **47** war nicht der erste Hubschrauber der Geschichte, sicherlich aber der weltweit erste Zivilhubschrauber. Erstzugelassen im März 1946, blieb der **Bell 47** bis 1973 in Produktion, er wurde auch in Lizenz in Japan von Kawasaki und in Italien von Agusta von 1954 bis 1976 gebaut. Aus dem Modell 30 entwickelt, kaufte die USAF Anfang 1947 28 Exemplare des **Bell 47**. Die US Army erteilte 1948 einen Auftrag über insgesamt 65 Exemplare des Typs **H-13B** mit dem Beinamen **Sioux.** Im Laufe der Jahre wurde dieser Helikopter ständig verbessert, vor allem im Bereich des Antriebs: vom anfänglichen Franklin-Motor mit 115 kW (157 PS) zum leistungsstarken LycomingVO-540 mit 206 kW (280 PS). *Fotos: AB 47J (oben), AB 47G (unten).*

Technische Daten: Durchmesser des Hauptrotors 11,32 m; Durchmesser des Heckrotors 1,78 m; Höhe 2,84 m; Hauptrotorkreisfläche 100,61 m². **Gewicht:** Leergewicht 786 kg; max. Startgewicht 1293 kg. **Triebwerk:** Sechszylinder Lycoming VO-435B1A mit 217 kW (269 PS). **Leistung:** Höchstgeschwindigkeit 196 km/h; Dienstgipfelhöhe 3200 m; max. Einsatzreichweite 412 km. **Besatzung:** 1. **Passagiere:** 2. *Die Daten beziehen sich auf den Bell 47G-5A.*

Gebaute Versionen: B 47A, YR-13, YR-13A, H-13B, H-13C, H-13D, H-13E, H-13G, H-13H, H-13J, HTL-2, HTL-3, HTL-4, HTL-5, HUL-1, HTL-7, HTL-6, B 47B, B 47B-3, B 47D, B 47D-1, B 47G, B 47G-2, B 47G-2A, B 47G-2A-1, B 47G-3, B 47G-3B, B 47G-3B-1, B 47G-4, B 47G-5, B 47G-5A, B 47J, B 47J-2.

Visitenkarte

Land
Vereinigte Staaten

Typ
Mehrzweck-Nutzhubschrauber

Antrieb
Boxermotor

Jungfernflug
8. Dezember 1945

Gebaute Exemplare
über 5000

Gebaute Versionen
33

Bell 204/205

Visitenkarte

Land
Vereinigte Staaten

Typ
Mehrzweck-helikopter

Antrieb
Wellenturbine

Jungfernflug
22. Oktober 1956

Gebaute Exemplare
über 10.000

Gebaute Versionen
23

Die Ausschreibung der US Army von 1955 über einen neuen Hubschrauber, der zur Bergung von Verwundeten, zur Blindflugschulung und zum allgemeinen Transport dienen sollte, gewann Bell mit seinem Entwurf für einen Mehrzweckhubschrauber des Modells **204.** Die US Army führte das Muster zunächst als **H-40,** doch mit der Indienststellung änderte sich dies in **HU-1** mit dem Beinamen **Iroquios.** Er war zugleich das erste Modell der sogenannten **»Huey«**-Familie. Drei Prototypen **XH-40** mit der militärischen Bezeichnung **H-40** wurden getestet, und unmittelbar darauf baute Bell sechs Vorserienmodelle mit der Bezeichnung **YH-40.** Die Serienfertigung lief rechtzeitig an, sodass 1959 neun **HU-1A** der Vorserienversion ausgeliefert werden konnten. Lizenzen wurden an Italien und Japan vergeben. Seine Einsatzfähigkeit bewies der **HU-1A** vor allem im Verlauf des Vietnamkrieges. 1961 stellte Bell sein neues und verbessertes Modell **205** vor – von der US Army als **UH-1D/H** bezeichnet –, das vor allem in schlecht zugänglichen Gebieten zum Truppentransport eingesetzt wurde. Der erste Prototyp flog am 16. August 1961, und schon zwei Jahre später lief die Serienproduktion an. Auch dieses Modell wurde in Lizenz von Agusta und Fuji hergestellt. Tausende Exemplare sind auch heute noch weltweit im Einsatz, im zivilen wie militärischen Bereich. Fotos: *AB 205 (oben), Bell 204 (unten).*

Technische Daten: Hauptrotordurchmesser 14,63 m; Heckrotordurchmesser 2,59 m; Höhe 4,43 m; Hauptrotorkreisfläche 168,06 m^2. **Gewicht:** Leergewicht 2363 kg; max. Startgewicht 4309 kg. **Triebwerk:** Avco Lycoming T53-L-13-Wellenturbine mit 1043 kW (1419 PS). **Leistung:** Höchstgeschwindigkeit 204 km/h; Dienstgipfelhöhe 3840 m; max. Einsatzreichweite 511 km. **Bewaffnung:** Raketenbehälter und zwei 7,62-mm-Maschinengewehre. **Besatzung:** 2, und bis zu 13 Soldaten. *Die Daten beziehen sich auf den UH-1H.*

Gebaute Versionen: XH-40, YH-40, HU-1A, UH-1B, UH-1C, UH-1E, TH-1F, HH-1K TH-1L, UH-1L, UH-1M, B 204A, B 204B, AB 204A, YUH-1D, UH-1D, UH-1H, CH-118, HH-1H, RH-2, EH-1H, B 205A, AB 205A.

Bell 206

Als Bell die von der US Army 1960 ausgegebene Ausschreibung für einen leichten Beobachtungshubschrauber an Hughes verlor, baute die Firma einen neuen Prototypen mit der Bezeichnung Modell **206A JetRanger.** Dieser flog am 10. Januar 1966 zum ersten Mal und bereits im Oktober lag die Zulassung vor. Durch plötzlich steil ansteigende Stückkosten des Modells **OH-6A** fiel Hughes in Ungnade und die US Army gab 1968 den Zuschlag zugunsten des Prototyps von Bell. Die Produktion des **OH-58 Kiowa** lief unverzüglich an, und Ende 1973 waren 2200 Exemplare ausgeliefert. Anfang 1971 begann Bell mit der Lieferung des verbesserten Modells **206B JetRanger II,** der schließlich das Modell **206A** aus der Serienfertigung verdrängte. Durch weitere Verbesserungen im Bereich des Antriebs, der Rotoren und der Frachtkapazität entwickelte Bell das Modell **206L LongRanger.** Durch den verlängerten Rumpf wurde die Ladekapazität erheblich erweitert. Diesem Modell folgten weitere Versionen bis zum heutigen **LongRanger IV.** Das Modell **206** wird in Lizenz von Agusta in Italien gebaut und ist eines der weit verbreitetsten Hubschraubermodelle, die sowohl im militärischen als auch im zivilen Bereich weltweit eingesetzt werden. Die letzten Modelle dieser erfolgreichen Serie sind der **Bell 407** im zivilen Einsatz und der **TH-67,** bestimmt für militärische Ausbildungszwecke. *Fotos: AB 206 (oben), TH-67 (unten).*

Technische Daten: Hauptrotordurchmesser 10,16 m; Länge 11,82 m; Höhe 2,91 m; Hauptrotorkreisfläche 81,10 m². **Gewicht:** Leergewicht 730 kg; max. Startgewicht 1451 kg. **Triebwerk:** Allison 250-C20B-Wellenturbine mit 314 kW (426 PS). **Leistung:** Höchstgeschwindigkeit 216 km/h; Dienstgipfelhöhe 4115 m; max. Einsatzreichweite 608 km. **Besatzung:** 1. **Passagiere:** 4. *Die Daten beziehen sich auf den B 206B JetRanger III.*

Gebaute Versionen: OH-4A, 206A, 206B, OH-58A, CH-136, 206B-1, OH-58B, OH-58C, TH-57A, 206B-2, 206L, OH-58D, AB 206A, AB 206B, TH-67A, 206LT, 407, 407T.

Visitenkarte

Land
Vereinigte Staaten

Typ
leichter Mehrzweckhubschrauber

Antrieb
Wellenturbine

Jungfernflug
10. Januar 1966

Gebaute Exemplare
etwa 9000 (noch in Produktion)

Gebaute Versionen
18

Blackburn B 103 Buccaneer

Visitenkarte

Land
Großbritannien

Typ
zweisitziges Tiefflug-Kampfflugzeug

Antrieb
zwei Turbofan-Triebwerke

Jungfernflug
30. April 1958

Gebaute Exemplare
203

Gebaute Versionen
7

Einsatzländer
2

Die **Buccaneer** wurde speziell für die Royal Navy entwickelt. Es war das erste zweisitzige Kampfflugzeug der Welt mit einigen technischen Neuerungen, wie ein System zur Erhöhung des Auftriebs, ein vertikal geschnittener Heckkonus, dessen gespreizte Hälften als Bremsklappen fungierten, und eine rotierende Bombenschachtklappe mit konventionellen oder nuklearen Waffen an der Innenseite. Der **Blackburn**-Entwurf wurde 1955 ausgewählt und erhielt den Auftrag für 20 Vorserienflugzeuge. 1962 wurde die erste Staffel der Royal Navy mit diesem Modell ausgestattet.1969 übernahm die R.A.F. das Modell, das bis 1994 im Einsatz stand. Die Buccaneer wurde auch 1991 im Golfkrieg eingesetzt.
Technische Daten: Spannweite 13,41 m; Länge 19,33 m; Höhe 4,97 m; Tragflügelfläche 47,82 m². **Gewicht:** Leergewicht 13.608 kg; max. Startgewicht 28.123 kg. **Triebwerk:** zwei Rolls-Royce RB.168 Spey Mk.101-Turbofan-Triebwerke mit je 5105 kp Schub. **Leistung:** Höchstgeschwindigkeit 1040 km/h; Dienstgipfelhöhe 12.200 m; Einsatzreichweite 3701 km. **Bewaffnung:** vier 454-kg-Bomben, bis zu 5443 kg Bomben und/oder Raketen an vier Außenstationen. **Besatzung:** 2. *Die Daten beziehen sich auf die Buccaneer S 2B.*

Blohm & Voss BV 138

Visitenkarte

Land
Deutschland

Typ
Aufklärerflugboot

Antrieb
drei Reihenmotoren

Jungfernflug
15. Juli 1937

Gebaute Exemplare
279

Gebaute Versionen
5

Einsatzländer
1

Die Hamburger Flugzeug GmbH entwarf mit der Ha 138 ihr erstes Flugboot. Die drei zweimotorigen Prototypen sollten zu einer Vergleichsbewerbung mit 735 kW (1000 PS) starken Motoren unterschiedlicher Herkunft getestet werden. Aufgrund von Produktionsverzögerungen rüstete man auf drei Junkers-Jumo-205C mit 478 kW (650 PS) um. Zwei Versuchsflugzeuge erwiesen sich sowohl zu Luft als auch zu Wasser als untauglich. Ein grundlegender Neuentwurf war notwendig. Das Ergebnis war die **BV 138,** das zur Aufklärung und zur See- und Küstenüberwachung in der Luftwaffe eingesetzt wurde. *Foto: BV 138V-1.*
Technische Daten: Spannweite 27 m; Länge 19,90 m; Höhe 6,60 m; Tragflügelfläche 112 m². **Gewicht:** Leergewicht 8100 kg; max. Startgewicht 14.700 kg. **Triebwerk:** drei Junkers-Jumo-205D-Reihenmotoren mit je 647 kW (880 PS). **Leistung:** Höchstgeschwindigkeit 275 km/h; Dienstgipfelhöhe 4200 m; max. Einsatzreichweite 3880 km. **Bewaffnung:** eine 20-mm-Kanone MG 151, ein 13-mm-Maschinengewehr MG 131, sechs 50-kg-Bomben oder vier 150-kg-Wasserbomben. **Besatzung:** 5. *Die Daten beziehen sich auf die BV 138C-1.*

Blériot XI

Visitenkarte

Land
Frankreich

Typ
zweisitziger Reise-, Schul- und Aufklärungseindecker

Antrieb
Umlaufmotor

Jungfernflug
23. Januar 1909

Gebaute Exemplare
etwa 1000

Gebaute Versionen
8

1908 entwarf Louis Blériot das **Modell XI.** Er glaubte an die Zukunft der Eindecker und festigte sich - nach einigen Fehlschlägen - mit diesem Modell einen sicheren Platz in der Geschichte der Luftfahrt. Als er den 23-PS-Motor (17 kW) durch einen 25-PS-Motor (19 kW) ersetzte, stellte Blériot am 26. Juni 1909 einen neuen europäischen Flugdauerrekord von 36 Minuten 55 Sekunden auf. Als er einen Monat später den Ärmelkanal überquerte, wurde er berühmt und eine wahre Auftragsflut setzte ein. Ende 1913 hatte Blériot 800 Flugzeuge ausgeliefert. Dazu kommt, dass Großbritannien und Italien die Flugzeuge in Lizenz herstellten. Die Blériot XI gab dem Beobachter bei Aufklärungs- und Artilleriebeobachtungsflügen ein besseres Sichtfeld. 1915 waren die meisten Blériot vom Frontdienst abgezogen und wurden auf Flugschulen verteilt.

Technische Daten: Spannweite 10,25 m; Länge 8,45 m; Höhe 2,50 m; Tragflügelfläche 23 m^2. **Gewicht:** Leergewicht 349 kg; max. Startgewicht 625 kg. **Triebwerk:** Gnome-7B-Umlaufmotor mit ca. 52 kW (70 PS). **Leistung:** Höchstgeschwindigkeit 106 km/h; Dienstgipfelhöhe weniger als 200 m; max. Einsatzreichweite 3 Stunden 30 Minuten. **Besatzung:** 2. *Die Daten beziehen sich auf die Blériot XI-2.*

Gebaute Versionen: Blériot XI, XI modifiziert, XI-2, XI BG, XI-3, XI E1, XI-2 bis XI R1.

Boeing P-26 Peashooter

Visitenkarte

Land
Vereinigte Staaten

Typ
Jagdeinsitzer

Antrieb
Sternmotor

Jungfernflug
20. März 1932

Gebaute Exemplare
148

Gebaute Versionen
5

Einsatzländer
6

Der Serienjäger **Boeing 266** (später **P-26**) wurde aus dem Erprobungsflugzeug **XP-936** entwickelt. Konzipiert als der erste Ganzmetall-Tiefdecker des USAAC (US Army Air Corps) mit offenem Cockpit, starrem Fahrwerk und abgestrebten Flächen, wurden 1934 von diesem Modell – nach einigen Verbesserungen – 111 Exemplare ausgeliefert. Das Flugzeug wurde auch in China, Spanien, auf den Philippinen, Guatemala und Panama eingesetzt. Trotz Zurücknahme aus den Einsatzverbänden stiegen 1941 einige P-26 beim Überfall der Japaner auf Pearl Harbor zum Kampf in die Luft auf. *Foto: P-26A.*

Technische Daten: Spannweite 8,52 m; Länge 7,19 m; Höhe 3,06 m; Tragflügelfläche 13,89 m². **Gewicht:** Leergewicht 987 kg; max. Startgewicht 1340 kg. **Triebwerk:** Pratt & Whitney R-1340-27-Sternmotor mit 372 kW (507 PS). **Leistung:** Höchstgeschwindigkeit 377 km/h; Dienstgipfelhöhe 8350 m; max. Einsatzreichweite 580 km. **Bewaffnung:** zwei 12,7-mm-Maschinengewehre, ein 7,62-mm-MG sowie eine Bombenlast bis zu 90 kg. **Besatzung:** 1. *Die Daten beziehen sich auf die P-26A.*

Boeing 314 Clipper

Visitenkarte

Land
Vereinigte Staaten

Typ
Langstrecken-Verkehrsflugboot

Antrieb
vier Sternmotoren

Jungfernflug
7. Juni 1938

Gebaute Exemplare
12

Gebaute Versionen
2

Im Jahre 1936 gewann Boeing die Ausschreibung von Pan American für den Bau von sechs Transatlantik-Flugbooten des Typs **Boeing 314 Clipper.** In der Konstruktion lehnte man sich an den ehemaligen schweren Bomber **XB-15** an. Den Antrieb besorgten die Wright-GR-2600-Double Cyclone mit je 1103 kW (1500 PS). Am 20. Mai 1939 hatte der Boeing 314 Clipper seinen Jungfernflug als der größte seriengefertigte Transatlantik-Airliner im planmäßigen Transportdienst mit Europa. Pan American bestellte weitere sechs Flugboote des etwas leistungsfähigeren Modells **314A** mit stärkerem Motor und größerer Reichweite. Im Laufe des Krieges wurden diese Flugboote zuerst von der US Army und später von der Marine eingesetzt.

Technische Daten: Spannweite 46,33 m; Länge 32,31 m; Höhe 8,41 m; Tragflügelfläche 266,34 m². **Gewicht:** Leergewicht 22.800 kg; max. Startgewicht 37.421 kg. **Triebwerk:** vier Wright-R-2600-Cyclone-Vierzehnzylinder-Sternmotoren mit je 1192 kW (1622 PS). **Leistung:** Höchstgeschwindigkeit 311 km/h; Dienstgipfelhöhe 4000 m; max. Einsatzreichweite 5600 km. **Besatzung:** 6. **Passagiere:** 74. *Die Daten beziehen sich auf die 314A.*

Boeing B-17 Flying Fortress

1934 veröffentlichte die US Army eine Ausschreibung für einen modernen mehrmotorigen Bomber, der eine Bombenlast von 900 kg über eine Distanz von bis zu 3000 km mit einer ungefähren Geschwindigkeit von 320 km/h als spezifische Leistungsmerkmale erforderte. Boeing antwortete mit dem Modell **299.** Die Profildicke des Flügels entsprach am Flächenansatz ungefähr dem halben Durchmesser des kreisrunden Rumpfes und wurde durch vier Motoren angetrieben. Der erste Prototyp stürzte ab, aber trotz des Zwischenfalls beauftragte die USAAC Boeing mit dem Bau von 13 Flugzeugen des Vorserientyps **YB-17** (später **Y1B-17**). Mit der stetigen Weiterentwicklung dieses Modells erwies sich die B-17 Flying Fortress als immer widerstandsfähiger; besonders im Bereich der Motorenleistung und der starken Abwehrbewaffnung. Die meistgebauten Versionen waren die letzten zwei, die **B-17F** (3400 Exemplare) und die **B-17G** (8685 Exemplare), mit welchen die Alliierten zwischen 1943 und 1945 Deutschland bombardierten. In der Nachkriegszeit wurde dieses Flugzeug bald aus dem militärischen Bereich ausgegliedert, fand aber Abnehmer in der Privatwirtschaft und war noch bis Anfang der Neunzigerjahre im Einsatz. *Fotos: oben B-17G, unten B-17F.*

Technische Daten: Spannweite 31,62 m; Länge 22,66 m; Höhe 5,82 m; Tragflügelfläche 131,92 m². **Gewicht:** Leergewicht 16.391 kg; max. Startgewicht 29.710 kg. **Triebwerk:** vier Wright-R-1820-97-Cyclone-Sternmotoren mit je 895 kW (1217 PS). **Leistung:** Höchstgeschwindigkeit 462 km/h; Dienstgipfelhöhe 10.800 m; max. Einsatzreichweite 3220 km. **Bewaffnung:** Bombenlast bis zu 8000 kg, 13 12,7-mm-Maschinengewehre. **Besatzung:** 9. *Die Daten beziehen sich auf B-17G.*

Gebaute Versionen: YB-17, Y1B-17A, B-17B, B-17C, B-17D, B-17E, B-17F, B-17G, B-17H, B-40, BQ-7, CB-17G, VB-17G, DB-17P, FB-17, RB-17G, F-9A, F-9B, F-9C, Modell 299-Z, Modell 299AB, PB-1, PB-1G, PB-1W, QB-17L, QB-17N, TB-17G, XB-38, XC-108, XC-108A, XC-108B, YC-108.

Einsatzländer: Brasilien, Dänemark, Frankreich, Großbritannien, Israel, Portugal, Dominikanische Republik, Vereinigte Staaten, Schweden.

Visitenkarte

Land
Vereinigte Staaten

Typ
neun-/zehnsitziger mittelschwerer Fernbomber/ -aufklärer

Antrieb
vier Sternmotoren

Jungfernflug
28. Juli 1935

Gebaute Exemplare
12.729

Gebaute Versionen
32

Einsatzländer
9

Boeing B-29/B-50 Superfortress

Visitenkarte

Land
Vereinigte Staaten

Typ
zehnsitziger, strategischer Bomber/Aufklärer

Antrieb
vier Sternmotoren

Jungfernflug
21. September 1942

Gebaute Exemplare
4049

Gebaute Versionen
38

Einsatzländer
1

Mit dem Kriegseinsatz der USA in Europa wurde klar, wie notwendig Fernbomberprojekte waren. An der von der USAAC 1939 detaillierten Ausschreibung beteiligten sich vier namhafte Hersteller. Doch der Zuschlag erging an Boeing mit dem Modell **345,** das so beeindruckte, dass, noch bevor der erste Prototyp flog, schon Bestellungen über 1500 Exemplare getätigt wurden. Das Flugzeug, das unter anderem über eine Druckkammer und ein elektrisch einziehbares Dreibein-Fahrwerk verfügte, wurde der USAAC im Sommer 1943 geliefert und es wurde sofort an der Pazifikfront eingesetzt. Es war auch der **B-29**-Bomber, der im August 1945 die zwei Atombomben auf Japan abwarf und damit dem Zweiten Weltkrieg ein Ende setzte. Eine verbesserte Version dieses Flugzeugtyps wurde 1944 entwickelt, das Modell **345-2,** charakterisiert durch eine bessere Manövrierbarkeit und eine höhere Bombenlastkapazität. Aus der zuerst genannten **B-29D** (später **XB-44**) entwickelte man schließlich die **B-50,** die 1947 ihren Jungfernflug absolvierte und von der 79 Exemplare produziert wurden. Dieses Modell verblieb bis Ende 1960 im Einsatz. *Fotos: B-29A.*

Technische Daten: Spannweite 43,05 m; Länge 30,18 m; Höhe 9,02 m; Tragflügelfläche 161,27 m². **Gewicht:** Leergewicht 31.815 kg; max. Startgewicht 63.958 kg. **Triebwerk:** vier Wright-R-3350-23-23A/41-Cyclone-18-Sternmotoren mit je 1640 kW (2231 PS). **Leistung:** Höchstgeschwindigkeit 576 km/h; Dienstgipfelhöhe 9700 m; Einsatzreichweite 6600 km. **Bewaffnung:** Bombenlast bis zu 4100 kg, zehn 12,7-mm-Maschinengewehre und eine 20-mm-Kanone. **Besatzung:** 10. *Die Daten beziehen sich auf die B-29.*

Gebaute Versionen: XB-29, YB-29, B-29, B-29A, B-29B, RB-29, SB-29, B-29D, XB-29E, B-29F, XB-29G, XB-29H, RB-29J, YB-29J, YKB-29J, B-29K, B-29L, XB-44, B-50A, WB-50, TB-50A, B-50B, EB-50B, RB-50B, YB-50C, B-50D, DB-50D, TB-50D, WB-50D, RB-50E, RB-50F, RB-50G, TB-50H, WB-50H, KB-50J, KB-50K, B-54A, RB-54A.

Einsatzländer: Vereinigte Staaten.

Boeing B-52 Stratofortress

Visitenkarte

Land
Vereinigte Staaten

Typ
strategischer Bomber

Antrieb
acht Turbofan-Triebwerke

Jungfernflug
15. April 1952

Gebaute Exemplare
744

Gebaute Versionen
10

Einsatzländer
1

Der Entwurf für die **B-52** entstand 1948 als Turboprop-Nachfolger des Bombers **B-50.** Ein Jahr später, mit der Entwicklung des Strahltriebwerks J57 von Pratt & Whitney, das weniger Treibstoff verbrannte und zugleich leistungsstärker war als die gewöhnlichen Triebwerke dieser Zeit, war man in der Lage, den Entwurf für ein zeitgemäßes und zukunftsträchtiges Flugmodell weiterzuverfolgen. Der erste Prototyp – das Modell **464-67**- übernahm die Technologie des **B-47.** So blieben auch das Tragwerk in Schulterhöhe montiert und die gebündelten Triebwerke in untergehängten Gondeln. Kennzeichnend für den **XB-52** war aber die Tandemanordnung der Flugzeugführersitze. Der **B-52** ist ein zu einem sogenannten **CBC** (Conventional Bomb Carrier – Träger für konventionelle Bomben) umgebautes Bombenflugzeug und war Hauptfigur im Vietnamkrieg, um die Nachschubroute von Nordvietnam, den so genannten Ho-Tschi-Minh-Pfad, zu zerschlagen. 1991 begann die Umstellung der **B-52H** auf die AGM-129 Advanced Cruise Missile. Weitere Modifikationen sind unumgänglich, wenn die USAF die ehrwürdige B-52 weiterhin im Dienst halten will. *Fotos: B-52D (oben), B-52H (unten).*

Technische Daten: Spannweite 56,39 m; Länge 49,05 m; Höhe 12,40 m; Tragflügelfläche 371,60 m². **Gewicht:** max. Startgewicht 221.353 kg. **Triebwerk:** acht Pratt & Whitney TF-33-P-3-Turbofan-Triebwerke mit je 7710 kp Schub. **Leistung:** Höchstgeschwindigkeit 958 km/h; Dienstgipfelhöhe 16.765 m; max. Einsatzreichweite 16.000 km. **Bewaffnung:** eine Bombenlast bis zu 27.215 kg. **Besatzung:** 5. *Die Daten beziehen sich auf die B-52H.*

Gebaute Versionen: XB-52, YB-52, B-52A, B-52B, B-52C, B-52D, B-52E, B-52F, B-52G, B-52H.

Einsatzländer: Vereinigte Staaten.

Boeing 707

Visitenkarte

Land
Vereinigte Staaten

Typ
Langstrecken-Verkehrsflugzeug

Antrieb
vier Turbofan-Triebwerke

Jungfernflug
15. Juli 1954

Gebaute Exemplare
1010

Gebaute Versionen
8

In den USA erkannte Boeing als erstes Unternehmen das Potenzial von Gasturbinen als Antrieb für eine neue Generation ziviler Verkehrsflugzeuge und leitete den Entwurf und die Konstruktion solch eines Flugzeugs ein. Um wirtschaftlich an dem Projekt nicht zu zerbrechen, konzentrierte man sich zuerst auf die militärische Version des Modells **367-80.** Drei Monate nach dem Jungfernflug des Flugzeugs erhielt Boeing am 5. Oktober 1954 den ersten Auftrag für 29 **KC-135A** Tanker-Transportflugzeuge, langfristig sollten es noch 800 Exemplare dieses Modells werden. Danach begann Boeing die zivile Version mit der Bezeichnung **707-120** zu bauen. Pan American war 1955 der erste Kunde auf einer langen Liste. Die erste echte Langstreckenversion der 707, das interkontinentale Modell **707-320,** trat ab Oktober 1959 in den Liniendienst der Pan Am. Ende 1980 läuft die Produktion des Flugzeugs aus. Der Erfolg der militärischen (vor allem die Modelle **C/KC-135, C-137, E-3**), aber auch der zivilen Versionen des Modells 707 sind Boeing sicher, denn es ist bewiesen, dass dieses Modell eines der gelungensten Projekte unserer Zeit war. *Fotos: 707-320C.*

Technische Daten: Spannweite 44,42 m; Länge 46,41 m; Höhe 12,93 m; Tragflügelfläche 283,35 m². **Gewicht:** Leergewicht 66.400 kg; max. Startgewicht 151.320 kg. **Triebwerk:** vier Pratt & Whitney JT3D-7-Turbofan-Triebwerke mit je 8620 kp Schub. **Leistung:** Höchstgeschwindigkeit 1009 km/h; Dienstgipfelhöhe 11.890 m; max. Einsatzreichweite 9262 km. **Besatzung:** 11. **Passagiere:** bis zu 219. *Die Daten beziehen sich auf die 707-320C.*

Gebaute Versionen: 707-120, 707-120B, 707-220, 707-320 Intercontinental, 707-320B Interc., 707-320C Interc., 707-320C Freighter, 707-420 Interc.

Boeing 720

Der Erfolg der 707 spornte Boeing zur Entwicklung einer Mittelstreckenversion mit der Bezeichnung **Boeing** Modell **707-020** an. Äußerlich sah sie der **707-120** sehr ähnlich, doch dies täuschte. Das neue Modell 720 hatte ein modifiziertes Profil der Flächen mit erhöhtem Pfeilwinkel und die geänderte Verkleidung am hinteren Flächenansatz. Das Flugzeug nahm am 5. Juli 1960 den Liniendienst für United Airlines auf. Es folgte das verbesserte Modell **720B.** Die Produktion lief 1969 aus, nachdem insgesamt 154 Flugzeuge gebaut und ausgeliefert worden waren. *Foto: 720-023.*

Technische Daten: Spannweite 39,88 m; Länge 41,68 m; Höhe 12,66 m; Tragflügelfläche 234,20 m². **Gewicht:** Leergewicht 51.203 kg; max. Startgewicht 106.141 kg. **Triebwerk:** vier Pratt & Whitney JT3D-3-Turbofan-Triebwerke mit je 8165 kp Schub. **Leistung:** Höchstgeschwindigkeit 1009 km/h; Dienstgipfelhöhe 12.800 m; max. Einsatzreichweite 6687 km. **Besatzung:** 9. **Passagiere:** 112. *Die Daten beziehen sich auf die 720B.*

Visitenkarte

Land
Vereinigte Staaten

Typ
Mittelstrecken-Verkehrsflugzeug

Antrieb
vier Turbofan-Triebwerke

Jungfernflug
23. November 1959

Gebaute Exemplare
154

Gebaute Versionen
2

Boeing 727

Noch bevor die Boeing 707 für den Liniendienst bereitstand, erkannte Boeing die Notwendigkeit, dieses Modell durch einen neuen Airliner für kurze und mittlere Strecken zu ergänzen. Marktforschungen zufolge rechnet Boeing mit einem Bedarf von 300 Exemplaren. United Airlines war von Anfang an sehr interessiert, aber auch Eastern Air Lines. So hatte Boeing bereits 80 Exemplare im Auftragsbuch zu verzeichnen. Die erste Serienmaschine flog am 9. Februar 1963. Trotz günstiger Eigenschaften, wie die geringen Betriebskosten, stagnierte der Verkauf. Erst als Boeing den Rumpf um 3 m verlängerte, war eine bessere Wirtschaftlichkeit gegeben und der Verkauf des neuen Modells **727-200** stellte sich rasch ein. Insgesamt wurden 1831 Exemplare der 727 bis Anfang 1980 verkauft und auch heute sind noch über 1200 Boeing weltweit im Einsatz. *Foto: 727-100.*

Technische Daten: Spannweite 32,92 m; Länge 46,69 m; Höhe 10,36 m; Tragflügelfläche 157,93 m². **Gewicht:** Leergewicht 46.675 kg; max. Startgewicht 95.000 kg. **Triebwerk:** drei Pratt & Whitney JT8D-9A-Turbofan-Triebwerke mit je 6577 kp Schub. **Leistung:** Höchstgeschwindigkeit 999 km/h; Dienstgipfelhöhe 7530 m; max. Einsatzreichweite 4000 km. **Besatzung:** 6. **Passagiere:** bis zu 189. *Die Daten beziehen sich auf die Advanced 727-200.*

Visitenkarte

Land
Vereinigte Staaten

Typ
Kurz-/Mittelstrecken-Verkehrsflugzeug

Antrieb
drei Turbofan-Triebwerke

Jungfernflug
9. Februar 1963

Gebaute Exemplare
1831

Gebaute Versionen
5

Boeing 737

Visitenkarte

Land
Vereinigte Staaten

Typ
Kurz- und Mittelstrecken-Verkehrsflugzeug

Antrieb
zwei Turbofan-Triebwerke

Jungfernflug
9. April 1967

Gebaute Exemplare
3039 (noch in Produktion)

Gebaute Versionen
über 10

Zur Vervollständigung der »Airliner-Familie« kündigte Boeing am 19. Februar 1965 die Konstruktion einer zweistrahligen Verkehrsmaschine Modell **737** für den Kurzstreckenbetrieb an. Die Bordsysteme und der Kern der **727** und der 737 stimmten zu 60 Prozent überein, aber das neue Modell war dennoch ein ganz anderes Flugzeug. Ursprünglich war eine Kapazität von 65-80 Passagieren geplant, doch Lufthansa bestand auf 100 Sitzplätze, so passte man die Rumpflänge entsprechend an. Allerdings wurden nur 30 Exemplare der ersten Version des Modells **737-100** hergestellt, denn eine Variante mit größerer Kapazität war bereits in Planung. Diese Version, Modell **737-200,** wurde das neue Standardflugzeug. Dieses Flugzeug nahm den Liniendienst bei United Airlines 1968 auf. Es folgten verschiedene Versionen bis zum Modell **737-800,** das anlässlich des »Salon de Paris« 1997 vorgestellt wurde. Eine militärische Version eines Schulungsflugzeugs mit der Bezeichnung **T-43A** wird von der USAF eingesetzt. *Fotos: 737-300 (oben), 737-800 (unten).*

Technische Daten: Spannweite 28,88 m; Länge 33,40 m; Höhe 11,13 m; Tragflügelfläche 105,44 m². **Gewicht:** Leergewicht 32.704 kg; max. Startgewicht 56.472 kg. **Triebwerk:** zwei CFM International CFM56-3C1-Turbofan-Triebwerke mit je 9080 kp Schub. **Leistung:** Höchstgeschwindigkeit 946 km/h; Dienstgipfelhöhe 10.880 m; max. Einsatzreichweite 4667 km. **Besatzung:** 2. **Passagiere:** bis zu 149. *Die Daten beziehen sich auf die 737-300.*

Gebaute Versionen: 737-100, 200, 300, 400, 500, 600, 700, 800, 743A, 737-TBD.

Boeing E-3 Sentry

Die USAF formulierte 1963 eine Forderung für ein **AWACS** (Airborne Warning And Control System) Frühwarn- und Leitflugzeug. Boeing antwortete mit der Boeing **E-3A Sentry** als flexible, störfeste und überlebensfähige Radarstation einerseits und als Führungs-, Fernmelde- und Leitzentrale andererseits – all dies in der Zelle einer Boeing 707. Die auffallendste Änderung des neuen Flugzeugs war das am Rücken des Rumpfes installierte Rotodom, wo sowohl das AN/APY-1-Überwachungsradar als auch die Freund-Feind-Funkkennanlage IFF/TADIL C untergebracht ist. Die erste **EC-137D,** so lautete die Bezeichnung der USAF für dieses Modell, wurde am 24. März 1977 der Air Force geliefert. Die weiterentwickelten Versionen **E-3B** und **E-3C** verwenden das AN/APY-2-Radar. Die NATO hat in Europa 18 **E-3A** im Einsatz, die von einer multinationalen Besatzung bedient werden. Die Flugzeuge sind in Deutschland stationiert und haben eine luxemburgische Zulassung. Auch Saudi-Arabien, Großbritannien und Frankreich haben AWACS in ihren Luftstreitkräften. *Foto: E-3C.*

Technische Daten: Spannweite 44,42 m; Länge 46,61 m; Höhe 12,60 m; Tragflügelfläche 283,35 m². **Gewicht:** max. Startgewicht 147.400 kg. **Triebwerk:** vier Pratt & Whitney TF33-PW-100-Turbofan-Triebwerke mit je 9525 kp Schub. **Leistung:** Höchstgeschwindigkeit 853 km/h; Dienstgipfelhöhe 8840 m; max. Einsatzdauer in 1600 km Entfernung von der Basis: 6 Stunden. **Besatzung:** 17. *Die Daten beziehen sich auf die E-3A.*

Visitenkarte

Land
Vereinigte Staaten

Typ
Frühwarn- und Leitflugzeug

Antrieb
vier Turbofan-Triebwerke

Jungfernflug
9. Februar 1972

Gebaute Exemplare
68

Gebaute Versionen
5

Einsatzländer
4

Boeing 757

Das erste der drei 1978 angekündigten neuen Flugzeuge der Firma Boeing war das Modell **757.** Dieses Flugzeug hatte auch denselben Rumpfquerschnitt wie sein Vorgänger, die Boeing **727,** ist aber um 6 m länger. Der Flügel, die Leitwerke und die Triebwerke waren jedoch ganz neu. Das Modell 757 ist eine der weltweit wirtschaftlichsten Verkehrsmaschinen mit Turbofan-Antrieb für den Kurz- und Mittelstreckenbetrieb und erspart seinen Haltern im Vergleich zu früheren Mittelstreckenflugzeugen 45 Prozent Treibstoff pro Passagier. Die Sitzplatzkapazität kann bis zu 239 Passagieren ausgeweitet werden. Das erste Serienflugzeug trat am 1. Januar 1983 in den Liniendienst der Eastern Air Lines ein. *Foto: 757-200.*

Technische Daten: Spannweite 38,05 m; Länge 47,32 m; Höhe 13,56 m; Tragflügelfläche 185,25 m². **Gewicht:** Leergewicht 58.105 kg; max. Startgewicht 99.790 kg. **Triebwerk:** zwei Rolls-Royce RB211-535E4-Turbofan-Triebwerke mit je 18.200 kp Schub (oder auch den Pratt & Whitney PW2037). **Leistung:** Höchstgeschwindigkeit 970 km/h; Dienstgipfelhöhe 11.800 m; max. Einsatzreichweite 4722 km. **Besatzung:** 2. **Passagiere:** bis zu 239. *Die Daten beziehen sich auf die 757-200.*

Visitenkarte

Land
Vereinigte Staaten

Typ
Kurz-/Mittelstrecken-verkehrsflugzeug

Antrieb
zwei Turbofan-Triebwerke

Jungfernflug
19. Februar 1982

Gebaute Exemplare
794 (noch in Produktion)

Gebaute Versionen
4

Boeing 747 Jumbo

Visitenkarte

Land
Vereinigte Staaten

Typ
schweres Langstrecken-Verkehrsflugzeug

Antrieb
vier Turbofan-Triebwerke

Jungfernflug
9. Februar 1969

Gebaute Exemplare
1152 (noch in Produktion)

Gebaute Versionen
16

Ursprünglich beteiligte sich Boeing an einer Ausschreibung der USAF für ein militärisches Transportflugzeug, das eine Ladekapazität von etwa 270.000 kg aufweisen sollte. Lockheed mit seinem Modell C-5 gewann und Boeing war nicht sehr glücklich darüber, trotzdem beschloss man, die zivile Luftfahrt für das Projekt zu gewinnen. Das Modell **747** war sozusagen der »große Bruder« der Boeing **707** mit einem nahezu kreisrunden Rumpf mit einem erhöhten am Vorderrumpf angebrachten Flugdeck, wodurch es möglich war, die Hauptkabine bis in die Flugzeugnase auszudehnen. Wegen der enormen Größe der Kabine mit einer Breite von 6,13 m und einer Länge von 56,39 m gab man dem Flugzeug den Beinamen **»Jumbo-Jet«.** Die Produktion startete am 25. Juli 1966, als neben Pan Am auch die Japan Air Lines und Lufthansa ihre Bestellungen einbrachten. Das erste am 30. September 1968 aus der Serienproduktion kommende Flugzeug war auch gleichzeitig der Prototyp. 1970 nahm die Maschine den Linienflugdienst auf. Zur Zeit ist das Modell **747-400** in Produktion. *Fotos: 747-400 (oben), 747-300 (unten).*

Technische Daten: Spannweite 64,44 m; Länge 70,66 m; Höhe 19,41 m; Tragflügelfläche 520,25 m². **Gewicht:** Leergewicht 183.025 kg; max. Startgewicht 396.893 kg. **Triebwerk:** vier Pratt & Whitney PW4056-Turbofan-Triebwerke mit je 25.651 kp Schub (Optionen sind entweder ein Motor von General Electrics oder Rolls-Royce). **Leistung:** Höchstgeschwindigkeit 969 km/h; Dienstgipfelhöhe 13.000 m; max. Einsatzreichweite 13.464 km. **Besatzung:** 2. **Passagiere:** bis zu 568. *Die Daten beziehen sich auf die 747-400.*

Gebaute Versionen: 747-100, 747-100B, 747-200B, 747-200B Combi, 747-200B Convertible, 747-200F Freighter, 747SP, 747SR, 747-300SUD, E-4A, E-4B, 747-123 Space Shuttle Carrier, 747-400 International, 747-400 Domestic, 747-400 Freighter, 747-400 Combi.

Boeing 767

Visitenkarte

Land
Vereinigte Staaten

Typ
Mittelstrecken-Verkehrsflugzeug

Antrieb
zwei Turbofan-Triebwerke

Jungfernflug
26. September 1981

Gebaute Exemplare
698 (noch in Produktion)

Gebaute Versionen
6

Die Boeing Modell **767,** gleichzeitig mit dem Modell **757** angekündigt, führte einen völlig neuen, 1,24 m breiteren Rumpf ein. Das Tragwerk der 767 unterscheidet sich von dem der 757 durch eine stärkere Pfeilung der Flügel, eine größere Spannweite und eine größere Profiltiefe. Die Flügelfläche vergrößert sich dadurch um etwa 53 Prozent. Das Modell 767 kann mit 20 verschiedenen Motorentypen der Firmen General Electric, Pratt & Whitney und Rolls-Royce ausgerüstet werden. Die Version **767-100** ging nie in Produktion, da es vorgezogen wurde, verschiedene Ausführungen des Serienmodells **767-200** anzubieten. Das erste Serienflugzeug wurde 1982 an United Airlines geliefert. 1986 wurde das Serienmodell **767-300** genehmigt, mit einem verlängerten Rumpf, um die Sitzplatzkapazität zu erhöhen. Die Modelle **ER (Extended Range)** können transkontinentale Flüge ohne Zwischenstopp durchführen. *Fotos: 767-300.*

Technische Daten: Spannweite 47,57 m; Länge 54,94 m; Höhe 15,85 m; Tragflügelfläche 285,35 m². **Gewicht:** Leergewicht 90.537 kg; max. Startgewicht 172.368 kg. **Triebwerk:** zwei General Electric CF6-80C2B2-Turbofan-Triebwerke mit je 23.835 kp Schub (oder auch mit einem Pratt & Whitney oder Rolls-Royce). **Leistung:** Höchstgeschwindigkeit 990 km/h; Dienstgipfelhöhe 12.500 m; max. Einsatzreichweite 11.371 km. **Besatzung:** 2-3. **Passagiere:** bis zu 350. *Die Daten beziehen sich auf die 767-300ER.*

Gebaute Versionen: 767-200, 767-200ER, 767-300, 767-300ER, 767-300 Freighter, 767 AWACS.

Boeing 777

Visitenkarte

Land
Vereinigte Staaten

Typ
Langstrecken-Verkehrsflugzeug

Antrieb
zwei Turbofan-Triebwerke

Jungfernflug
12. Juni 1994

Gebaute Exemplare
128 (noch in Produktion)

Gebaute Versionen
3

Das von zahlreichen Fluggesellschaften bekundete Interesse an einer Boeing mit einer Kapazität zwischen der 767-300 und der 747-400 und um eine Konkurrenz für den Airbus 330 und 340 zu sein, fiel 1990 der Startschuss für das Modell **777,** nachdem United Airlines 34 Festbestellungen unterzeichnet hatte. Die Ähnlichkeit zum kleinen Bruder **767** ist äußerlich gegeben, sie ist jedoch mit innovativen Bordsystemen ausgestattet. Die Boeing 777 ist zur Zeit das längste Flugzeug der Welt. Das erste Serienflugzeug wurde an United Airlines am 15. Mai 1995 geliefert, die zusätzlich zu der Erstbestellung noch 34 weitere Exemplare optierte. Die Spannweite der Boeing 777 wurde als Basis für weitere Modelle herangezogen, so auch für die **777-200 (A-Market),** die mit der Bezeichnung **777-200IGW** (Increased Gross Weight) im April 1998 erstmals an Air France geliefert wurde. Bis Ende 1998 gingen für die Boeing 777-200 etwa 250 Bestellungen von 34 Fluggesellschaften ein, und 150 davon waren bereits ausgeliefert. *Fotos: 777-200.*
Technische Daten: Spannweite 60,93 m; Länge 63,73 m; Höhe 18,51 m; Tragflügelfläche 427,80 m². **Gewicht:** Leergewicht 134.990 kg; max. Startgewicht 242.672 kg. **Triebwerk:** zwei General Electric GE90-75B-Turbofan-Triebwerke mit je 35.800 kp Schub (oder auch einem Pratt & Whitney, Rolls-Royce und AlliedSignal). **Leistung:** Höchstgeschwindigkeit 1050 km/h; Dienstgipfelhöhe 13.100 m; max. Einsatzreichweite 8850 km. **Besatzung:** 2. **Passagiere:** bis zu 440. *Die Daten beziehen sich auf die 777-200.*
Gebaute Versionen: 777-200 A-Market, 777-200 B-Market, 777-300.

Boeing-Vertol 114 Chinook

Das **Boeing-Vertol-Modell 114,** das Ende der Fünfzigerjahre entstand, war eine größere und antriebsstärkere Ausgabe des Modells **107.** Dieser neue Helikopter entsprach genau den Vorstellungen und Ansprüchen der US Army. 1959 wurden die ersten fünf **YHC-1B** Vorserienhubschrauber in Auftrag gegeben und die kurz nach Inbetriebnahme in **YHC-47A Chinook** umbenannt wurden. Die ersten Exemplare der **CH-47A** wurden 1962 an die amerikanische Armee geliefert. In einem speziellen Entwicklungsprogramm werden die verschiedenen Versionen bis auf das Kernstück zurückgeführt und zum Prototyp **CH-47D** mit stärkeren Triebwerken und Leistungsübertragungssystemen umgerüstet. Die ersten modifizierten Chinook kehren 1982 in die Armee zurück. Lizenzen zum Bau der **CH-47** werden unter anderen an Agusta (die 34 **CH-47C** an die italienische Armee liefert) und Kawasaki vergeben. *Fotos: CH-47C.*

Technische Daten: Rotordurchmesser 18,29 m; Länge 30,18 m; Höhe 5,68 m; Rotorkreisfläche 262,67 m^2. **Gewicht:** Leergewicht 9736 kg; max. Startgewicht 17.450 kg. **Triebwerk:** zwei Avco Lycoming T55-L-11A-Wellenturbinen mit je 2795 kW (3802 PS). **Leistung:** Höchstgeschwindigkeit 286 km/h; Dienstgipfelhöhe 3330 m; max. Einsatzreichweite 2140 km. **Bewaffnung:** eventuell zwei 7,62-mm-Maschinengewehre. **Besatzung:** 3. *Die Daten beziehen sich auf den CH-47C.*

Gebaute Versionen: YCH-47A, CH-47A, CH-47B, CH-47C, CH-47D, MH-47E, CH-47J.

Einsatzländer: Argentinien, Australien, Kanada, Südkorea, Ägypten, Japan, Großbritannien, Griechenland, Iran, Italien, Libyen, Marokko, Nigeria, Niederlande, Spanien, Vereinigte Staaten, Taiwan, Tansania, Thailand.

Visitenkarte

Land
Vereinigte Staaten

Typ
mittlerer Tandemrotor-Transporthubschrauber

Antrieb
zwei Wellenturbinen

Jungfernflug
21. September 1961

Gebaute Exemplare
über 1150

Gebaute Versionen
7

Einsatzländer
19

Boeing B-47 Stratojet

Visitenkarte

Land
Vereinigte Staaten

Typ
mittlerer strategischer Bomber

Antrieb
sechs Strahltriebwerke

Jungfernflug
17. Dezember 1947

Gebaute Exemplare
etwa 1800

Gebaute Versionen
25

Einsatzländer
1

Nach dem Ende des Zweiten Weltkrieges erkannte die USAAF die Notwendigkeit von düsengetriebenen strategischen Bombern. Die Ausschreibung gewann Boeing mit dem Modell **450,** das 1944 in Zusammenarbeit mit Douglas-Tulsa und Lockheed-Marietta produziert wurde. Die besonderen Eigenschaften dieses Modells waren die sechs Triebwerke unter den stark gepfeilten Tragflächen. Der erste Prototyp aus der Reihe **B-47A** hatte am 25. Juni 1950 seinen Jungfernflug. Dies fiel zusammen mit dem Kriegsausbruch in Korea. Die letzten Versionen des **B-47** waren bis 1966 im militärischen Einsatz. *Foto: B-47A.*
Technische Daten: Spannweite 35,36 m; Länge 33,48 m; Höhe 8,51 m; Tragflügelfläche 132,66 m². **Gewicht:** Leergewicht 36.630 kg; max. Startgewicht 89.893 kg. **Triebwerk:** sechs General Electric-J47-GE-25-Strahltriebwerke mit je 3266 kp Schub. **Leistung:** Höchstgeschwindigkeit 975 km/h; Dienstgipfelhöhe 12.345 m; max. Einsatzreichweite 6440 km. **Bewaffnung:** Bombenlast bis zu 10.000 kg und zwei 20-mm-Kanonen. **Besatzung:** 3. *Die Daten beziehen sich auf die B-47E-II.*

Bücker Bü 181 Bestmann

Visitenkarte

Land
Deutschland

Typ
zweisitziges Schulungsflugzeug

Antrieb
Reihenmotor

Jungfernflug
1939

Gebaute Exemplare
einige tausend

Gebaute Versionen
11

Die **Bücker Bü 181 Bestmann** war anfänglich als Sportflugzeug geplant, überzeugte aber durch ihre Flugleistung dermaßen, dass man das Modell als Standardschulflugzeug für die Luftwaffe umbaute. Die Besatzung war in einer geschlossenen Kabine auf nebeneinander angeordneten Sitzen untergebracht. Lizenzen wurden während des Zweiten Weltkrieges an Fokker, Holland (708 Exemplare), Schweden (125 Exemplare) und die ehemalige Tschechoslowakei (Zlin) ausgegeben. Nach dem Krieg wurde dieses Modell in Ägypten gebaut und damit die ägyptischen Luftstreitkräfte und andere arabische Staaten ausgerüstet.
Technische Daten: Spannweite 10,60 m; Länge 7,85 m; Höhe 2,05 m; Tragflügelfläche 13,50 m². **Gewicht:** Leergewicht 480 kg; max. Startgewicht 750 kg. **Triebwerk:** Hirth HM 504-Reihenmotor mit 77 kW (105 PS). **Leistung:** Höchstgeschwindigkeit 215 km/h; Dienstgipfelhöhe 5000 m; max. Einsatzreichweite 800 km. **Besatzung:** 1-2. *Die Daten beziehen sich auf die Bü 181A.*

Bücker Jungmann und Jungmeister

Das zweisitzige leichte Schulflugzeug, der **Bücker Bü 131 Jungmann,** war das erste Produkt der Firma Bücker, die 1932 in Berlin-Johannisthal gegründet wurde. Die erste Version des Flugzeugs war ein konventioneller zweisitziger Doppeldecker aus Holz, mit Aluminium verkleidet und mit Stoff überzogen. Diese Maschine wurde an die zivile und militärische Luftfahrt in großen Mengen verkauft. Der Export ging in acht Länder. Die umfangreichste Lizenzproduktion aber erfolgte in Japan, wo 1037 Exemplare für das japanische Heer als **Type 4 Primary Trainer (Ki-86A)** gefertigt wurden. Der Bedarf war so groß, dass ein neues Flugzeugwerk in Rangsdorf errichtet wurde. Die Weiterentwicklung der Bü 131 war die verbesserte Version **Bü 133 Jungmeister,** ein kleinerer einsitziger Doppeldecker, mit einem stärkeren Motor und einer besseren Steuerung, die ideal für den Kunstflug geeignet war. Die Luftwaffe begeisterte sich für dieses Schulungsflugzeug und ließ sowohl in der Schweiz als auch in Spanien 50 Exemplare bauen. Allerdings liegt kein exakter Produktionsumfang vor. *Fotos: Bü 133 (oben), Bü 131(unten).*

Technische Daten: Spannweite 6,60 m; Länge 6 m; Höhe 2,20 m; Tragflügelfläche 12 m^2. **Gewicht:** Leergewicht 425 kg; max. Startgewicht 585 kg. **Triebwerk:** Siemens Sh 14A-4-Sternmotor mit 118 kW (160 PS). **Leistung:** Höchstgeschwindigkeit 220 km/h; Dienstgipfelhöhe 4500 m; max. Einsatzreichweite 500 km. **Besatzung:** 1. *Die Daten beziehen sich auf die Bü 133C.*
Gebaute Versionen: Bü 131A, Bü 131B, Bü 131C, Bü 133A, Bü 133B, Bü 133C.

Visitenkarte

Land
Deutschland

Typ
ein- bzw. zweisitziges Schulungsflugzeug

Antrieb
Sternmotor

Jungfernflug
27. April 1934

Gebaute Exemplare
einige tausend

Gebaute Versionen
6

Bristol Beaufighter

Visitenkarte

Land
Großbritannien

Typ
zweisitziger Angriffsjäger gegen Seeziele

Antrieb
zwei Sternmotoren

Jungfernflug
17. Juli 1939

Gebaute Exemplare
5972

Gebaute Versionen
22

Einsatzländer
6

Die Bristol **Type 156,** später **Beaufighter** genannt, war eine Improvisation eines fertig gestellten Entwurfs eines modernen Jagdflugzeugs und der besonders dringlichen Anfrage der R.A.F., ein schwer bewaffnetes Langstreckenflugzeug für Geleitschutz und Nachtjagd einsetzen zu können. Das vorgeschlagene Konzept verwendet die Tragflächen, Heck und Fahrwerk der Beaufighter. Die Ergebnisse sind so gut, dass das Luftfahrtministerium zwei Monate vor Kriegsausbruch 300 Exemplare in Auftrag gibt. Die Beaufighter **Mk.IF** wurde zum Nachtjäger bestimmt und mit einem im Bug eingebauten Abfangradar der Marke AI IV ausgerüstet. Das Flugzeug wurde auch vom Küstenkommando eingesetzt. Anfang 1942, als der neue und stärkere Herkules-Motor zur Verfügung stand, brachte man das Modell **Mk.VI** heraus, das eine größere Einsatzreichweite erzielte und mehr Waffen laden konnte, darunter Raketen und Torpedos. Die **TF Mk.X** ist sicher die gelungenste Version dieses Flugzeugtyps und wurde speziell vom Küstenkommando eingesetzt. *Fotos: Beaufighter Mk.X.*

Technische Daten: Spannweite 17,63 m; Länge 12,70 m; Höhe 4,83 m; Tragflügelfläche 46,73 m². **Gewicht:** Leergewicht 7076 kg; max. Startgewicht 11.431 kg. **Triebwerk:** zwei Hercules-XVII-Sternmotoren mit je 1320 kW (1795 PS). **Leistung:** Höchstgeschwindigkeit 488 km/h; Dienstgipfelhöhe 4575 m; max. Einsatzreichweite 2367 km. **Bewaffnung:** vier 20-mm-Kanonen, sieben 7,7-mm-Maschinengewehre, ein Torpedo und zwei 113-kg-Bomben oder acht Luft- Boden-Raketen mit je 41 kg. **Besatzung:** 2. *Die Daten beziehen sich auf den Beaufighter TF Mk.X.*

Gebaute Versionen: Type 156, Mk.IF, Mk.IC, Mk.II, Mk.IIF, Mk.III, Mk.IV, Mk.V, Mk.VI, Mk.VIF, Mk.VIC, Mk.VII, Mk.VIII, Mk.IX, Mk.X TF, Mk.X TF, Mk.XC TT, Mk.10 F, Mk.XIC, Mk.XII, Mk.XX, Mk.XXI.

Einsatzländer: Australien, Großbritannien, Portugal, Dominikanische Republik, Vereinigte Staaten, Türkei.

Canadair Challenger

Nach einem Entwurf von Lear entstand der **LearStar 600,** der 1976 von Canadair gekauft und nach einigen Veränderungen zum **CL 600 Challenger** umgetauft wurde. Nach anfänglicher Zurückhaltung wurde der CL 600 – besonders komfortabel durch seine geräumige Innenkabine – 1981 ohne Einschränkungen zugelassen. Auf das Basismodell gestützt, wurden verschiedene Versionen abgeleitet. In der **601**-Reihe wurden verschiedene Motoren verwendet, um eine höhere Einsatzreichweite zu erzielen; Das Modell **604,** das am 18. September 1994 seinen Jungfernflug absolvierte, hatte eine erneuerte Flugelektronik und konnte auf interkontinentalen Flugstrecken eingesetzt werden. *Foto: CE-144 Challenger.*
Technische Daten: Spannweite 19,60 m; Länge 20,85 m; Höhe 6,30 m; Tragflügelfläche 45,71 m². **Gewicht:** Leergewicht 11.685 kg; max. Startgewicht 20.457 kg. **Triebwerk:** zwei General Electric CF34-3A1-Turbofan-Triebwerke mit je 4000 kp Schub. **Leistung:** Höchstgeschwindigkeit 885 km/h; Dienstgipfelhöhe 12.500 m; max. Einsatzreichweite 6639 km. **Besatzung:** 2. **Passagiere:** bis zu 19. *Die Daten beziehen sich auf die 601-3R.*

Visitenkarte

Land
Kanada

Typ
Geschäftsreiseflugzeug

Antrieb
zwei Turbofan-Triebwerke

Jungfernflug
8. November 1978

Gebaute Exemplare
327 (noch in Produktion)

Gebaute Versionen
6

Caproni Ca.1/Ca.5

Die Reihe der dreimotorigen Caproni-Bombenflugzeuge, die während des Ersten Weltkrieges zum Einsatz kam, war sicher eines der gelungensten Flugzeugmodelle überhaupt. Die erste Dreier-Serie unterschied sich vor allem im Antrieb. Für die **Ca.1** verwendete man drei FIAT-A10-Reihenmotoren mit 100 PS (74 kW); einen Isotta Fraschini V4B mit 150 PS (110 kW) und zwei FIAT-A10-Reihenmotoren für die **Ca.2.** In die **Ca.3** baute man drei Isotta-Fraschini-V4B-Reihenmotoren ein. Das Modell **Ca.5** war eine Weiterentwicklung der Ca.3 mit drei FIAT-A12-Reihenmotoren von 200 PS (147 kW), vergrößerten Tragflächen und einem modifizierten Rumpf. Trotz einiger anfänglicher Schwierigkeiten mit der Justierung der Motoren hatte dieses Flugzeug großen Erfolg, sodass die italienische Armee 4015 Exemplare davon bestellte, von denen jedoch nur 654 die Kriegswirren überstanden. Von der **Ca.4,** ausgestattet mit drei Reihenmotoren, um die Ladekapazität und den Antrieb zu erhöhen, wurden nur 32 Exemplare gebaut. Nach dem Krieg änderten sich die Namen der verschiedenen Caproni-Modelle zu **Ca.32** (ehem. Ca.1) und **Ca.33** (ehem. Ca.3). *Foto: Ca.3.*
Technische Daten: Spannweite 23,40 m; Länge 12,60 m; Höhe 4,48 m; Tragflügelfläche 150 m². **Gewicht:** Leergewicht 3300 kg; max. Startgewicht 5300 kg. **Triebwerk:** drei FIAT-A12-Reihenmotoren mit 184 kW (250 PS). **Leistung:** Höchstgeschwindigkeit 150 km/h; Dienstgipfelhöhe 4600 m; max. Einsatzreichweite 600 km. **Bewaffnung:** zwei 7,7-mm-Maschinengewehre und eine Bombenlast bis 900 kg. **Besatzung:** 4. *Die Daten beziehen sich auf die Ca.5.*

Visitenkarte

Land
Italien

Typ
Bombenflugzeug

Antrieb
drei Reihenmotoren

Jungfernflug
Oktober 1914

Gebaute Exemplare
1138

Gebaute Versionen
17

Einsatzländer
4

Caproni Ca.101/133/148

Visitenkarte

Land
Italien

Typ
Passagier-/Transportflugzeug

Antrieb
drei Sternmotoren

Jungfernflug
Dezember 1929

Gebaute Exemplare
639

Gebaute Versionen
über 20

Einsatzländer
5

1927 erschien die größere Ausführung der **Ca.97** – die Caproni **Ca.101** – mit drei Sternmotoren Piaggio Stella VII mit 272 kW (370 PS). Konzipiert als Passagierflugzeug, Bomber und militärischer Transporter, wurde er vor allem im Krieg gegen Äthiopien eingesetzt, wo man ihn durch seine Zuverlässigkeit für Aufklärungsflüge und zur Evakuierung Verwundeter einsetzte. Die Weiterentwicklung der Ca.101 war die **Ca.133,** die nach strukturellen und aerodynamischen Verbesserungen 1934 einsatzbereit war. Die zivile Version konnte 16 Passagiere und die militärische 18 Soldaten unterbringen. Seine Vormachtstellung hielt dieses Modell in Italienisch-Ostafrika, sowohl in der Regia Aeronautica als auch als mittleres Flugzeug in der Fluglinie Ala Littoria. Die letzte Version dieser geglückten Serie war die **Ca.148,** gekennzeichnet durch sein weiter vorgerücktes Cockpit und eine größere Ladekapazität. Es wurde zwischen 1938 und 1943 gebaut. *Fotos: Ca.133 (oben), Ca.148 (unten).*

Technische Daten: Spannweite 21,25 m; Länge 15,35 m; Höhe 4 m; Tragflügelfläche 65 m². **Gewicht:** Leergewicht 4000 kg; max. Startgewicht 6565 kg. **Triebwerk:** drei Piaggio-Stella-P.VII-C16-Sternmotoren mit 338 kW (460 PS). **Leistung:** Höchstgeschwindigkeit 280 km/h; Dienstgipfelhöhe 5500 m; max. Einsatzreichweite 1350 km. **Bewaffnung:** vier 7,7-mm-Maschinengewehre. **Besatzung:** 3. *Die Daten beziehen sich auf die Ca.133.*
Einsatzländer: Österreich, China, Italien, Paraguay, Ungarn.

CASA C-212

Die **C-212** von CASA (Construcciones Aeronàuticas S.A.) hatte 1971 ihren Jungfernflug und war somit der zweimotorige Prototyp und Nachfolgemodell für viele veraltete Transportflugzeuge in der spanischen Luftwaffe. Dieses mit Propellerturbinen ausgestattete, robuste Mehrzweckflugzeug erzielte einen gewaltigen Erfolg, der sich in den Verkaufsziffern widerspiegelt. Die aktuellen Versionen sind die **C-300** und die **C-400.** Einsatzbereiche sind die Passagierbeförderung, Fallschirmspringer, Luftrettungsdienst und Überwachungsflüge. Eine Lizenz wird an Indonesien vergeben, wo das Modell von Nurtanio-ITPN gebaut wird. *Foto: C-212A.*

Technische Daten: Spannweite 20,27 m; Länge 16,15 m; Höhe 6,60 m; Tragflügelfläche 41 m^2. **Gewicht:** Leergewicht 3780 kg; max. Startgewicht 7700 kg. **Triebwerk:** zwei Garrett-AiResearch TPE-331-10-Propellerturbinen mit je 670 kW (912 PS). **Leistung:** Höchstgeschwindigkeit 385 km/h; Dienstgipfelhöhe 7925 m; Einsatzreichweite 1424 km. **Besatzung:** 3. *Die Daten beziehen sich auf die C-212-300.*

Visitenkarte

Land
Spanien

Typ
Mehrzwecktransportflugzeug

Antrieb
zwei Propellerturbinen

Jungfernflug
26. März 1971

Gebaute Exemplare
über 450 (noch in Produktion)

Gebaute Versionen
10

CASA C-101

CASA schloss 1976 einen Vertrag mit Hispano Aviacion S.A. (spanische Luftfahrt) über den Bau eines zweisitzigen Strahltrainers zur Anfänger- und Fortgeschrittenenausbildung, der den Hispano HA200 ersetzen sollte. Am Entwurf waren MBB (Deutschland) und Northrop (USA) beteiligt. 1978 werden der dritte und der vierte Prototyp von den spanischen Luftstreitkräften übernommen und umbenannt in **E.25 Mirlos.** Die **CASA C-101** wird vor allem zur Flugausbildung eingesetzt, nahm aber auch an internationalen Flugschauen teil. Der Export hält sich allerdings in Grenzen: 16 Exemplare gingen an Jordanien und vier nach Honduras. In Lizenz wird das Flugzeug in Chile gebaut. *Foto: E.25.*

Technische Daten: Spannweite 10,60 m; Länge 12,25 m; Höhe 4,25 m; Tragflügelfläche 20 m^2. **Gewicht:** Leergewicht 3470 kg; max. Startgewicht 6300 kg. **Triebwerk:** Garrett-AiResearch TRE-731-5-1J-Turbofan-Triebwerk mit 2156 kp Schub. **Leistung:** Höchstgeschwindigkeit 833 km/h; Dienstgipfelhöhe 13.400 m; max. Einsatzreichweite 3700 km. **Bewaffnung:** Bombenlast bis zu 1814 kg, Raketen. **Besatzung:** 1-2. *Die Daten beziehen sich auf die C-101CC.*

Visitenkarte

Land
Spanien

Typ
Strahltrainer und leichtes Kampfflugzeug

Antrieb
Turbofan-Triebwerk

Jungfernflug
27. Juni 1977

Gebaute Exemplare
151

Gebaute Versionen
4

Einsatzländer
4

Cessna L-19 (O-1)

Visitenkarte

Land
Vereinigte Staaten

Typ
Beobachtungsflugzeug

Antrieb
Sechszylinder-Boxermotor

Jungfernflug
1950

Gebaute Exemplare
3431

Gebaute Versionen
8

Infolge einer Ausschreibung der US Army für ein zweisitziges Beobachtungsflugzeug erhielt Cessna Aircraft Company den Zuschlag. Der Entwurf basierte auf dem sehr erfolgreichen Modell **170,** der für militärische Verwendungszwecke umgearbeitet wurde. So wurde der Hinterrumpf geändert, um eine bessere Sicht zu gewähren, Glasscheiben wurden eingesetzt und eine breitere Tür gestattete es, eine Krankentrage ein- und auszuladen. Das neue Produkt erhielt die Bezeichnung **305A** und ging 1950 in Serie. Die US Army setzte es unter der Bezeichnung **L-19 Bird Dog** ein, die Marine hatte 60 Modelle als **OE-1** im Einsatz. 1962 wurde dieses Modell einheitlich als **O-1** bezeichnet. Während die Bird Dog im Koreakrieg noch in kleiner Zahl operierte, setzte die US Air Force in Vietnam viele von der US Army übernommene O-1 ein. Die Bird Dog war weltweit in zahlreichen Luftstreitkräften im Einsatz, darunter auch in der italienischen Armee. Die japanische Firma Fuji baute noch zahlreiche Exemplare dieses Modells in Lizenz. *Fotos: L-19 (oben), O-1 (unten).*

Technische Daten: Spannweite 10,97 m; Länge 7,85 m; Höhe 2,22 m; Tragflügelfläche 16,16 m². **Gewicht:** Leergewicht 732 kg; max. Startgewicht 1089 kg. **Triebwerk:** Sechszylinder-Continental-O-470-11-Boxermotor mit 159 kW (216 PS). **Leistung:** Höchstgeschwindigkeit 209 km/h; Dienstgipfelhöhe 7565 m; max. Einsatzreichweite 853 km. **Besatzung:** 1-3. *Die Daten beziehen sich auf die O-1E.*
Gebaute Versionen: O-1A früher L-19A, O-1B früher OE-1, O-1C früher OE-2, TO-1D früher TL-19D, O-1E früher L-19E, O-1D, O-1F, O-1G.
Einsatzländer: Österreich, Südkorea, Frankreich, Japan, Indonesien, Italien, Laos, Libyen, Norwegen, Vereinigte Staaten, Taiwan, Thailand, Türkei, Vietnam.

Cessna 172/182

1955 entwickelte Cessna das Modell **172,** basierend auf seinem Vorgänger, der **170B.** Durch Verbesserung des Klappensystems und einen stärkeren Motor ging dieses Modell 1956 mit 1170 Exemplaren in Serie. Der große Erfolg war auch durch die verbesserte Flugsicherheit, die man durch ein Bugrad-Fahrwerk erzielte, zu erklären. Weitere Versionen folgten, die sich durch Verbesserungen in den Ausstattungen, den Motoren und der Elektronik auszeichneten. Das Modell **182,** entwickelt aus der **175,** wurde mit einem Continental-O-470-S-Motor mit 172 kW (233 PS) ausgerüstet. Einige Versionen wurden mit einem Turboantrieb und einem einziehbaren Fahrwerk versehen. Das Modell **172** entsprach auch den US-Streitkräften, die zwischen 1963 und 1983 insgesamt 864 Exemplare unter der Bezeichnung **T-41** einsetzten. Die Grundausbildung der USAF-Piloten wurde mit diesem Flugzeug durchgeführt. Die 1986 eingestellte Produktion der Reihe **172/182** wurde 1997 mit modernsten Anpassungen wiederaufgenommen. *Fotos: T-41D (oben), C.172 (unten).*

Technische Daten: Spannweite 10,92 m; Länge 8,72 m; Höhe 2,72 m; Tragflügelfläche 16,16 m^2. **Gewicht:** Leergewicht 815 kg; max. Startgewicht 1406 kg. **Triebwerk:** Sechszylinger-Avco Lycoming-O-540-L3C5D-Turbo-Boxermotor mit 175 kW (238 PS). **Leistung:** Höchstgeschwindigkeit 346 km/h; Dienstgipfelhöhe 6100 m; max. Einsatzreichweite 1909 km. **Besatzung:** 1. **Passagiere:** bis zu 3. *Die Daten beziehen sich auf den 172 Turbo Skylane RG.*

Gebaute Versionen: 172, 175, 175A Skylark, 172 Skyhawk, 172 Skyhawk II, 182, 182 Skylane, 182 Skylane II, 172 Cutlass, 172 Cutlass RG, 172 Cutlass RG II, 182 Turbo Skylane, 182 Turbo Skylane II, 182 Skylane RG, 182 Skylane RG II, 182 Turbo Skylane RG, 182 Turbo Skylane RG II, T-41A, T-41B, T-41C, T-41D.

Visitenkarte

Land
Vereinigte Staaten

Typ
viersitziger Kabinenhochdecker

Antrieb
Turbo-Boxermotor

Jungfernflug
1955

Gebaute Exemplare
über 58.900 (noch in Produktion)

Gebaute Versionen
21

Cessna 150/152

Visitenkarte

Land
Vereinigte Staaten

Typ
zweisitziger Kabinenhochdecker

Antrieb
Vierzylinder-Boxermotor

Jungfernflug
September 1957

Gebaute Exemplare
über 27.400

Gebaute Versionen
8

Mit der **Cessna 150** wandte sich die Firma 1957 erneut dem zweisitzigen Leichtflugzeug zu. Die Hauptmerkmale dieses Flugzeugs waren das einziehbare Bugrad-Fahrwerk, Doppelsteuer als Sonderausstattung, sowie ein Continental-Boxermotor mit 75 kW (102 PS). Dieses Flugzeug traf absolut den Geschmack des Publikums, was sich in den Verkaufsziffern widerspiegelt. Reims Aviation, Frankreich, erwarb 1977 die Lizenz für den Bau des Modells **150/152** und produzierte 1754 Exemplare. Die beiden Maschinen unterscheiden sich nur in der Motorenkapazität. Unter den verschiedenen Ausführungen gibt es auch die **Aerobat,** die speziell für den Kunstflug geeignet ist und einer Belastung von +6 und –3 G standhält. *Foto: C.150 Aerobat.*

Technische Daten: Spannweite 9,97 m; Länge 7,34 m; Höhe 2,59 m; Tragflügelfläche 14,59 m². **Gewicht:** Leergewicht 502 kg; max. Startgewicht 757 kg. **Triebwerk:** Vierzylinder-Avco Lycoming O-235-L2C-Boxermotor mit 82 kW (112 PS). **Leistung:** Höchstgeschwindigkeit 204 km/h; Dienstgipfelhöhe 4500 m; max. Einsatzreichweite 1278 km. **Besatzung:** 1-2. *Die Daten beziehen sich auf die C.152.*

Cessna 208 Caravan

Visitenkarte

Land
Vereinigte Staaten

Typ
Transportflugzeug

Antrieb
Propellerturbine

Jungfernflug
9. Dezember 1982

Gebaute Exemplare
noch in Produktion

Gebaute Versionen
5

Gefragt war ein leichtes Transportflugzeug, und Cessna antwortete Anfang der Achtzigerjahre mit der **Cessna 208 Caravan.** Dieses Modell deckte die Nachfrage nach einem wirtschaftlichen, einfachen und starken Flugzeug mit einer großen Spannweite, einer größeren Beförderungskapazität für Passagiere wie auch Waren, einer Ladeklappe auf der linken Seite, stabilem Fahrgestell und einem propellergetriebenen Motor. Die Cessna 208 wird auch als Rettungsflugzeug eingesetzt. Die militärische Version dieses Modells ist die **U-27A.** Weitere Versionen sind das Amphibien-Flugzeug **(Caravan Floatplane),** der **Grand Caravan** und der **Supercargomaster.** *Foto: C.208.*

Technische Daten: Spannweite 15,88 m; Länge 12,67 m; Höhe 4,52 m; Tragflügelfläche 25,96 m². **Gewicht:** Leergewicht 2064 kg; max. Startgewicht 3969 kg. **Triebwerk:** Pratt & Whitney Canada PT6A-114A-Propellerturbine mit 496 kW (675 PS). **Leistung:** Höchstgeschwindigkeit 355 km/h; Dienstgipfelhöhe 6950 m; max. Einsatzreichweite 1783 km. **Besatzung:** 1. **Passagiere:** bis zu 13. *Die Daten beziehen sich auf die Cessna 208 Grand Caravan.*

Cessna 500 Citation

Die **Cessna 500 Citation** war eines der ersten düsengetriebenen Geschäftsreiseflugzeuge der neuen Generation, die sich unmittelbar etablierten, nicht zuletzt wegen der leiseren und ökonomischeren Düsentriebwerke. Dafür verantwortlich waren zwei Pratt & Whitney Canada JT15D-1-Düsentriebwerke, die unter dem Tragwerk beidseitig am Hinterrumpf angebracht waren. In den darauf folgenden Jahren wurde das ursprüngliche Modell der Citation kontinuierlich weiterentwickelt. Die Versionen **Citation I, II** und **III** (das erste mit einem T-Leitwerk) folgten aufeinander. Die **Citation V** ersetzt 1987 das Modell Citation II, gefolgt 1991 von der **CitationJet,** der **Citation VI** und **VII** (löst die Citation III ab). Der größte Jet aus der Serie ist der **Citation X,** der 1993 seinen Jungfernflug hatte und ab 1996 ausgeliefert wurde. Dabei handelt es sich um ein Flugzeug, das auf Interkontinentalflügen eingesetzt wird mit einer Kapazität von bis zu neun Passagieren der gehobenen Geschäftsklasse. *Fotos: Citation X (oben), Citation II (unten).*

Technische Daten: Spannweite 19,48 m; Länge 22 m; Höhe 5,77 m. **Gewicht:** Leergewicht 9163 kg; max. Startgewicht 15.649 kg. **Triebwerk:** zwei Allison-AE-3007C-Turbofan-Triebwerke mit je 2900 kp Schub. **Leistung:** Höchstgeschwindigkeit 910 km/h; Dienstgipfelhöhe 15.545 m; max. Einsatzreichweite 6111 km. **Besatzung:** 1. **Passagiere:** bis zu 12. *Die Daten beziehen sich auf die Citation X.*
Gebaute Versionen: Citation 500, Citation I, Citation I/SP, Citation II, Citation II/SP, Citation T-47A, Citation III, Citation V, CitationJet, Citation VI, Citation VII, Citation X, Citation Bravo, Citation Excel, Citation Ultra.

Visitenkarte

Land
Vereinigte Staaten

Typ
Geschäftsflugzeug

Antrieb
zwei Turbofan-Triebwerke

Jungfernflug
15. September 1969

Gebaute Exemplare
über 2300 (noch in Produktion)

Gebaute Versionen
16

Cessna 206/207

Visitenkarte

Land
Vereinigte Staaten

Typ
Nutz- und Transportflugzeug

Antrieb
Sechszylinder-Boxermotor

Jungfernflug
1964

Gebaute Exemplare
über 8000 (noch in Produktion)

Gebaute Versionen
17

Die **Cessna** Modell **206 Super Skywagon** wurde aus dem Modell 185 entwickelt, allerdings mit substanziellen Veränderungen, wie ein Bugrad-Fahrwerk, die Erweiterung des Höhenleitwerks und des Landeklappensystems, der Einbau doppelter Frachtklappen und einem stärkeren Motor. Am 3. Januar 1969 flog Cessna das erste Serienexemplar des zum Siebensitzer verlängerten Modells **207** mit einer zweiten Einstiegstür auf der rechten Seite und einem leistungsfähigeren Motor. Beide Modelle lassen sich mit ausgebauten Einstiegstüren fliegen, um Luftlasten abzuwerfen, Fallschirmspringer abzusetzen oder Luftbildaufnahmen zu machen. Die Cessna 207 kommt aber auch im militärischen Bereich zum Einsatz. Die Turboversionen sind die **Stationair 6, 7** und **8.** *Foto: Turbo Stationair.*
Technische Daten: Spannweite 10,92 m; Länge 9,80 m; Höhe 2,92 m; Tragflügelfläche 16,16 m^2. **Gewicht:** Leergewicht 990 kg; max. Startgewicht 1724 kg. **Triebwerk:** Sechszylinder-Continental TSIO-520-Boxermotor mit 231 kW (314 PS). **Leistung:** Höchstgeschwindigkeit 315 km/h; Dienstgipfelhöhe 7925 m; max. Einsatzreichweite 1130 km. **Besatzung:** 1. **Passagiere:** bis zu 6. *Die Daten beziehen sich auf die Turbo Stationair 8.*

Cessna 421

Visitenkarte

Land
Vereinigte Staaten

Typ
sechs-/zehnsitziges Leichtflugzeug mit Druckkabine

Antrieb
zwei Sechszylinder-Turbo-Boxermotoren

Jungfernflug
14. Oktober 1965

Gebaute Exemplare
über 2000

Gebaute Versionen
8

1965 kam der Entwurf von Cessna über das Modell **421 Golden Eagle** heraus. Der Prototyp war ein zweimotoriges Geschäftsflugzeug mit einer Klimatisierungs- und Druckbelüftungsanlage in der Kabine. Man vergrößerte die Spannweite, baute ein stärkeres einziehbares Fahrwerk ein und vergrößerte den Innenraum, der bis zu zehn Passagiere aufnehmen kann oder im Gegenzug erhöhte Frachtkapazität aufwies. Diese beiden Modelle wichen 1976 der **421C,** die typischen Außentanks wurden durch Integraltanks ersetzt, das Seitenleitwerk deutlich erweitert und ein leistungsstärkerer Turbomotor eingebaut. *Foto: C.421C.*
Technische Daten: Spannweite 12,53 m; Länge 11,09 m; Höhe 3,49 m; Tragflügelfläche 19,97 m^2. **Gewicht:** Leergewicht 2105 kg; max. Startgewicht 3379 kg. **Triebwerk:** zwei Sechszylinder-Continental-GTSIO-520-N-Turbo-Boxermotoren mit je 272 kW (370 PS). **Leistung:** Höchstgeschwindigkeit 478 km/h; Dienstgipfelhöhe 9205 m; max. Einsatzreichweite 2752 km. **Besatzung:** 1. **Passagiere:** bis zu 10. *Die Daten beziehen sich auf die C.421C.*

Consolidated PBY Catalina

Consolidated gewann 1933 eine Ausschreibung der US Navy für ein neues Patrouillen-Wasserflugzeug. Der Entwurf des Modells **28** beruhte auf einem gestielten Hochdecker mit freitragenden Tragflächen, die auf einem zentralen Rumpfpfosten ruhen. Für den Antrieb sorgten zwei Doppelsternmotoren. Nach einer Reihe von erforderlichen Änderungen flog der Prototyp **XPBY-1** am 19. Mai 1936 zum ersten Mal und wurde wenig später der amerikanischen Marinestaffel VP-11F zugewiesen. Im November 1939 kam der **XPBY-5A** heraus, ein Modell der **PBY-4-**Serie, das mit einem Radfahrwerk ausgestattet war und sich somit zu einem noch flexibleren Flugboot (Amphibium) entfaltete. Außer der US Navy zeigte auch die ehemalige UdSSR ein großes Interesse an dem neuen Modell und erwarb die Lizenz zum Bau dieses Flugzeugs, gefolgt von der britischen R.A.F., die ab 1941 etwa 700 Exemplare erhielt und diese im Kampf gegen die deutschen Unterseeboote und zum Schutz der Konvois im Atlantik einsetzte. Auch Kanada arbeitete am Entwurf entscheidend mit und hatte auch für die Fertigstellung eine Lizenz. Insgesamt wurden 3290 Exemplare in den USA und Kanada gebaut und weitere 1000 in der ehemaligen UdSSR. Nach dem Krieg wurde die Catalina bis in die Sechzigerjahre von zahlreichen Luftstreitkräften geflogen und später in der zivilen Luftfahrt eingesetzt. Einige Modelle sind noch heute im Einsatz. *Foto: PBY-4.*

Technische Daten: Spannweite 31,70 m; Länge 19,47 m; Höhe 6,15 m; Tragflügelfläche 130 m^2. **Gewicht:** Leergewicht 9485 kg; max. Startgewicht 16.067 kg. **Triebwerk:** zwei Pratt & Whitney R-1830-92 Twin Wasp-Doppelsternmotoren mit je 895 kW (1217 PS). **Leistung:** Höchstgeschwindigkeit 288 km/h; Dienstgipfelhöhe 3960 m; max. Einsatzreichweite 4096 km. **Bewaffnung:** zwei 12,7-mm-Maschinengewehre, drei 7,62-mm-Maschinengewehre, Bombenlast bis zu 1800 kg. **Besatzung:** 7-9. *Die Daten beziehen sich auf die PBY-5A.*

Gebaute Versionen: XP3Y-1, XPBY-1, PBY-1, PBY-2, PBY-3, PBY-4, PBY-5, PBY-5A, PBN-1, PBY-6A, PB2B-1, PB2B-2, GST, MP-7.

Einsatzländer: Argentinien, Australien, Brasilien, Kanada, Dänemark, Ecuador, Frankreich, Großbritannien, Israel, Mexiko, Neuseeland, Peru, Dominikanische Republik, Vereinigte Staaten, Taiwan, ehemalige UdSSR.

Visitenkarte

Land
Vereinigte Staaten

Typ
Wasserflugzeug

Antrieb
zwei Doppelsternmotoren

Jungfernflug
28. März 1935

Gebaute Exemplare
über 4500

Gebaute Versionen
14

Einsatzländer
16

Consolidated B-24 Liberator

Visitenkarte

Land
Vereinigte Staaten

Typ
Bombenflugzeug

Antrieb
vier Doppelsternmotoren

Jungfernflug
29. Dezember 1939

Gebaute Exemplare
18.442

Gebaute Versionen
26

Einsatzländer
5

1939, am Vorabend des Zweiten Weltkrieges, forderte die US Army Consolidated auf, einen Entwurf für einen schwereren Bomber und mit höherer Leistungskraft als die **B-17** zu erarbeiten. Noch im Jahre 1939 startete die Consolidated **B-32** zu ihrem Jungfernflug. Das Flugzeug hatte eine große Spannweite und einen sehr fortschrittlichen Aufbau. Die Tragflächen wurden in Schulterhöhe angebracht, damit stellte man eine maximale Stabilität in der Rumpfstruktur sicher. Fowler-Klappen, die sich über die gesamte Spannweite erstreckten, sorgten für gute Manövrierbarkeit auch bei niedriger Geschwindigkeit. Die Reichweite war besonders wichtig für die amerikanische Armee. Das Flugzeug musste mit einer maximalen Dienstgipfelhöhe von 10.670 m und einer Höchstgeschwindigkeit von 480 km/h 4800 km weit fliegen. Der Rumpf war kürzer als bei dem Modell B-17, hatte aber einen rechteckigen Waffenschacht, um 3629 kg Bomben in senkrechter Position laden zu können. Das Leitwerk mit seinen ovalen Endplatten als Seitenflossen glich dem des Flugboots Modell **31.** Die ersten Prototypen dieses Flugzeugs wurden zu transatlantischen Transport- und Patrouillenflügen eingesetzt. 1942 startete man mit der Version **B-24D** die erste Großserie und setzte diese Bomber auch erstmals an Kriegsschauplätzen ein. Die Produktion gipfelte mit dem Bau von 6678 Exemplaren des Modells **B-24J.** Der Liberator war ein vielseitiges und starkes Flugzeug, vor allem bekannt durch den erfolgreichen Einsatz im Pazifik. Durch spezifische Änderungen baute man den Liberator in ein Tankflugzeug, als Aufklärer und Schulungsflieger um. Die meisten Exemplare jedoch waren Bombenflugzeuge, die im Zweiten Weltkrieg zum Einsatz kamen.

Technische Daten: Spannweite 33,53 m; Länge 20,47 m; Höhe 5,49 m; Tragflügelfläche 97,36 m². **Gewicht:** Leergewicht 16.556 kg; max. Startgewicht 32.296 kg. **Triebwerk:** vier luftgekühlte Pratt & Whitney R-1830-65 Twin-Wasp-Doppelsternmotoren mit je 895 kW (1217 PS). **Leistung:** Höchstgeschwindigkeit 467 km/h; Dienstgipfelhöhe 8535 m; max. Einsatzreichweite 3380 km. **Bewaffnung:** zehn 12,7-mm-Maschinengewehre und eine Bombenlast bis zu 5800 kg. **Besatzung:** 8-10. *Die Daten beziehen sich auf die B-24J.*

Gebaute Versionen: XB-24, YB-24, B-24A, LB-30A, XB-24B, B-24C, B-24D, PB4Y-2, C-87, C-87A, C-109, XF-7, F-7A, F-7B, B-24E, B-24G, B-24H, B-24J, B-24L, B-24M, XB-24F, XB-24K, XB-24N, YB-24N, XB-41, TB-24.

Einsatzländer: Australien, Kanada, Großbritannien, Vereinigte Staaten, Südafrika.

Caudron G.3

Das **Modell G.3** wurde aus seinem Vorgänger, der Caudron **Type B** und **G.2** entwickelt und kam bei Ausbruch des Ersten Weltkrieges zum Einsatz. Die G.3 zeichnete sich vor allem dadurch aus, dass der Pilot und der Beobachter hintereinander in offenen Cockpits saßen, in einer hinten gekappten kurzen Gondel, in deren Nase auch das Triebwerk untergebracht war. Das Hauptfahrwerk bildeten zwei Radpaare, die mit großem Abstand zueinander vorn am unteren Heckträgerpaar gelagert waren. Das Flugzeug rüstete bei Kriegsausbruch im August 1914 die Exquadrille C.11 der Aviation Militaire aus. Die Caudron G.3 wurde in großen Stückzahlen produziert, besonders in den ersten zwei Kriegsjahren. Dieses Modell trotzte durch seine Eigenschaften tapfer dem Fortschritt und wurde auch zwischen 1917 und 1918 als Schulungsflugzeug eingesetzt. 233 Exemplare wurden in Lizenz in Großbritannien erzeugt und 166 von Italien.

Technische Daten: Spannweite 13,40 m; Länge 6,40 m; Höhe 2,50 m; Tragflügelfläche 27 m². **Gewicht:** Leergewicht 420 kg; max. Startgewicht 710 kg. **Triebwerk:** Le Rhône-Umlaufmotor mit 59 kW (80 PS). **Leistung:** Höchstgeschwindigkeit 108 km/h; Dienstgipfelhöhe 4000 m; **Einsatzreichweite:** 4 Stunden. **Besatzung:** 2.

Visitenkarte

Land
Frankreich

Typ
zweisitziges Aufklärungs- und Schulungsflugzeug

Antrieb
Umlaufmotor

Jungfernflug
Mai 1914

Gebaute Exemplare
über 2850

Gebaute Versionen
6

Einsatzländer
6

Convair B-36

Die **Convair** Mod. **36** war 1941 die Antwort eines vom amerikanischen Verteidigungsministerium genau definierten Leistungskataloges für ein Bombenflugzeug, das von den Vereinigten Staaten aus startend mit einer Bombenlast von etwa 4,5 Tonnen europäische Zielgebiete anfliegen konnte. Dafür war eine Einsatzreichweite von 16.000 km, eine Geschwindigkeit von 390 km/h bei einer Dienstgipfelhöhe von über 10.500 m erforderlich. Das Flugzeug wies mit einer Spannweite von 70 m und einer Profiltiefe von 1,83 m am Ansatz enorme Dimensionen auf, um den Bordmechanikern den Zugang zu den sechs Motoren während des Fluges zu ermöglichen. 1943 wurden 100 Exemplare bestellt, aber es dauerte noch vier Jahre bis zum Jungfernflug der Type **B-36A.** Der Antrieb wurde mit vier Strahltriebwerken verbessert und wurde ab 1950 als **B-36D** gebaut. *Foto: B-36A.*

Technische Daten: Spannweite 70,10 m; Länge 49,40 m; Höhe 14,22 m; Tragflügelfläche 443,32 m². **Gewicht:** Leergewicht 77.580 kg; max. Startgewicht 185.973 kg. **Triebwerk:** sechs Pratt & Whitney R-4360-53-Sternmotoren mit je 2833 kW (3853 PS) oder vier General Electric J47-GE-19-Strahltriebwerke mit je 2359 kp Schub. **Leistung:** Höchstgeschwindigkeit 661 km/h; Dienstgipfelhöhe 12.160 m; max. Einsatzreichweite 10.944 km. **Bewaffnung:** sechs einziehbare, fernbediente Rumpfwaffentürme mit je zwei 20-mm-Kanonen und einer Bombenlast bis zu 39.000 kg. **Besatzung:** 15. *Die Daten beziehen sich auf die B-36J.*

Visitenkarte

Land
Vereinigte Staaten

Typ
strategischer Bomber/Aufklärer

Antrieb
sechs Sternmotoren oder vier Strahltriebwerke

Jungfernflug
8. August 1946

Gebaute Exemplare
383

Gebaute Versionen
18

Einsatzländer
1

Convair F-102 Delta Dagger

Visitenkarte

Land
Vereinigte Staaten

Typ
überschallschneller, einsitziger Abfangjäger

Antrieb
Strahltriebwerk

Jungfernflug
24. Oktober 1953

Gebaute Exemplare
1003

Gebaute Versionen
6

Einsatzländer
3

Die **Convair F-102** wurde 1948 aus dem Deltaflugzeug XF-92A entwickelt und war der erste Überschalljäger mit Deltatragflächen. Aus den verschiedenen Parallelprojekten fiel die Entscheidung zur Serienfertigung auf das Modell **8-80** der Convair, doch galt sie auch nur als Zwischenlösung bis zur Reife des »Ultimate Interceptor«. Der erste Prototyp hob am 24. Oktober 1953 zum Jungfernflug ab, ging aber bereits neun Tage später bei einem Absturz verloren. Bis dahin hatte sich allerdings gezeigt, dass ihre Leistungswerte vom Soll weit entfernt waren. Erst nach einem grundlegenden Neuentwurf, einschließlich tailliertem Rumpf, vergleichbar mit einer »Coca-Cola-Flasche«, rollte am 19. Dezember 1954 der Prototyp **YF-102A** an den Start. Dieses Modell erreichte bei seinem Jungfernflug eine Geschwindigkeit von Mach 1,22 und eine Höhe von 16.155 m. Im April 1956 ging sie unter der Bezeichnung **F-102A** in Dienst. Neben dem einsitzigen Modell entstanden 111 Doppelsitzer unter dem Namen **TF-102A.** Insgesamt kamen 889 Delta Dagger zum Einsatz. Diese Maschinen wurden auch zur Kampfsimulation gegen MiG-21 in der Pilotenausbildung eingesetzt. Aus der geplanten verbesserten Version **F-102B** wurde die **F-106 Delta Dart.** *Fotos: F-102A.*

Technische Daten: Spannweite 11,62 m; Länge 20,84 m; Höhe 6,46 m; Tragflügelfläche 61,45 m^2. **Gewicht:** max. Startgewicht 14.187 kg. **Triebwerk:** Pratt & Whitney J57-P-23-Strahltriebwerk mit 7802 kp Schub mit Nachbrenner. **Leistung:** Höchstgeschwindigkeit 1328 km/h; Dienstgipfelhöhe 16.460 m; max. Einsatzreichweite 2170 km. **Bewaffnung:** bis zu sechs Raketen Typ AIM-4 oder AIM-26. **Besatzung:** 1. *Die Daten beziehen sich auf die F-102A.*
Gebaute Versionen: YF-102, YF-102A, F-102A, TF-102A, PQM-102A.
Einsatzländer: Griechenland, Vereinigte Staaten, Türkei.

Convair F-106 Delta Dart

Der eigentliche »Ultimate Interceptor« erhielt die Bezeichnung **F-102B.** Aus diesem Modell wurde schließlich die Convair **F-106 Delta Dart** entwickelt. Am 17. Juni 1956 wurde die F-102B offiziell in **F-106** umbenannt, um die erheblich geänderten Anforderungen an das Muster nach außen hin zu unterstreichen. Das Cockpit ist mit dem neuen Feuerleitsystem MA-1 von Hughes Aircraft Company sowie mit neuer Instrumentierung und Sichtanzeige ausgestattet. Als am 26. Februar 1957 der zweite Prototyp getestet wurde, war die Enttäuschung hinsichtlich der schwachen Motorleistung nicht zu verbergen. Um aber nicht nur Verluste zu verbuchen, änderte die USAF die geplante Beschaffung von 1000 Flugzeugen auf nur 350. Die ersten Exemplare der Serie **F-106A,** mit Verbesserungen an den Lufteinläufen, dem Triebwerk und der Avionik, wurden im Oktober 1959 ausgeliefert. Nachfolgemodelle sind geplant, werden aber nicht verwirklicht. Der hohe Aufwand ergab daher den Umstand, dass die F-106 weit über ihre geplante Lebensdauer hinaus im Einsatz blieb, bis sie nach fast 20 Dienstjahren 1988 ausgemustert wurde. *Fotos: F-106A (oben), QF-106A (unten).*

Technische Daten: Spannweite 11,67 m; Länge 21,56 m; Höhe 6,18 m; Tragflügelfläche 58,65 m^2. **Gewicht:** Leergewicht 10.728 kg; max. Startgewicht 18.975 kg. **Triebwerk:** Pratt & Whitney J75-P-17-Strahltriebwerk mit 11.113 kp Schub mit Nachbrenner. **Leistung:** Höchstgeschwindigkeit 2454 km/h; Dienstgipfelhöhe 17.375 m; max. Einsatzreichweite 1173 km. **Bewaffnung:** eine AIR-2A- oder AIR-2B-Rakete und bis zu vier AIM-4F- oder AIM-4G-Lenkraketen. **Besatzung:** 1. *Die Daten beziehen sich auf die F-106A.*

Gebaute Versionen: YF-106A, F-106A, F-106B, QF-106A, QF-106B.

Einsatzländer: Vereinigte Staaten.

Visitenkarte

Land
Vereinigte Staaten

Typ
einsitziger Überschallabfangjäger

Antrieb
Nachbrenner-Strahltriebwerk

Jungfernflug
26. Dezember 1956

Gebaute Exemplare
342

Gebaute Versionen
5

Einsatzländer
1

Curtiss JN-4 Jenny

Visitenkarte

Land
Vereinigte Staaten

Typ
zweisitziges Schulungsflugzeug

Antrieb
Reihenmotor

Jungfernflug
Juli 1916

Gebaute Exemplare
über 6500

Gebaute Versionen
19

Der zweisitzige Doppeldecker **Curtiss JN-4** mit dem Spitznamen »Jenny« war in den Jahren zwischen den Kriegen eines der bedeutendsten amerikanischen Luftfahrzeuge dieser Zeit. Entwickelt aus der **JN-3,** wurden von der »Jenny« 105 Exemplare an England verkauft, 21 gingen an die US Army. Auch Privatleute erwarben dieses Modell, und die Curtiss-Flugschulen setzten es ebenfalls ein. Angesichts des dringenden Bedarfs an effizienten Schulflugzeugen im Krieg spannte man sechs amerikanische Hersteller in die Produktion ein. Ab 1919 sah man dieses Flugzeug vor allem bei den verschiedenen Flugshows, wo Piloten Kunststücke vorführten. Die letzten JN-4 wurden vom aktiven Dienst in der US Army 1927 zurückgezogen. *Fotos: JN-4 (oben), JN-6H (unten).*

Technische Daten: Spannweite 13,30 m; Länge 8,33 m; Höhe 3,01 m; Tragflügelfläche 32,70 m². **Gewicht:** Leergewicht 630 kg; max. Startgewicht 871 kg. **Triebwerk:** Curtiss OX-5-Reihenmotor mit 67 kW (91 PS). **Leistung:** Höchstgeschwindigkeit 121 km/h; Dienstgipfelhöhe 1980 m. **Besatzung:** 1-2. *Die Daten beziehen sich auf die JN-4D.*

Gebaute Versionen: JN-4, JN-4A, JN-4B, JN-4C, JN-4Can, JN-4D, JN-4D-2, JN-4H, JN-4HT, JN-4HB, JN-4HG, JN-5H, JN-6H, JN-6HB, JN-6HG-1, JN-6HG-2, JN-6HO, JN-6HP, JNS.

Einsatzländer: unter anderen Kanada, Großbritannien, Vereinigte Staaten.

Curtiss P-40 Warhawk

Der Entwurf der Curtiss Modell **81,** mit anfänglicher Bezeichnung **XP-37,** war die natürliche Entwicklung des Modells **75,** das aber mit einem Reihenmotor ausgestattet wurde. Im März 1939 wurde ein zweiter Prototyp, die **XP-40,** zum Vergleich vorgestellt. Die USAAC entschied sich für das letztere Modell und erteilte an Curtiss einen Auftrag über 524 Exemplare. Eine Bestellung von 140 Flugzeugen für Frankreich konnte wegen der im Mai 1940 erfolgten deutschen Invasion nicht ausgeliefert werden, und so gingen diese Maschinen an die Royal Air Force nach Großbritannien, die dieses Flugzeug unter der Bezeichnung **Tomahawk** einsetzte. 1941 wurden Verbesserungen an der **P-40** vorgenommen. Durch den Einbau eines neuen, leistungsfähigeren Motors erreichte man eine größere Höhe, und auch die Bombenlast wurde auf 227 kg erhöht. Das Modell **P-40D** wurde von den Briten **Kittyhawk** getauft. Zwischen 1941 und 1942 wurden die P-40 am Kriegsschauplatz »China« im berühmten »Tigris-Überfallskommando« eingesetzt und bekamen eine besonders markante Verzierung: die berühmt-berüchtigten Haifischzähne. Die Produktion wurde im Dezember 1944 eingestellt. *Fotos: P-40D (oben), P-40N (unten).*

Technische Daten: Spannweite 11,38 m; Länge 10,16 m; Höhe 3,76 m; Tragflügelfläche 21,92 m². **Gewicht:** Leergewicht 2812 kg; max. Startgewicht 4018 kg. **Triebwerk:** Allison V-1710-81-Reihenmotor mit 895 kW (1217 PS). **Leistung:** Höchstgeschwindigkeit 552 km/h; Dienstgipfelhöhe 9450 m; max. Einsatzreichweite 1738 km. **Bewaffnung:** sechs 12,7-mm-Maschinengewehre und eine Bombenlast bis zu 680 kg. **Besatzung:** 1. *Die Daten beziehen sich auf die P-40N.*

Gebaute Versionen: XP-40, P-40, P-40A, P-40B, P-40C, RP-40, P-40D, P-40E, P-40E-1, P-40F, P-40G, P-40J, P-40K, P-40L, P-40M, P-40N, P-40P, XP-40Q, P-40R, TP-40.

Einsatzländer: Australien, China, Großbritannien, Vereinigte Staaten, Südafrika, Türkei, ehemalige UdSSR.

Visitenkarte

Land
Vereinigte Staaten

Typ
einsitziger Jagdbomber

Antrieb
Reihenmotor

Jungfernflug
14. Oktober 1938

Gebaute Exemplare
13.733

Gebaute Versionen
20

Einsatzländer
7

Curtiss SB2C Helldiver

Visitenkarte

Land
Vereinigte Staaten

Typ
zweisitziger Sturzkampfbomber

Antrieb
Doppelsternmotor

Jungfernflug
18. Dezember 1940

Gebaute Exemplare
über 7000

Gebaute Versionen
17

Der letzte und berühmteste Marinejäger der amerikanischen Streitkräfte war nach der F8C und der SBC der **SB2C Helldiver.** Dieser Prototyp **XSB2C-1** oder auch **Curtiss** Modell **84** genannt, hob am 18. Dezember 1940 vom Boden ab, ging aber im Januar 1941 bei einem Absturz verloren. Im Dezember 1942 gingen die ersten seriengefertigten **SB2C-1** an die US Navy Squadron VS-9, aber zum effektiven Kampfeinsatz kam es erst Ende 1943. Der Helldiver war ein freitragender Tiefdecker, der fast vollständig aus Metall gebaut war. Zur Unterbringung auf Flugzeugträgern ließen sich die Außenflächen hochklappen. Die Landeklappen an der Hinterkante waren als Spreizklappen ausgeführt, damit sie als Sturzflugbremsen dienen konnten. Dieses Flugzeug wurde von vielen Luftstreitkräften in verschiedenen Einsatzländern noch in der Nachkriegszeit eingesetzt. *Fotos: SB2C-3 (oben), SB2C-5 (unten).*

Technische Daten: Spannweite 15,16 m; Länge 11,18 m; Höhe 4,01 m; Tragflügelfläche 39,20 m². **Gewicht:** Leergewicht 4784 kg; max. Startgewicht 7537 kg. **Triebwerk:** 14-Zylinder-Doppelsternmotor Wright R-2600-20 Cyclone 14 mit 1416 kW (1926 PS). **Leistung:** Höchstgeschwindigkeit 475 km/h; Dienstgipfelhöhe 8870 m; max. Einsatzreichweite 1875 km. **Bewaffnung:** zwei 20-mm-Kanonen in den Tragflächen, zwei 7,62-mm-Maschinengewehre im hinteren Cockpit und eine Bombenlast bis zu 907 kg. **Besatzung:** 2. *Die Daten beziehen sich auf die SB2C-4.*

Gebaute Versionen: XSB2C-1, SB2C-1, SB2C-1C, XSB2C-2, SB2C-3, SB2C-4, SB2C-4E, SB2C-5, XSB2C-6, SBF-1, SBF-3, SBF-4E, SBW-1, SBW-1B, SBW-3, SBW-4E, SBW-5.

Einsatzländer: Frankreich, Großbritannien, Italien, Portugal, Vereinigte Staaten.

Convair B-58 Hustler

Im März 1949 gab die USAF einen Leistungskatalog für einen Überschallbomber heraus. Der Entwurf von Convair mit seinem Modell **4** erhielt den Zuschlag und 1952 erteilte USAF einen Auftrag an Convair über 18 Flugzeuge der Typenbezeichnung **B-58.** Die Hauptmerkmale waren ein vierstrahliger Deltaflügler mit einem 18,90 m langen Unterrumpfbehälter für den Kraftstoff und eine Nuklearwaffe. Die dreiköpfige Besatzung war hintereinander in einzelnen Rettungskapseln untergebracht. Rund 30 Flugzeuge wurden für das Testprogramm im Dezember 1959 der Squadron in Carswell AFB eingesetzt. Zwischen 1958 und 1960 wurden insgesamt 86 Serienbomber des Typs **B-58A Hustler** bestellt, gefolgt von zehn **YB-58A.** Der B-58A wurde 1970 außer Dienst gestellt. *Foto: B-58A.*

Technische Daten: Spannweite 17,32 m; Länge 29,49 m; Höhe 9,58 m; Tragflügelfläche 143,25 m². **Gewicht:** max. Startgewicht 73.936 kg. **Triebwerk:** vier General Electric J79-GE-5A-Triebwerke mit je 7076 kp Schub mit Nachbrenner. **Leistung:** Höchstgeschwindigkeit 2229 km/h; Dienstgipfelhöhe 18.290 m; max. Einsatzreichweite 3219 km. **Bewaffnung:** eine radargeführte 20-mm-Revolverkanone T171 Vulcan und nukleare oder konventionelle Bomben bis zu 8820 kg. **Besatzung:** 3.

Visitenkarte

Land
Vereinigte Staaten

Typ
dreisitziger Überschallbomber

Antrieb
vier Strahltriebwerke mit Nachbrenner

Jungfernflug
11. November 1956

Gebaute Exemplare
116

Gebaute Versionen
5

Einsatzländer
1

Dassault Mirage IV

1954 beschloss Frankreich nationale Mittel und Kräfte zur atomaren Abschreckung bereitzustellen Dieses Projekt wurde Dassault in Zusammenarbeit mit einigen anderen Firmen übertragen. Nach genauer Prüfung entschied man sich, am Deltatragwerk der **Mirage III** festzuhalten, das Modell aber schneller und größer werden zu lassen. Man erzielte eine höhere Einsatzreichweite und bestückte das Flugzeug mit einem atomaren Sprengkörper. Ab 1964 stand der Serientyp **Mirage IVA** im Einsatz der französischen Luftwaffe (Armée de l'Air). 1986 wurde dieser Flugzeugtyp vom Modell **Mirage IVP** abgelöst, das als Zusatz entweder eine nukleare Rakete Type Aérospatiale ASMP oder aber ein strategisches Aufklärungsradar Type CT-52 an einem Träger unter dem Rumpf mitführte. Ab 1996 gibt es noch fünf Aufklärungsflugzeuge, die aber schon bald zurückgezogen werden sollten. *Foto: Mirage IVP.*

Technische Daten: Spannweite 11,85 m; Länge 23,30 m; Höhe 5,40 m; Tragflügelfläche 78 m². **Gewicht:** Leergewicht 14.500 kg; max. Startgewicht 33.000 kg. **Triebwerk:** zwei Strahltriebwerke SNECMA 9K-14 mit je 7000 kp Schub mit Nachbrenner. **Leistung:** Höchstgeschwindigkeit 2340 km/h; **Dienstgipfelhöhe:** 16.500 m; Einsatzreichweite 4000 km. **Bewaffnung:** eine 60-KT-Bombe unter dem Rumpf oder bis zu 7260 kg Waffen an Trägern unter Tragflächen und Rumpf. **Besatzung:** 2. *Die Daten beziehen sich auf die Mirage IVP.*

Visitenkarte

Land
Frankreich

Typ
Bombenflugzeug

Antrieb
zwei Strahltriebwerke

Jungfernflug
17. Juni 1959

Gebaute Exemplare
66

Gebaute Versionen
3

Einsatzländer
1

Dassault Mirage III/5

Visitenkarte

Land
Frankreich

Typ
einsitziges Mehrzweck-Kampfflugzeug

Antrieb
Strahltriebwerk mit Nachbrenner

Jungfernflug
18. November 1956

Gebaute Exemplare
etwa 1420

Gebaute Versionen
37

Einsatzländer
20

Auf der Suche nach einem leistungsfähigen Kampfflugzeug für die französische Luftwaffe erhielt Dassault - die Pläne für die MD550 Mirage und Mirage II waren aus dem Rennen - mit dem Entwurf für die **Mirage III-001** den Zuschlag. Das Deltatragwerk wurde beibehalten, es wurde aber mit einem längeren Rumpf kombiniert und einem SNECMA Atar 101, der bis zu 2 Mach erreichte, ausgestattet. Daraufhin ging die **Mirage IIIB** mit zwei hintereinander angeordneten Sitzen und allwettertaugliche Eigenschaften als Version **Mirage IIIC** serienmäßig in Produktion. Diese Type fand großes Interesse in Israel und Südafrika, die ihre Luftwaffe damit ausstatteten. Ein weiteres Serienmodell war die **Mirage IIIE,** ausgestattet mit einem Cyrano-Radar, welches Tiefflugeinsätze und Gegenangriffe im Blindflug ermöglichte. Die **Mirage 5** ist eine einfachere Ausführung dieses Jagdbombers mit einer erhöhten Treibstoffkapazität und zusätzlichen Waffenstationen. Die letzte gebaute Version, die **Mirage 50,** ging 1979 in Serie. *Fotos: Mirage IIIS (oben); Mirage IIID (unten).*

Technische Daten: Spannweite 8,22 m; Länge 15,03 m; Höhe 4,50 m; Tragflügelfläche 35 m^2. **Gewicht:** Leergewicht 7050 kg; max. Startgewicht 13.700 kg. **Triebwerk:** Strahltriebwerk SNECMA Atar 9C mit 6200 kp Schub mit Nachbrenner. **Leistung:** Höchstgeschwindigkeit 2200 km/h; Dienstgipfelhöhe 17.000 m; Einsatzreichweite 1200 km. **Bewaffnung:** Luft-Luft-Raketen oder bis zu 4000 kg Bomben und Raketen. **Besatzung:** 1. *Die Daten beziehen sich auf die Mirage IIIE.*

Gebaute Versionen: Mirage IIIA, IIIB, IIIBE, IIIBJ, IIIBS, IIIBZ, IIIC, IIICJ, IIICZ, IIID, IIIDA, IIIDBR, IIIDE, IIIDL, IIIDP, IIIDZ, IIID2Z, IIIE, IIIEA, IIIEBR, IIIEE, IIIEL, IIIEP, IIIEV, IIIEZ, IIIO, IIIR, IIIRD, IIIRP, IIIRS, IIIRZ, IIIR2Z, IIIS, IIIT, IIIV, 5, 50.

Einsatzländer: Argentinien, Australien, Belgien, Brasilien, Chile, Kolumbien, Ägypten, Arabische Emirate, Frankreich, Gabun, Israel, Libanon, Libyen, Pakistan, Peru, Spanien, Südafrika, Schweiz, Venezuela, Zaire.

Dassault Falcon

Visitenkarte

Land
Frankreich

Typ
Langstrecken-Geschäftsreise- und Transportflugzeug

Antrieb
zwei Mantelstromtriebwerke

Jungfernflug
4. Mai 1963

Gebaute Exemplare
über 1150 (noch in Produktion)

Gebaute Versionen
17

Die Entwicklung eines leichten, zweistrahligen Geschäftsreiseflugzeugs leitete Dassault zusammen mit Aérospatiale (damals noch Sud-Aviation) im Januar 1962 ein. Der Erfolg der Formel war bemerkenswert. Das Modell ging als - **Mystère** in Frankreich – **Falcon 20** (für den Export) in Serie. Es folgten weitere Modelle der Type **Falcon 20, 200, 10** und **100.** Weitere Modelle waren die **Falcon 50** (1976), ausgestattet mit drei Mantelstromtriebwerken - besonders als Langstrecken-Geschäftsreiseflugzeug geeignet -, die **Falcon 50EX** (1995), die **Falcon 900** (1984), die **Falcon 900EX** (1995) – eine etwas kleinere Ausführung - und die **Falcon 2000** (1993). Die Modelle Falcon 20 und 200, ausgestattet mit einem Varan-Suchradar, Gerätschaften zur elektronischen Kampfführung und für den Zielschleppdienst geeignet, werden von der Marine zur Küsten- und Seeüberwachung eingesetzt. *Fotos: Falcon 20 (oben); Falcon 50 (unten).*
Technische Daten: Spannweite 19,33 m; Länge 20,23 m; Höhe 6,98 m; Tragflügelfläche 49 m². **Gewicht:** Leergewicht 8935 kg; max. Startgewicht 15.875 kg. **Triebwerk:** zwei Mantelstromtriebwerke CFE Company CFE738-1-1B mit je 2600 kp Schub. **Leistung:** Höchstgeschwindigkeit 920 km/h; Dienstgipfelhöhe 14.330 m; Einsatzreichweite 5560 km. **Besatzung:** 2. **Passagiere:** bis zu 19.
Die Daten beziehen sich auf die Falcon 2000.
Gebaute Versionen: Falcon 20, 20C, 20D, 20E, 20F, 20G, UH-25A, 20ST, 200, 10, 100, 50, 50EX, 900, 900B, 900EX, 2000.

Dassault Mirage F.1

Visitenkarte

Land
Frankreich

Typ
einsitziges Mehrzweckjagdflugzeug

Antrieb
Strahltriebwerk mit Nachbrenner

Jungfernflug
23. Dezember 1966

Gebaute Exemplare
731

Gebaute Versionen
24

Einsatzländer
11

1964 beauftragte die französische Regierung Dassault mit der Konstruktion eines Prototyps eines zweisitzigen Jagdflugzeugs, dem Nachfolger der erfolgreichen Flugzeugfamilie Mirage III. Die **Mirage F.1** hatte ein herkömmliches Trag- und Leitwerk, angetrieben von einem Atar-Strahltriebwerk. Obwohl der Prototyp abstürzte, gefiel das Konzept und wurde deshalb von der französischen Regierung für Bodentests angekauft. Bis Ende 1992 standen weit über 200 Flugzeuge im Dienst der Armée de l'Air. Weitere Modelle waren die **F.1C** – entwickelt für den Export, das Modell **B,** ein Zweisitzer, besonders geeignet für die Schulung. Die **CR** diente vor allem als Aufklärer und die **CT** als Jagdbomber. Letztere wurde zu einem Abfangjäger **F.1C-200** umgerüstet. Die 13. Staffel in Colmar wurde mit 55 F.1C-200 bestückt. *Fotos: Mirage F.1C-200 (oben), Mirage F.1CT (unten).*

Technische Daten: Spannweite 8,40 m; Länge 15,30 m; Höhe 4,50 m; Tragflügelfläche 25 m^2. **Gewicht:** Leergewicht 7400 kg; max. Startgewicht 16.200 kg. **Triebwerk:** Strahltriebwerk SNECMA Atar 9K-50 mit 7200 kp Schub mit Nachbrenner. **Leistung:** Höchstgeschwindigkeit 2340 km/h; Dienstgipfelhöhe 20.000 m; Einsatzreichweite mit max. Außenlasten 900 km. **Bewaffnung:** zwei DEFA 30-mm-Kanonen und eine max. Waffenlast von 4000 kg an Außenstationen, einschließlich Luft-Luft- und Luft-Boden-Lenkflugkörpern, Luft-Boden-Raketen, Bomben, Kanonen- und Napalmbehältern. **Besatzung:** 1. *Die Daten beziehen sich auf die Mirage F.1CT.*

Gebaute Versionen: F.1C, F.1C-200, F.1A, F.1AB, F.1AZ, F.1B, F.1BJ, F.1BG, F.1BH, F.1BE, F.1BK, F.1BQ, F.1BD, F.1CG, F.1CJ, F.1CK, F.1CH, F.1CZ, F.1CE, F.1E, F.1EQ, F.1ED, F.1CR, F.1CT.

Einsatzländer: Ecuador, Frankreich, Jordanien, Griechenland, Irak, Kuwait, Libyen, Marokko, Katar, Spanien, Südafrika.

Dassault Mirage 2000

Die **Mirage 2000** orientiert sich am Deltatragwerk der **Mirage III,** erhält aber zur Steigerung der Manövrierbarkeit eine elektronisch geregelte und elektrisch signalisierte Flugsteuerungsanlage **(FBW** = fly-by-wire). Die Flügel wurden vergrößert und automatische Nasenklappen steigerten die Leistung und Kontrolle im Langsamflug um ein Vielfaches. 1975 stimmte die französische Regierung dem Programm zu. 1983 ergingen die ersten Lieferungen an die Armée de l'Air. Ein Jahr später erklärte man diesen Prototyp für einsatzbereit. Später entwickelte man die Mirage **2000N (N** = Nuklear) zweisitzig mit nuklearem Gefechtskopf, die **Mirage 2000D,** im Aufbau gleich der 2000N, dient zum Gegenangriff mit konventionellen Waffen. Das Modell **2000-5** optimiert die Ausrüstung der Waffen, und die **Mirage 2000C** gilt als Standardabfangjäger. Die Modelle **2000E** und **ED** werden vor allem mit kundenspezifischer Ausstattung exportiert. *Fotos: Mirage 2000C (oben), Mirage 2000N (unten).*

Technische Daten: Spannweite 9,13 m; Länge 14,65 m; Höhe 5,20 m; Tragflügelfläche 41 m². **Gewicht:** Leergewicht 7500 kg; max. Startgewicht 10.860 kg. **Triebwerk:** Turbofan-Triebwerk SNECMA M53-P2 mit 9700 kp Schub mit Nachbrenner. **Leistung:** Höchstgeschwindigkeit 2300 km/h; Dienstgipfelhöhe 18.300 m; Einsatzreichweite 3520 km. **Bewaffnung:** zwei 30-mm-Kanonen DE-FA 554 plus fünf Rumpf- und zwei Unterflügelträger für Außenlasten wie Bomben, Flugkörper, Aufklärungs-, Raketen- und Kanonenbehälter sowie Treibstofftanks bis zu einer Gesamtmasse von 6300 kg. **Besatzung:** 1. *Die Daten beziehen sich auf die Mirage 2000-5.*

Gebaute Versionen: Mirage 2000C, B, E, ED, N, N K2, D, 2000-5, 2000-9.

Einsatzländer: Abu Dhabi, Ägypten, Frankreich, Griechenland, Indien, Peru, Katar, Taiwan.

Visitenkarte

Land
Frankreich

Typ
einsitziger Abfangjäger

Antrieb
Turbofan-Triebwerk

Jungfernflug
10. März 1978

Gebaute Exemplare
547 (noch in Produktion)

Gebaute Versionen
9

Einsatzländer
8

Dassault Rafale

Visitenkarte

Land
Frankreich

Typ
einsitziges Mehrzweck-Kampfflugzeug

Antrieb
zwei Turbofan-Triebwerke mit Nachbrenner

Jungfernflug
4. Juli 1986

Gebaute Exemplare
17 (noch in Produktion)

Gebaute Versionen
3

Einsatzländer
1

Die französischen Streitkräfte – allen voran die Marine – wünschten sich 1985 ein leichteres und schnelleres Kampfflugzeug. Dassault antwortet mit dem Mehrzweck-Kampfflugzeug **Rafale.** Die aerodynamische Linie gleicht der Deltaflügelform einer Ente. Die FBW-Flugsteuerung wird ausgebaut, die zwei Turbofan-Triebwerke werden beibehalten. Die Dassault Rafale ersetzen die Mirage Jaguar, Crusader und Super Etendard, sind sowohl ein- als auch zweisitzig und können als Abfangjäger, Jagdbomber oder Aufklärer mit hochtechnischer Ausrüstung und Bewaffnung eingesetzt werden. Die gegenwärtigen Modelle **C,** einsitziger Abfangjäger, **B,** zweisitziger Abfangjäger, und **M,** trägergerechter Jagdeinsitzer der Marine. Frankreich verfügt über 320 Exemplare. Exportziffern sind nicht bekannt. *Fotos: Rafale B (oben), Rafale M (unten).*

Technische Daten: Spannweite 10,80 m; Länge 15,30 m; Höhe 5,34 m; Tragflügelfläche 45,70 m^2. **Gewicht:** Leergewicht 9060 kg; max. Startgewicht 19.500 kg. **Triebwerk:** zwei Turbofan-Triebwerke SNECMA M88-2 mit je 7650 kp Schub mit Nachbrenner. **Leistung:** Höchstgeschwindigkeit etwa 2000 km/h; Dienstgipfelhöhe 16.500 m; Einsatzreichweite 1850 km. **Bewaffnung:** eine 30-mm-Bordkanone GIAT M791B im Backbord-Lufteinlaufkanal und 14 Außenlastträger für Luft-Luft-Lenkraketen Mica, Luft-Boden-Lenkflugkörper Apache, Exocet und AS30L, freifallende und lasergelenkte Bomben sowie Aufklärungs- und Störbehälter. **Besatzung:** 1. *Die Daten beziehen sich auf die Rafale C.*
Gebaute Versionen: Rafale C, B, M. **Einsatzland:** Frankreich.

De Havilland D.H.98 Mosquito

Die **D.H.98 Mosquito** war eine auf Eigeninitiative von De Havilland entwickelte Maschine, deren Entwurf 1938 noch zu fortschrittlich war und vom britischen Luftfahrtministerium verkannt wurde. Darum kam es nicht zur unmittelbaren Produktion dieses Flugzeugs. Erst nach Ausbruch des Zweiten Weltkrieges erinnerte man sich, dass dieses Modell - fast ganz aus Holz und mit einem starken Motor - einen gewissen Vorteil hätte. Als der erste Prototyp endlich fliegen konnte, waren alle Bedenken zerstreut. Die Maschine erreichte eine Höchstgeschwindigkeit von 640 km/h, die Manövrierbarkeit war ausgezeichnet und es stieg höher als jedes andere Flugzeug. Die Produktion wurde angekurbelt und der erste Prototyp nahm 1941 seinen Dienst auf. Zum Einsatz kam die Mosquito vor allem als Aufklärer, Jagdbomber und Nachtjäger. Die Mosquito wurde in Lizenz in Australien gebaut, und es blieb im Programm der Royal Air Force bis Anfang der Sechzigerjahre.

Technische Daten: Spannweite 16,51 m; Länge 12,43 m; Höhe 4,65 m; Tragflügelfläche 42,18 m^2. **Gewicht:** Leergewicht 6486 kg; max. Startgewicht 10.115 kg. **Triebwerk:** zwei Zwölfzylinder-Reihenmotoren Rolls-Royce Merlin 25 mit je 1208 kW (1642 PS). **Leistung:** Höchstgeschwindigkeit 640 km/h; Dienstgipfelhöhe 10.060 m; Einsatzreichweite 2655 km. **Bewaffnung:** vier 20-mm-Kanonen und vier 7,7-mm-Maschinengewehre im Bug sowie eine Bombenlast von 907 kg oder 454 kg und acht Raketen. **Besatzung:** 2. *Die Daten beziehen sich auf die FB Mk.VI.*

Gebaute Versionen: PR Mk.I, B Mk.IV, NF Mk.II, T Mk.III, PR Mk.IV, B Mk.V, FB Mk.VI, B Mk.VII, PR Mk.VIII, PR Mk.IX, B Mk.IX, NF Mk.X, NF Mk.XII, NF Mk.XIII, NF Mk.XIV, NF Mk.XV, B Mk.XVI, PR Mk.XVI, NF Mk.XVII, FB Mk.XVIII, NF Mk.XIX, B Mk.XX, FB Mk.21, T Mk.22, B Mk.23, FB Mk.24, B Mk.25, FB Mk.26, T Mk.27, T Mk.29, NF Mk.30, NF Mk.31, PR Mk.32, TR Mk.33, PR Mk.34, B Mk.35, NF Mk.36, TR Mk.37, NF Mk.38, TT Mk.39, FB Mk.40, PR Mk.40, FB Mk.41, PR Mk.41, FB Mk.42, T Mk.43.

Einsatzländer: Australien, Belgien, Kanada, ehemalige Tschechoslowakei, Dänemark, Frankreich, Großbritannien, Israel, Jugoslawien, Norwegen, Dominikanische Republik, Vereinigte Staaten, Südafrika, Schweden, Taiwan, Türkei, ehemalige UdSSR.

Visitenkarte

Land
Großbritannien

Typ
zweisitziger Jagdbomber

Antrieb
zwei Zwölfzylinder-Reihenmotoren

Jungfernflug
25. November 1940

Gebaute Exemplare
7781

Gebaute Versionen
46

Einsatzländer
18

De Havilland D.H.82 Tiger Moth

Visitenkarte

Land
Großbritannien

Typ
zweisitziges Schul- und Sportflugzeug

Antrieb
Reihenmotor

Jungfernflug
26. Oktober 1931

Gebaute Exemplare
über 8000

Gebaute Versionen
8

Der **Tiger Moth** war eines der begehrtesten und langlebigsten Schulungsflugzeuge in der Geschichte der Luftfahrt. Infolge des großen Erfolges des zivilen Ausbilders **D.H.60 Moth** beschloss man eine militärische Ausführung der Tiger Moth zu bauen. Dieses Modell hatte eine höhere Betriebsmasse und konnte dadurch vier 9-kg-Übungsbomben unter dem Rumpf mitführen. Zudem wurden Verbesserungen am Motor und an den Flügeln vorgenommen. Der erste Auftrag wurde 1931 über 35 Exemplare abgeschlossen. Weitere Änderungen wurden vorgenommen und die **D.H.82A** hatte bereits einen 97 kW (132 PS) starken Motor. In Lizenz wurde dieses Flugzeug in Norwegen, Portugal, Schweden, Kanada, Neuseeland und Australien gebaut. Die **De Havilland Tiger Moth** wurde in die Nachkriegszeit in zahlreichen Ländern im Bereich der zivilen Luftfahrt eingesetzt. Auch heute sind weltweit noch zahlreiche Vertreter dieses Modells in flugtüchtigem Zustand. *Foto: D.H.82A.*

Technische Daten: Spannweite 8,94 m; Länge 7,29 m; Höhe 2,69 m; Tragflügelfläche 22,20 m². **Gewicht:** Leergewicht 506 kg; max. Startgewicht 828 kg. **Triebwerk:** Reihenmotor De Havilland Gipsy Major 1C mit 108 kW (147 PS). **Leistung:** Höchstgeschwindigkeit 172 km/h; Dienstgipfelhöhe 4450 m; Einsatzreichweite 443 km. **Besatzung:** 2. *Die Daten beziehen sich auf die D.H.82C.*

De Havilland D.H.84/89 Dragon

Visitenkarte

Land
Großbritannien

Typ
Transportflugzeug

Antrieb
zwei Reihenmotoren

Jungfernflug
12. November 1932

Gebaute Exemplare
930

Gebaute Versionen
14

Die **De Havilland D.H.84 Dragon** wurde auf Nachfrage des Fox-Moth-Betreibers Edward Hillman konstruiert. Diese Maschine war ein zweimotoriges Verkehrsflugzeug, das die Strecke zwischen Südengland und Paris befliegen sollte. Von diesem eleganten Doppeldecker wurden 202 Exemplare gefertigt, davon 87 in Lizenz in Australien. Von diesem Modell ausgehend, entstand die verbesserte Version **D.H.89 Dragon Six,** die am 17. April 1934 ihren Jungfernflug absolvierte. Die zivile **Dragon Rapide** verkaufte sich rasch weltweit, und in Kanada wurden sogar einige Exemplare mit Schwimmer- und Schneekufen-Fahrwerk in Dienst gestellt. *Foto: D.H.89.*

Technische Daten: Spannweite 14,63 m; Länge 10,52 m; Höhe 3,12 m; Tragflügelfläche 31,21 m². **Gewicht:** Leergewicht 1465 kg; max. Startgewicht 2722 kg. **Triebwerk:** zwei Reihenmotoren De Havilland Gipsy Queen 2 mit je 149 kW (203 PS). **Leistung:** Höchstgeschwindigkeit 241 km/h; Dienstgipfelhöhe 4875 m; Einsatzreichweite 837 km. **Besatzung:** 2. *Die Daten beziehen sich auf die D.H.89A Mk.4.*

De Havilland D.H.106 Comet

Der erste Prototyp **De Havilland D.H.106 Comet** hob am 27. Juli 1949 zum 31 Minuten dauernden Jungfernflug ab, und am 2. Mai 1952 läutete die Comet mit ihrem Flug von London nach Johannesburg die Ära des strahlgetriebenen Passagierluftverkehrs ein. London-Tokio wurde am 3. April 1953 in den Comet-Flugplan aufgenommen. Nur einen Monat später stürzte eine Maschine kurz nach dem Start in Kalkutta aus unerklärlichen Gründen ab. Nach zwei weiteren Unfällen ergab eine Untersuchung, dass das Problem im Bereich der druckbelüfteten Kabine lag. Obwohl diese Mängel bei der **Comet 2** bereits behoben waren, mussten mehr als vier Jahre vergehen, bis die **Comet 4** den kommerziellen Luftverkehr wiederaufnehmen konnte. Die **Comet 4B** wurde für den Betrieb auf kürzeren Routen gebaut und das letzte Modell, die **Comet 4C,** wurde vor allem für die Zulassungs- und Entwicklungsflüge genutzt. Zwei Maschinen dieses Modells wurden zu Prototypen für das Seepatrouillenflugzeug **Nimrod** umgebaut. 1986 entschied sich die R.A.F. zu Gunsten der Boeing E-3 zum Ausmustern der Comet. *Fotos: Nimrod (oben), Comet (unten).*

Technische Daten: Spannweite 35 m; Länge 33,99 m; Höhe 8,99 m; Tragflügelfläche 197,04 m². **Gewicht:** Leergewicht 34.212 kg; max. Startgewicht 73.482 kg. **Triebwerk:** vier Strahltriebwerke Rolls-Royce Avon 524 mit je 5216 kp Schub. **Leistung:** Höchstgeschwindigkeit 900 km/h; Dienstgipfelhöhe 12.800 m; Einsatzreichweite 5190 km. **Besatzung:** 2 Piloten und Flugbegleiter. **Passagiere:** bis zu 78. *Die Daten beziehen sich auf die Comet 4.*

Gebaute Versionen: Comet 1, 1A, 2X, 2, T Mk.2, C Mk.2, 2E, 3, 4, 4B, 4C.

Visitenkarte

Land
Großbritannien

Typ
Langstrecken-Passagierflugzeug

Antrieb
vier Strahltriebwerke

Jungfernflug
27. Juli 1949

Gebaute Exemplare
125

Gebaute Versionen
11

De Havilland D.H.100 Vampire

Visitenkarte

Land
Großbritannien

Typ
einsitziger Jagdbomber

Antrieb
Strahltriebwerk

Jungfernflug
20. September 1943

Gebaute Exemplare
3746

Gebaute Versionen
19

Einsatzländer
26

Die **D.H.100 Vampire** war Großbritanniens erster einstrahliger Düsenjäger. 1943 stieg sie zum Jungfernflug in die Lüfte, und 1946 nahm die R.A.F. dieses Modell unter dem Namen **Vampire F. Mk.1** in ihren Dienst. Die Weiterentwicklung brachte verschiedene einsetzbare Modelle hervor. So gab es die Jagdbomberversion als **Vampire F. Mk.5,** mit verstärktem Tragwerk, und die **Sea Vampire F. Mk.20** und **F. Mk.21,** die von der Royal Navy zur Küsten- und Seepatrouille eingesetzt wurde. In Lizenz wurden verschiedene Modelle in Australien, Frankreich, Schweiz und Italien gebaut. Erwähnt werden sollte noch die **D.H.113 Vampire NF. Mk.10,** eine zweisitzige Nachtjägervariante, von der 95 Exemplare hauptsächlich für die R.A.F. gebaut wurden. Dieses Konzept war ausschlaggebend für den Bau der **D.H.115 Vampire,** ein mit Martin-Baker-Schleudersitzen ausgerüsteter Trainer, der 1952 an die R.A.F. geliefert wurde. Die Vampire in all ihren Variationen war weltweit ein großer Erfolg. *Fotos: oben D.H. 100, unten D.H. 115.*

Technische Daten: Spannweite 11,58 m; Länge 9,37 m; Höhe 2,69 m; Tragflügelfläche 24,34 m². **Gewicht:** Leergewicht 3304 kg; max. Startgewicht 5260 kg. **Triebwerk:** Strahltriebwerk De Havilland Goblin 3 mit 1520 kp Schub. **Leistung:** Höchstgeschwindigkeit 882 km/h; Dienstgipfelhöhe 13.000 m; Einsatzreichweite 1963 km. **Bewaffnung:** vier 20-mm-Bugkanonen und Halterungen unter den Tragflächen für acht 27,2-kg-Raketen oder zwei 454-kg-Bomben oder zwei Abwurftanks. **Besatzung:** 1. *Die Daten beziehen sich auf die Vampire FB Mk.6.*

Gebaute Versionen: DH 100: F Mk.1, F Mk.2, F Mk.3, FB Mk.30, FB Mk.5, FB Mk.52A, F Mk.6, FB Mk.53, Sea Vampire F Mk.20, FB Mk.9. DH 113: NF Mk.10, NF Mk.54. DH 115: T Mk.11, Sea Vampire T Mk.22, T Mk.55, T Mk.33, T Mk.34, T Mk.35.

Einsatzländer: Australien, Österreich, Birma, Kanada, Chile, Ägypten, Finnland, Frankreich, Jordanien, Großbritannien, Indien, Indonesien, Irak, Irland, Italien, Libanon, Norwegen, Neuseeland, Portugal, Rhodesien, Syrien, Sri Lanka, Südafrika, Schweden, Schweiz, Venezuela.

De Havilland Canada DHC-4 Caribou

Die Entscheidung, die **De Havilland Canada DHC-4 Caribou** zu bauen, fiel 1956. Die neue Maschine sollte innovativer in der Steuerung sein und über eine größere Ladekapazität verfügen. Die Idee gefiel und sowohl die kanadische Armee als auch die US Army bestellten je zwei bzw. fünf Exemplare. Der Prototyp dieses Hochdeckers mit markanter negativer V-Stellung des Tragflächenmittelstücks flog im Juli 1958. Das Heck war zur Laderampe für Lasten bis zu 3048 kg ausgebaut. Aufgrund der Testergebnisse der ersten fünf Exemplare führte die US Army die Caribou als Standardtyp ein und bestellte insgesamt 159 Flugzeuge mit der Bezeichnung **CV-2A** und **CV-2B.** 1967 übernahm die USAF 134 Caribou-Transportflugzeuge und bezeichnete sie als **C-7A** und **C-7B.** Als die Caribou durch die DHC-5 Buffalo ersetzt wurde, übernahmen Kolumbien, der Oman und Tansania gewisse Bestände. *Foto: DHC-4.*

Technische Daten: Spannweite 29,15 m; Länge 22,12 m; Höhe 9,68 m; Tragflügelfläche 84,72 m². **Gewicht:** Leergewicht 8283 kg; max. Startgewicht 12.927 kg. **Triebwerk:** zwei Pratt & Whitney R-2000-7M2 Twin Wasp-Sternmotoren mit je 1081 kW (1470 PS). **Leistung:** Höchstgeschwindigkeit 348 km/h; Dienstgipfelhöhe 7560 m; Einsatzreichweite 389 km. **Besatzung:** 3. *Die Daten beziehen sich auf die DHC-4A.*

Visitenkarte

Land
Kanada

Typ
militärisches Transportflugzeug

Antrieb
zwei Sternmotoren

Jungfernflug
Juli 1958

Gebaute Exemplare
307

Gebaute Versionen
3

Einsatzländer
18

De Havilland Canada DHC-6 Twin Otter

1964 kündigte De Havilland die Entwicklung eines zweimotorigen Kurzstart-Hochdeckers an, der 13 bis 18 Passagiere befördern könne. Die **De Havilland Canada DHC-6 Twin Otter** startete am 20. Mai 1965 zum Jungfernflug. Die Tragflächen der Twin Otter wurden mit Doppelspaltklappen in den Querrudern versehen, die sich gleichzeitig mit den Flügelklappen nach unten auslenken lassen und damit die STOL-Leistung erhöht wird. Das starre Bugrad-Fahrwerk kann wahlweise mit Rädern, Schwimmern oder Schneekufen ausgerüstet werden. Die Twin Otter war in erster Linie für Zubringer- und Regionalfluggesellschaften gedacht, ging aber auch an zahlreiche Luftstreitkräfte und wurde auch in spezieller Ausführung für Feuerlöscheinsätze herangezogen.

Technische Daten: Spannweite 19,81 m; Länge 15,77 m; Höhe 5,94 m; Tragflügelfläche 39,02 m². **Gewicht:** Leergewicht 3363 kg; max. Startgewicht 5670 kg. **Triebwerk:** zwei Propellerturbinen Pratt & Whitney Canada PT6A-27 mit je 486 kW (661 PS). **Leistung:** Höchstgeschwindigkeit 350 km/h; Dienstgipfelhöhe 8140 m; Einsatzreichweite 1297 km. **Besatzung:** 2. **Passagiere:** bis zu 20. *Die Daten beziehen sich auf die DHC-6 Serie 300.*

Visitenkarte

Land
Kanada

Typ
Transportflugzeug

Antrieb
zwei Propellerturbinen

Jungfernflug
20. Mai 1965

Gebaute Exemplare
über 250

Gebaute Versionen
8

De Havilland Canada DHC-7 Dash 7

Visitenkarte

Land
Kanada

Typ
Verkehrsflugzeug für Kurz- und Mittelstrecken

Antrieb
vier Propellerturbinen

Jungfernflug
27. März 1975

Gebaute Exemplare
111

Gebaute Versionen
4

Infolge des Erfolges der Twin Otter gab De Havilland Canada Anlass zum Bau eines kleinen Airliners mit optimaler STOL-Leistung und somit den Vorteil, auch kleinere Flughäfen anfliegen zu können. Der Hochdecker ist mit vier flügelmontierten Turboprop-Triebwerken ausgerüstet, und das hohe T-Leitwerk bietet die Gewähr, dass sich die Höhenflossen samt Ruder außerhalb des Propellerwindes befinden. Konzipiert ist die Maschine für 50 Passagiere oder für Frachtflüge. Die militärische Nutzung der **Dash 7** beschränkte sich auf zwei VIP-Transportflugzeuge. Die Produktion wurde 1988 eingestellt.
Technische Daten: Spannweite 28,35 m; Länge 24,58 m; Höhe 7,98 m; Tragflügelfläche 79,89 m². **Gewicht:** Leergewicht 12.540 kg; max. Startgewicht 19.958 kg. **Triebwerk:** vier Propellerturbinen Pratt & Whitney Canada PT6A-50 mit je 835 kW (1136 PS). **Leistung:** Höchstgeschwindigkeit 450 km/h; Dienstgipfelhöhe 6400 m; Einsatzreichweite 1280 km. **Besatzung:** 2. **Passagiere:** bis zu 50.

De Havilland Canada DHC-8 Dash 8

Visitenkarte

Land
Kanada

Typ
Verkehrsflugzeug für Kurzstrecken

Antrieb
zwei Propellerturbinen

Jungfernflug
20. Juni 1983

Gebaute Exemplare
443 (noch in Produktion)

Gebaute Versionen
11

Um die Nachfrage für ein leises Kurzstreckenverkehrsflugzeug mit 30 bis 40 Sitzplätzen zu decken, leitete De Havilland 1980 die Konstruktion und die Entwicklung der **DHC-8 Dash 8** ein. Zu den Hauptmerkmalen zählen ein zweirädriges Dreibein-Einziehfahrwerk, ein T-Leitwerk mit großer Spannweite und ein Hochdeckertragwerk mit zwei Propellerturbinen. Neben der zivilen Version der Dash 8 gab es auch noch die militärische Ausführung, die vom kanadischen Verteidigungsministerium **CC-142** benannt und als Frachttransportflugzeug eingesetzt wurde oder zur Pilotenausbildung **(CT-142)** diente. Die **E-9A** ist ein mit Radarantenne und Suchradar sowie Spezialavionik ausgestattetes Flugzeug, das die USAF 1988 in Dienst stellte. *Foto: CC-142.*
Technische Daten: Spannweite 25,91 m; Länge 22,25 m; Höhe 7,49 m; Tragflügelfläche 54,35 m². **Gewicht:** Leergewicht 10.251 kg; max. Startgewicht 15.649 kg. **Triebwerk:** zwei Propellerturbinen Pratt & Whitney Canada PW120A mit je 1491 kW (2028 PS). **Leistung:** Höchstgeschwindigkeit 500 km/h; Dienstgipfelhöhe 7620 m; Einsatzreichweite 1407 km. **Besatzung:** 2 Piloten und ein Flugbegleiter. **Passagiere:** bis zu 39. *Die Daten beziehen sich auf die Serie 100A.*

Dewoitine D.520

Um die Konkurrenz von Morane-Saulnier MS 406 zu schlagen, beschloss Emile Dewoitine 1936, den modernen Prototyp eines Jagdflugzeugs für die Armée de l'Air zu entwerfen. Er erhält 1937 die Genehmigung, zwei Prototypen zu bauen. Im Jahr darauf gelang es Dewoitine, das erste Flugzeug fertig zu stellen, das sowohl in Form und Leistung zukunftsorientiert war. Von der französischen Regierung zuerst abgelehnt, lieferte der zweckmäßig verbesserte **D.520-**Jäger hervorragende Leistungen, und ab April 1939 lief die Produktion an. Die D.520 war sicher einer der besten französischen Jäger, über den die Armée de l'Air im Zweiten Weltkrieg verfügte. Zum Zeitpunkt des Waffenstillstands mit Deutschland, 1940, hatte Dewoitine Bestellungen für 710 Exemplare erhalten, aber bis dato nur 403 Flugzeuge ausgeliefert. Weitere 75 Exemplare wurden bis zur deutschen Besetzung 1942 gebaut. Erbeutete und neue Serienjäger gingen an deutsche Verbündete wie Bulgarien, Italien und Rumänien, während die Luftwaffe dieses Modell zur Jagdpilotenausbildung verwendete. *Fotos: D.520.*

Technische Daten: Spannweite 10,20 m; Länge 8,60 m; Höhe 2,57 m; Tragflügelfläche 15,97 m². **Gewicht:** Leergewicht 2035 kg; max. Startgewicht 2677 kg. **Triebwerk:** Reihenmotor Hispano-Suiza 12Y 45 mit 688 kW (935 PS). **Leistung:** Höchstgeschwindigkeit 534 km/h; Dienstgipfelhöhe 10.500 m; Reichweite 1530 km. **Bewaffnung:** eine 20-mm-Kanone, Hispano-Suiza HS 404, durch die Propellernabe feuernd, und vier 7,5-mm-Maschinengewehre MAC 34 M39 in den Tragflächen. **Besatzung:** 1. *Die Daten beziehen sich auf die D.520.*
Gebaute Versionen: D.520, D.520Z, D.521, D.524.
Einsatzländer: Bulgarien, Frankreich, Deutschland, Italien, Rumänien.

Visitenkarte

Land
Frankreich

Typ
einsitziges Jagdflugzeug

Antrieb
Reihenmotor

Jungfernflug
2. Oktober 1938

Gebaute Exemplare
478

Gebaute Versionen
4

Einsatzländer
5

Diamond Star DA 40-180

Visitenkarte

Land
Österreich

Typ
Sport-, Schulungs- und Reiseflugzeug

Antrieb
Propellermotor

Jungfernflug
Dezember 1997

Gebaute Exemplare
5 (Produktion läuft erst an)

Gebaute Versionen
12

Aufgrund der weltweit vermehrten Nachfrage nach Motorseglern sowie kunststoffgefertigten Sportflugzeugen hat Diamond Aircraft Industries Anfang der Achtzigerjahre mit der Entwicklung solcher Flugzeuge begonnen und verfügt heute über einen stolzen Marktanteil. Die **Diamond Star DA 40-180** ist ein viersitziges Flugzeug der »neuen Generation«. Das Modell wurde für den VFR- und IFR-Betrieb im Schulbereich, für den Reiseflug und die Sportfliegerei entworfen. Durch die niedrigen Betriebskosten, die ausgezeichneten Flugeigenschaften und die hohe Sicherheit werden bereits 1400 Exemplare der Vorgängermodelle **Dimona, Super Dimona** und **Katana** weltweit betrieben. Die Serienproduktion und Auslieferung der DA 40-180 wird im ersten Quartal 2000 anlaufen. *Fotos: Diamond Star DA 40-180 (oben), Super Dimona TTC (unten).*

Technische Daten: Spannweite 12 m; Länge 8 m; Höhe 2 m; Tragflügelfläche 13,50 m². **Gewicht:** Leergewicht 700 kg; max. Startgewicht 1150 kg. **Triebwerk:** Lycoming IO-360-M1A mit 132 kW (180 PS). **Leistung:** Höchstgeschwindigkeit 283 km/h; Dienstgipfelhöhe 4500 m; max. Einsatzreichweite 1480 km; **Besatzung:** 1. **Passagiere:** bis zu 3. *Die Daten beziehen sich auf die Diamond Star.*

Gebaute Versionen: H 36, HK 36, HK 36 R, TS, TC, TTS, TTC, DV 20, DA 20 A1, DA 20 C1, Katana 100.

Einsatzländer: International.

Dornier Do 17

Auf die 1933 ergangene Ausschreibung der Lufthansa baut Dornier drei Prototypen für ein sechssitziges Passagier- und Postflugzeug. Doch als 1934 die Maschinen getestet wurden, distanzierte sich Lufthansa von dem Projekt, da der Rumpf nicht genug Platz gab, um Passagiere komfortabel unterzubringen. Dafür entdeckte das RLM (Reichs-Luftfahrt-Ministerium) das militärische Potenzial dieses Modells, und so entstand 1935 ein vierter Prototyp **Do 17 V4** mit verkürztem Rumpf und Doppelseitenruder. Als erste Serienversion erschien der Bomber **Do 17E-1** und der Aufklärer **Do 17F-1,** die sich beide 1937 bei Einsätzen im Spanischen Bürgerkrieg bewährten. Die am stärksten vertretene Version war die **Do 17Z,** von der über 1700 Exemplare gebaut wurden und die in verschiedenen Ausführungen gefertigt wurde. Die Exportversion erhielt die Bezeichnung **Do 215** und wurde nach Schweden und die ehemalige Sowjetunion geliefert. *Fotos: Do 17Z (oben), Do 17P-Z (unten).*

Technische Daten: Spannweite 18 m; Länge 15,80 m; Höhe 4,55 m; Tragflügelfläche, 55 m². **Gewicht:** Leergewicht 5210 kg; max. Startgewicht 8590 kg. **Triebwerk:** zwei Sternmotoren Bramo 323P Fafnir mit je 736 kW (1000 PS). **Leistung:** Höchstgeschwindigkeit 410 km/h; Dienstgipfelhöhe 8200 m; Einsatzreichweite 1160 km. **Bewaffnung:** bis zu acht 7,92-mm-Maschinengewehre und eine Bombenlast von 1000 kg. **Besatzung:** 4. *Die Daten beziehen sich auf die D 17Z-2.*

Gebaute Versionen: Do 17: E-1, F-1, M, P, M/U-1, M-1, P-1, Ka-2, Ka-3, Kb-1, L, S, U, U-0, U-1, Z-1, Z-2, Z-3, Z-4, Z-5, Z-6, Z-10. Do 215: A-1, B-0, B-1, B-2, B-3, B-4, B-5.

Einsatzländer: Kroatien, Ägypten, Finnland, Deutschland, Jugoslawien, Ungarn, ehemalige UdSSR.

Visitenkarte

Land
Deutschland

Typ
viersitziger mittelschwerer Bomber

Antrieb
zwei Sternmotoren

Jungfernflug
1934

Gebaute Exemplare
über 600

Gebaute Versionen
29

Einsatzländer
7

Dornier Do J Wal

Visitenkarte

Land
Deutschland

Typ
viermotoriges Verkehrsflugboot

Antrieb
vier Sternmotoren

Jungfernflug
6. November 1922

Gebaute Exemplare
etwa 500

Gebaute Versionen
4

Die **Dornier Do J Wal** war das bedeutendste Wasserflugzeug Anfang der Zwanzigerjahre. Der breite, ganz aus Metall konstruierte Bootsrumpf war mit seitlichen Profilschwimmern, einem Hochdeckertragwerk mit zwei Motoren, die in Tandemanordnung auf dem Tragflächenmittelstück montiert waren, ausgestattet. Der Dornier Wal war sowohl für den zivilen als auch für den militärischen Einsatz geeignet. Hinter den beiden Piloten, die im Frontabteil saßen, gab es genügend Platz für Frachtgut, Luftpost und Passagiere. Wegen des Verbots der Alliierten, in Deutschland Luftfahrzeuge dieser Größe zu bauen, wurde die Produktion nach Italien verlegt. Nach ersten Verkaufserfolgen wurde das Modell in Lizenz auch in Japan, den Niederlanden, Spanien und Schweiz gebaut. In den Dreißigerjahren wurden rund 300 Do J Wal gebaut, bis die Produktion auslief. 1934 wurde aus der Wal-Serie die **Do-15**-Serie. **Technische Daten:** Spannweite 28,60 m; Länge 24,60 m; Höhe 6 m; Tragflügelfläche 137 m². **Gewicht:** Leergewicht 9850 kg; max. Startgewicht 14.000 kg. **Triebwerk:** vier von Siemens gebaute Sternmotoren Bristol Jupiter mit je 391 kW (532 PS). **Leistung:** Höchstgeschwindigkeit 210 km/h; Einsatzreichweite 2000 km. **Besatzung:** 4. *Die Daten beziehen sich auf die Do R4.*

Dornier Do X

Visitenkarte

Land
Deutschland

Typ
transozeanisches Flugboot

Antrieb
12 Zwölfzylinder-V-Motoren

Jungfernflug
25. Juli 1929

Gebaute Exemplare
3

Gebaute Versionen
1

Die **Dornier Do X** war in den Dreißigerjahren das größte Flugzeug der Welt. Die Idee war, bis zu 100 Passagiere ähnlich bequem wie in einem Ocean Liner über den Atlantik zu fliegen. Das vollständig aus Metall gefertigte Flugboot verfügte auf drei Decks über getrennte Schlafkabinen, Salons, Rauch- und Speiseräume sowie Bad und Küche. Am 2. November 1930 startete die Dornier Do X zu einer Weltreise mit vielen verschiedenen Etappen von Europa, Südamerika, den USA, über Indien wieder nach Deutschland, wo sie am 24. Mai 1932 auf dem Müggelsee bei Berlin wieder landete. Die Dornier Do X fiel im Zweiten Weltkrieg Bomben zum Opfer. Zwei Exemplare mit Fiat-Motoren dienten versuchsweise bei den italienischen Luftstreitkräften, bis auch sie verloren gingen.
Technische Daten: Spannweite 48 m; Länge 40 m; Höhe 10,10 m; Tragflügelfläche 450 m². **Gewicht:** Leergewicht 32.675 kg; max. Startgewicht 56.000 kg. **Triebwerk:** 12 Zwölfzylinder-V-Motoren Curtiss Conqueror mit je 477 kW (649 PS). **Leistung:** Höchstgeschwindigkeit 210 km/h; Dienstgipfelhöhe 1250 m; Einsatzreichweite 2200 km. **Besatzung:** 5 Piloten und Flugbegleiter. **Passagiere:** bis zu 100.

Dornier Do 335 Pfeil

Mit den Tests an der Göppingen Gö 9 genehmigte das RLM das Antriebssystem in Form zweier Motoren in Tandemanordnung, das sich Dornier 1937 hatte patentieren lassen, für einen Bomber unter der Projektbezeichnung **Do P.231,** wurde aber zugunsten eines Hochgeschwindigkeitsjägers fallengelassen. Der erste Prototyp **Dornier Do 335** war durchgehend aus Metall und hatte seinen Jungfernflug am 26. Oktober 1943. Drei Varianten der **Pfeil**-Serie wurden vorgeschlagen, aber nicht mehr verwirklicht: die **Do 435** – ein zweisitziger Nachtjäger; die **Do 535** und die **Do 635** – ein Fernaufklärer. Insgesamt wurden 40 Flugzeuge in unterschiedlicher Ausführung gebaut.

Technische Daten: Spannweite 13,80 m; Länge 13,85 m; Höhe 5 m; Tragflügelfläche 38,50 m^2. **Gewicht:** Leergewicht 7400 kg; max. Startgewicht 9600 kg. **Triebwerk:** zwei 12-Zylinder-Reihenmotoren Daimler-Benz DB 603A-2 mit je 1288 kW (1750 PS). **Leistung:** Höchstgeschwindigkeit 770 km/h; Dienstgipfelhöhe 11.400 m; Einsatzreichweite 1380 km. **Bewaffnung:** eine 30-mm-Kanone MK 103 und zwei Maschinenkanonen MG 151, Kaliber 15 mm, sowie eine 500-kg- oder zwei 250-kg-Bomben extern. **Besatzung:** 1. *Die Daten beziehen sich auf die Do 335A-1.*

Visitenkarte

Land
Deutschland

Typ
einsitziger Jagdbomber

Antrieb
zwei 12-Zylinder-Reihenmotoren

Jungfernflug
26. Oktober 1943

Gebaute Exemplare
37

Gebaute Versionen
8

Einsatzländer
1

Dornier Do 27

Die **Dornier Do 27** wurde aus dem Vorläufer, der Dornier Do 25, von Claudius Dornier 1954 in Spanien – in Zusammenarbeit mit CASA – entwickelt. Dieses Modell war das erste Flugzeug, das nach dem Zweiten Weltkrieg in Deutschland serienmäßig produziert wurde. Charakteristisch sind die großflächigen Flügeltüren, die Doppelsteuerung und die großzügige Auslegung als Fünfsitzer. Außerdem verliehen die großen Landeklappen dem Flugzeug erstaunlich gute Eigenschaften für kurze Landepisten. Bis zum Produktionsende im Jahre 1965 wurden mehr als 600 Do 27 gefertigt. Der größte Abnehmer war die Bundesrepublik Deutschland, aber auch die Schweiz, Belgien und Schweden setzten sie ein. *Foto: Do 27A.*

Technische Daten: Spannweite 12 m; Länge 9,60 m; Höhe 2,80 m; Tragflügelfläche 19,40 m^2. **Gewicht:** Leergewicht 1130 kg; max. Startgewicht 1850 kg. **Triebwerk:** Sechszylinder-Boxermotor Avco Lycoming GO-480-B1A6 mit 201 kW (274 PS). **Leistung:** Höchstgeschwindigkeit 227 km/h; Dienstgipfelhöhe 3300 m; Einsatzreichweite 1100 km. **Besatzung:** 1. **Passagiere:** 4. *Die Daten beziehen sich auf die Do 27A.*

Visitenkarte

Land
Deutschland

Typ
leichtes Mehrzweck-Transportflugzeug

Antrieb
Sechszylinder-Boxermotor

Jungfernflug
8. April 1955

Gebaute Exemplare
über 600

Gebaute Versionen
20

Dornier Do 217

Visitenkarte

Land
Deutschland

Typ
viersitziger mittlerer Bomber

Antrieb
zwei 12-Zylinder-Reihenmotoren

Jungfernflug
August 1938

Gebaute Exemplare
etwa 1900

Gebaute Versionen
29

Einsatzländer
2

Grundsätzlich war die **Dornier Do 217** eine größere Ausgabe der **Do 17,** die im August 1938 zum ersten Mal flog. Vier Prototypen wurden getestet, wobei das letzte Modell **Do 217V4** dieser Vorserie bewaffnet war und auch ein vergrößertes Seitenleitwerk hatte. Die erste Hauptserie erschien 1940 mit der **Do 217E,** die einen breiteren Rumpf und einen erweiterten Waffenschacht aufwies. Die **Do 217E-1** konnte eine Bombenlast von 3000 kg mitführen, die **Do 217E-3** hingegen war stärker gepanzert und mit zwei zusätzlichen 750-Liter-Kraftstofftanks im Bombenschacht ausgerüstet. Insgesamt wurden 1730 Do 217 gebaut.
Technische Daten: Spannweite 19 m; Länge 16,90 m; Höhe 5 m; Tragflügelfläche 57 m². **Gewicht:** Leergewicht 8840 kg; max. Startgewicht 16.700 kg. **Triebwerk:** zwei 12-Zylinder-Reihenmotoren Daimler-Benz DB.603A mit je 1288 kW (1750 PS). **Leistung:** Höchstgeschwindigkeit 560 km/h; Dienstgipfelhöhe 9500 m; Einsatzreichweite 2150 km. **Bewaffnung:** zwei Maschinengewehre MG 131, Kaliber 13 mm, und bis zu sechs 7,92-mm-Maschinengewehre MG 81 sowie eine Bombenlast von 4000 kg. **Besatzung:** 4. *Die Daten beziehen sich auf die Do 217M-1.*

Dornier Do 328

Visitenkarte

Land
Deutschland

Typ
30- bis 33-sitziges Hochleistungs-Regionalflugzeug

Antrieb
zwei Propellerturbinen

Jungfernflug
6. Dezember 1991

Gebaute Exemplare
über 150 (noch in Produktion)

Gebaute Versionen
5

Die **Dornier Do 328** wurde als High-Tech-Airliner mit 30 Sitzen für den regionalen Kurzstreckenverkehr entworfen. Ein zusätzlicher Treibstofftank und ein neues Landeklappensystem wurden integriert. Dornier baute drei Prototypen, von denen der erste 1991 getestet wurde. Nach Behebung einiger kleiner Mängel erhielt das Modell **D-COOD** 1993 die JAA-Zulassung, und Anfang 1994 lagen bereits 60 Bestellungen vor, mit Horizont Air (USA) und Air Engadina (Schweiz) als Erstkunden. Weitere Verbesserungen wurden im Bereich des Start- und Landeablaufes und der Triebwerke erzielt und im Mai 1995 als Vorserienmodell **Do 328-120** präsentiert. Das erste Exemplar dieser Serie wurde an Formosa Airlines geliefert. Am 6. Dezember 1997 wurde der **JET** vorgestellt, ausgerüstet mit zwei Strahltriebwerken als Antrieb.
Technische Daten: Spannweite 20,98 m; Länge 21,28 m; Höhe 7,20 m. **Gewicht:** Leergewicht 8810 kg; max. Startgewicht 13.640 kg. **Triebwerk:** zwei Propellerturbinen Pratt & Whitney Canada PW119B mit je 1380 kW (1877 PS). **Leistung:** Höchstgeschwindigkeit 472 km/h; Dienstgipfelhöhe 10.000 m; Einsatzreichweite 1650 km. **Besatzung:** 2. **Passagiere:** bis zu 33. *Die Daten beziehen sich auf die Do 328-100.*

Douglas SBD Dauntless

Mithin war die **Douglas SBD Dauntless** der erfolgreichste Sturzkampfbomber, der im Zweiten Weltkrieg zum Einsatz kam. Der erste Prototyp **XBT-2** wurde aus dem Modell der Northrop BT-1 abgeleitet. Als dieser 1940 in Serie ging, war Northrop eine Unternehmensgruppe der Douglas Company geworden, was die Bezeichnung SBD nach sich zog. Der Tiefdecker war vollständig aus Metall mit einem Tandem-Cockpit mit Doppelsteuerung ausgerüstet und geschützt von einem durchgehenden Klarsicht-Kabinendach. Ende 1940 begann die Indienststellung der **SBD-1** beim US Marine Corps, die meistgebaute Version aber war die **SBD-5** mit 2409 Exemplaren. Es war auch dem Einsatz der Dauntless zu verdanken, dass die Amerikaner 1942 bei Midway über die Japaner siegten. Auch die USAAF interessierte sich für den Sturzkampfbomber und stellte 1942 168 Exemplare des Typs **SBD-3A** mit der Bezeichnung **A-24** in Dienst. Es folgten weitere 785 Exemplare des **Typs A-24A** und **B,** die noch mehrere Jahre nach Kriegsende im Einsatz blieben. *Fotos: oben SBD-1, unten SBD-3.*

Technische Daten: Spannweite 12,65 m; Länge 10,06 m; Höhe 3,94 m; Tragflügelfläche 30,19 m^2. **Gewicht:** Leergewicht 2965 kg; max. Startgewicht 4318 kg. **Triebwerk:** Sternmotor Wright R-1820-66 Cyclone 9 mit 1007 kW (1370 PS). **Leistung:** Höchstgeschwindigkeit 410 km/h; Dienstgipfelhöhe 7680 m; Einsatzreichweite 1244 km. **Bewaffnung:** zwei vorwärtssteuernde 12,7-mm-Maschinengewehre und zwei schwenkbare 7,62-mm-MG sowie bis zu 726 kg Bomben unter dem Rumpf und/oder 295 kg unter den Tragflächen. **Besatzung:** 2. *Die Daten beziehen sich auf die SBD-6.*

Gebaute Versionen: XBT-2, SBD-1, SBD-1P, SBD-2, SBD-2P, SBD-3, SBD-3P, SBD-4, SBD-4P, SBD-5, SBD-6, A-24, A-24A, A-24B, QA-24A.

Einsatzländer: Mexiko, Vereinigte Staaten.

Visitenkarte

Land
Vereinigte Staaten

Typ
zweisitziger Erkundungs-/Sturzkampfbomber

Antrieb
Sternmotor

Jungfernflug
22. April 1938

Gebaute Exemplare
5936

Gebaute Versionen
15

Einsatzländer
2

Douglas DC-1/DC-2 bis DC-3/C-47

Visitenkarte

Land
Vereinigte Staaten

Typ
Kurz-/Mittelstrecken-Verkehrsflugzeug

Antrieb
zwei Doppelsternmotoren

Jungfernflug
1. Juli 1933

Gebaute Exemplare
über 13.000

Gebaute Versionen
über 100

Donald W. Douglas antwortete auf die Ausschreibung der nordamerikanischen Fluglinie TWA mit seinem Entwurf der **Douglas DC-1.** 1932 begann man den ersten Prototyp zu bauen. Dieses Modell schien eine ungewöhnliche Leistungsfähigkeit, Flexibilität und Langlebigkeit zu besitzen. Die DC-1 wurde nie in den normalen Linienflugverkehr eingesetzt, da TWA sie nur zu Werbezwecken benötigte. Durch Verbesserungen am Motor und der Verlängerung des Rumpfes erhielt man das zweite Modell dieser Serie mit der Bezeichnung **DC-2.** TWA bestellte 25 Exemplare. Aber auch andere US-Betreiber wie auch einige europäische Fluglinien setzten dieses Flugzeug ein. 1934 entdeckt die US Navy die **R2D** und später **R2D-1.** Zwei Jahre später setzt die USAAC eine 16-sitzige DC-2 als **XC-32** ein. Aus der DC-2 entstand auch die **DST** (Douglas Sleeper Transport), mit 16 Schlafliegeplätzen, die erstmals am 17. Dezember 1935 flog. Die Folgeproduktion war eine 24-sitzige Maschine, die unter dem Namen **DC-3** in den verschiedenen Fluggesellschaften eingesetzt wurde. 1940, als die DC-3 marktführend war, bestellte die US Army, unter Berücksichtigung der notwendigen Änderungen, eine große Stückzahl dieser Maschine, die dann später die Bezeichnung **C-47 Skytrain** erhielt. Während des Krieges wurden 10.692 Exemplare gebaut, davon ca. 2000 in Lizenz in der ehemaligen UdSSR mit der Typenbezeichnung **Lisunow Li-2.** Seit dieser Zeit setzte die **DC-3/C-47** – R.A.F. gibt ihr den Beinamen **»Dakota«** – und alle Nachfolgemodelle ihren weltweiten Erfolgskurs bis in unsere Tage fort, sowohl in der zivilen als auch in der militärischen Luftfahrt. *Fotos: oben C-41, unten DC-3.*

Technische Daten: Spannweite 28,96 m; Länge 19,65 m; Höhe 5,17 m; Tragflügelfläche 91,69 m². **Gewicht:** Leergewicht 7650 kg; max. Startgewicht 11.430 kg. **Triebwerk:** zwei Doppelsternmotoren Pratt & Whitney R-1830-92 Twin Wasp mit je 895 kW (1217 PS). **Leistung:** Höchstgeschwindigkeit 370 km/h; Dienstgipfelhöhe 7070 m; Einsatzreichweite 3420 km. **Besatzung:** 2-3. **Passagiere:** bis zu 27. *Die Daten beziehen sich auf die C-47.*

Douglas DC-4 (C-54 Skymaster)

Schon bevor die DC-3 in den Liniendienst aufgenommen wurde, gab es Überlegungen, ein größeres Modell zu bauen. Zusammen mit vier anderen amerikanischen Gesellschaften begann man 1936 die **DC-4,** später **DC-4E,** zu bauen. Bevor die erste Maschine flog, traten die USA in den Zweiten Weltkrieg ein, und die auf der Montagelinie befindlichen Flugzeuge wurden als **C-54 Skymaster** für die USAAF fertig gestellt. So startete die erste Maschine am 14. Februar 1942 mit militärischer Kennung zum Jungfernflug. Zum besseren Transport von Truppen, Fracht und Verwundeten erschien die **C-54A** mit verstärktem Kabinenboden, Ladeklappe und Frachtfördersystem. Auch für die US Navy wurde dieses Flugzeug mit der Bezeichnung **R5D** hergestellt. Nach der Serienfertigung für das Militär baute Douglas 79 zivile DC-4, die gemeinsam mit einer Vielzahl entmilitarisierter **C-54** wertvollen Liniendienst auf Passagier- und Frachtstrecken leisteten. *Foto: C-54.*

Technische Daten: Spannweite 35,81 m; Länge 28,60 m; Höhe 8,38 m; Tragflügelfläche 135,63 m². **Gewicht:** Leergewicht 19.640 kg; max. Startgewicht 33.112 kg. **Triebwerk:** vier Sternmotoren Pratt & Whitney R-2000-2SD-13G Twin Wasp mit je 1081 kW (1470 PS). **Leistung:** Höchstgeschwindigkeit 365 km/h; Dienstgipfelhöhe 6800 m; Einsatzreichweite 4020 km. **Besatzung:** 4. **Passagiere:** bis zu 62. *Die Daten beziehen sich auf die DC-1009.*

Visitenkarte

Land
Vereinigte Staaten

Typ
Transport- und Passagierflugzeug

Antrieb
vier Sternmotoren

Jungfernflug
14. Februar 1942

Gebaute Exemplare
über 1100

Gebaute Versionen
54

Douglas DC-6/C-118 Liftmaster

Die DC-4/C-54 erwies sich als äußerst zuverlässig, und so beschloss die USAAF ein Transportflugzeug mit größerer Kapazität von Douglas zu beziehen. Die erste Maschine mit der Typenbezeichnung **Douglas XC-112A** flog am 15. Februar 1946. Nach Kriegsende stellte die American Airlines 50 Exemplare in ihren Fluglinienndienst. 1948 begann man zwei leistungsfähigere Versionen zu entwerfen. Die Ladekapazität und die Motorenleistung wurden erhöht. Das Modell **DC-6A** diente zum Frachttransport, und die **DC-6B** konnte bis zu 102 Passagiere unterbringen. Die **C-118 Liftmaster** war ein sehr zuverlässiges und weltweit verbreitetes Flugzeug, das im militärischen wie im zivilen Bereich eingesetzt wurde und noch heute bei kleinen Fluggesellschaften in Dienst ist. *Foto: DC-6.*

Technische Daten: Spannweite 35,81 m; Länge 32,18 m; Höhe 8,74 m; Tragflügelfläche 135,91 m². **Gewicht:** Leergewicht 25.110 kg; max. Startgewicht 48.500 kg. **Triebwerk:** vier Pratt & Whitney R-2800-CB17 Double Wasp-Sternmotoren mit je 1865 kW (2536 PS). **Leistung:** Höchstgeschwindigkeit 550 km/h; Dienstgipfelhöhe 7600 m; Einsatzreichweite 7600 km. **Besatzung:** 4, mehrere Flugbegleiter. **Passagiere:** bis zu 102. *Die Daten beziehen sich auf die DC-6B.*

Visitenkarte

Land
Vereinigte Staaten

Typ
Langstrecken-Verkehrsflugzeug

Antrieb
vier Sternmotoren

Jungfernflug
15. Februar 1946

Gebaute Exemplare
704

Gebaute Versionen
etwa 10

Douglas AD-1 Skyraider

Visitenkarte

Land
Vereinigte Staaten

Typ
einsitziger Kampfbomber

Antrieb
Sternmotor

Jungfernflug
18. März 1945

Gebaute Exemplare
3180

Gebaute Versionen
26

Einsatzländer
4

Als eigentlicher Nachfolger des Bombenflugzeugs »Dauntless« gedacht, konnte der **Skyraider** nicht mehr rechtzeitig fertig gestellt werden, um am Zweiten Weltkrieg teilzunehmen. Dafür wurde er erfolgreich im Koreakrieg von den Amerikanern eingesetzt. Ihre schwere Waffenlast und ihre Einsatzzeit bis zu zehn Flugstunden zeichneten dieses Modell im Gegensatz zu den Düsenjägern aus. Die Versionen **AD-1** bis **AD-4** unterscheiden sich lediglich durch Kleinigkeiten, aber die **AD-5** erschien mit einem breiteren Cockpit, das zwei Flugzeugführer auf nebeneinander eingebauten Sitzen aufnahm. Für umfangreichere Einsätze konstruierte man sogar eine Version mit einem viersitzigen Cockpit. 1962 erhielten die Skyraider die neuen Bezeichnungen **A-1D** bis **A-1J,** wobei man sagen kann, dass die A-1 eine der am härtesten geforderten und vielseitigsten Flugzeugtypen im Kriegseinsatz waren. Die verschiedenen Versionen dieses Flugzeugs wurden für elektronische Gegenmaßnahmen, für den Nachtangriff, für radarunterstützte Aufklärungsflüge, als Zielschlepper, als VIP-Transportflugzeug und als Krankentransporter eingesetzt. *Fotos: A-1H.*

Technische Daten: Spannweite 15,47 m; Länge 11,84 m; Höhe 4,78 m; Tragflügelfläche 37,16 m². **Gewicht:** Leergewicht 4785 kg; max. Startgewicht 11.340 kg. **Triebwerk:** Sternmotor Wright R-3350-26B mit 2088 kW (2840 PS). **Leistung:** Höchstgeschwindigkeit 515 km/h; Dienstgipfelhöhe 7740 m; Einsatzreichweite 1448 km. **Bewaffnung:** vier 20-mm-Kanonen und bis zu 3629 kg Außenlasten an 15 Stationen, wie Bomben, Wasserbomben, Minen, Napalmbehälter, Raketen und Torpedos. **Besatzung:** 1. *Die Daten beziehen sich auf die AD-7/A-1J.*

Gebaute Versionen: AD-1, AD-1Q, AD-2, AD-2D, AD-2Q, AD-3, AD-3E, AD-3S, AD-3N, AD-3Q, AD-3W, AD-4, AD-4B, AD-4L, AD-4N, AD-4NA, AD-4NL, AD-4Q, AD-4W, AD-5, AD-5N, AD-5Q, AD-5S, AD-5W, AD-6, AD-7.

Einsatzländer: Tschad, Frankreich, Vereinigte Staaten, Schweden, Vietnam.

Douglas A-4 Skyhawk

Die **Douglas A-4 Skyhawk** war eines der erfolgreichsten Modelle, die die US Navy nach dem Zweiten Weltkrieg in Dienst stellte. Dieser Prototyp war der Nachfolger der **A-1 Skyraider.** Der als Deltaflügler mit Integraltanks ausgelegte Tiefdecker barg seine Avionik im Bug, einen weiteren Tank unmittelbar hinter dem Cockpit. Die erste Auslieferung vom 26. Oktober 1956 ging an die US Navy Attack Squadron VA-72. Die Einführung dieses brandneuen Angriffsflugzeugs erfolgte zu einem günstigen Zeitpunkt, genau als die US Navy und die US Marines zum Einsatz in Vietnam einberufen wurden, waren beide Teilstreitkräfte bereits mit dem Waffensystem vertraut und erzielten somit eine hohe Effizienz in den Kämpfen. Das fortwährend verbesserte A-4 Modell blieb bis Februar 1979 in Produktion. Bis dahin waren 2960 Flugzeuge einschließlich Trainer gebaut und in mehrere Länder exportiert worden. Darunter Israel, Argentinien und Kuwait, die den Skyhawk im Krieg zwischen 1973 und 1991 einsetzten. Der Skyhawk fliegt zur Zeit noch in Israel, Neuseeland, Singapur und Argentinien, während die US Navy 1994 die **A-4M-**Einsitzer zurückzog. Die Schulungsflugzeuge **TA-4J** und **T-45A Goshawk** stehen als Ersatzflieger noch im Einsatz. *Fotos: TA-4J (oben), A-4M (unten).*

Technische Daten: Spannweite 8,38 m; Länge 12,29 m; Höhe 4,57 m; Tragflügelfläche 24,16 m^2. **Gewicht:** Leergewicht 4745 kg; max. Startgewicht 11.113 kg. **Triebwerk:** Strahltriebwerk Pratt & Whitney J52-P-408A mit 5080 kp Schub. **Leistung:** Höchstgeschwindigkeit 1078 km/h; Dienstgipfelhöhe 14.900 m; Einsatzreichweite 1480 km.

Bewaffnung: zwei 20-mm-Kanonen und bis zu 4153 kg Waffen an fünf Außenstationen.

Besatzung: 1. *Die Daten beziehen sich auf die A-4M.*

Gebaute Versionen: XA4D-1, YA-4A, A-4A, A-4B, A-4C, A-4E, TA-4E, TA-4F, A-4F, A-4G, TA-4G, A-4H, TA-4H, TA-4J, A-4K, TA-4K, A-4KU, TA-4KU, A-4L, A-4M, OA-4M, A-4N, A-4P, A-4Q, A-4S, TA-4S.

Einsatzländer: Argentinien, Australien, Indonesien, Israel, Kuwait, Malaysien, Neuseeland, Singapur, Vereinigte Staaten.

Visitenkarte

Land
Vereinigte Staaten

Typ
einsitziger, Jagdbomber mit Flugzeugträgereignung

Antrieb
Strahltriebwerk

Jungfernflug
22. Juni 1954

Gebaute Exemplare
2960

Gebaute Versionen
26

Einsatzländer
9

Douglas DC-7

Visitenkarte

Land
Vereinigte Staaten

Typ
Langstrecken-Verkehrsflugzeug

Antrieb
vier Turbomotoren

Jungferflug
18. Mai 1953

Gebaute Exemplare
337

Gebaute Versionen
3

American Airlines wollte ein Flugzeug, das leistungsstärker war als die von TWA geflogene Lockheed Super Constellation und wandte sich daher an Douglas zur Konstruktion und Entwicklung der **Douglas DC-7.** Diese war das direkte Nachfolgemodell der **DC-6B** mit einem um 1,02 m längeren Rumpf und den leistungsstärkeren Turbo-Compound-Motoren. Äußerlich war kaum ein Unterschied zu bemerken. Weitere Verbesserungen wurden angebracht, und so entwickelte sich aus der **DC-7B** die etwas größere **DC-7C,** die den Atlantik mühelos und ohne Zwischenstopp überqueren konnte. Durch die Vergrößerung der Spannweite konnte ein weiterer Tank im Flügel untergebracht werden. 120 Exemplare wurden ausgeliefert. Die geplante **DC-7D** mit Turboprop-Antrieb wurde allerdings nie verwirklicht. *Foto: DC-7C.*

Technische Daten: Spannweite 38,86 m; Länge 34,21 m; Höhe 9,70 m; Tragflügelfläche 152,08 m^2. **Gewicht:** Leergewicht 33.000 kg; max. Startgewicht 64.850 kg. **Triebwerk:** vier Turbomotoren Wright R-3350-18EA-1 mit je 2535 kW (3447 PS). **Leistung:** Höchstgeschwindigkeit 653 km/h; Dienstgipfelhöhe 6600 m; Einsatzreichweite 7411 km. **Besatzung:** 4, mehrere Flugbegleiter. **Passagiere:** bis zu 105. *Die Daten beziehen sich auf die DC-7C.*

Douglas DC-8

Visitenkarte

Land
Vereinigte Staaten

Typ
Langstrecken-Verkehrsflugzeug

Antrieb
vier Mantelstromtriebwerke

Jungfernflug
30. Mai 1958

Gebaute Exemplare
556

Gebaute Versionen
13

Boeing war mit der 707 eine Nasenlänge weiter voraus, als Douglas am 7. Juni 1955 die Entwicklung eines strahlgetriebenen Airliner-Nachfolgers für die DC-7 ankündigte. Drei Jahre später flog der erste **DC-8-**Prototyp, der eine große Ähnlichkeit mit der Boeing 707 aufwies. Die Maschine war als freitragender Tiefdecker mit vier Gondeltriebwerken und zurückgepfeiltem Trag- und Leitwerk ausgelegt. Douglas erhielt die Zulassung der FAA am 31. August 1959, und damit konnten auch Delta Airlines und United Airlines die ersten Flugzeuge in Empfang nehmen. Fünf Serien mit unterschiedlichen Triebwerken wurden von diesem Modell entwickelt. 1967 folgten drei Varianten der **DC-8 Super Sixty** mit insgesamt 262 Flugzeugen. Die Unterschiede zeigten sich in einem verlängerten Rumpf, größerer Spannweite und Verfeinerungen in der Aerodynamik. Diese drei Versionen wurden 1979 mit den General Electric/SECECMA-CFM56-Turbofan-Triebwerken zur **DC-8 Super Seventy** mit den Modellnummern **71, 72** und **73** ausgestattet. Die DC-8 wurde weltweit in der zivilen Luftfahrt eingesetzt, und einige sind auch heute noch im Einsatz.

Technische Daten: Spannweite 45,24 m; Länge 57,12 m; Höhe 12,93 m; Tragflügelfläche 271,92 m^2. **Gewicht:** Leergewicht 69.740 kg; max. Startgewicht 158.750 kg. **Triebwerk:** vier Mantelstromtriebwerke Pratt & Whitney JT3D-7 mit je 8618 kp Schub.

Leistung: Höchstgeschwindigkeit 966 km/h; Dienstgipfelhöhe 11.500 m; Einsatzreichweite 7250 km. **Besatzung:** 4, mehrere Flugbegleiter. **Passagiere:** bis zu 259. *Die Daten beziehen sich auf die DC-8-63.*

Douglas DC-9/MD-80

Visitenkarte

Land
Vereinigte Staaten

Typ
Kurz-/Mittelstrecken-Passagierflugzeug

Antrieb
zwei Mantelstromtriebwerke

Jungfernflug
25. Februar 1965

Gebaute Exemplare
2238 (noch in Produktion)

Gebaute Versionen
über 17

Trotz einer scharfen Wettbewerbssituation riskierte McDonnell Douglas die Konstruktion eines neuen zweistrahligen Kurzstrecken-Verkehrsflugzeugs. Am 25. Februar 1965 startete die erste **DC-9** zum Jungfernflug. Zu diesem Zeitpunkt wusste noch niemand, dass die DC-9 als bisher größter Erfolg in die Firmengeschichte eingehen wird. Im März 1992 waren in den Auftragsbüchern weit über 2000 Flugzeuge dieses Typs und der **MD-80** (vormals **DC-9 Super 80**) für zivile und militärische Nutzer vermerkt. Der freitragende Tiefdecker mit gepfeiltem Trag- und T-Leitwerk nahm in seiner ersten Ausführung **DC-9 Serie 10** Modell **11** eine zweiköpfige Flugbesatzung, Kabinenpersonal und je nach Auslegung 80 bis 90 Passagiere auf. Den Antrieb lieferten zwei Mantelstromtriebwerke von Pratt & Whitney. Die letzte Version der **DC-9-Serie 50** hatte eine Länge von 40,72 m, einen JT8D-17-Motor von 7257 kp Schub und konnte bis zu 139 Passagiere transportieren. Durch weitere Verbesserungen an der **DC-9 Super 80** entstand 1983 die **MD-80.** Im Vergleich konnte dieses Flugzeug bis zu 170 Passagiere befördern, hatte eine um 4,39 m größere Spannweite und einen um 5,34 m längeren Rumpf. Weitere Modelle sind die **MD-90** und die **MD-95.** *Fotos: C-9A (oben), MD-87 (unten).*

Technische Daten: Spannweite 32,87 m; Länge 46,51 m; Höhe 9,32 m; Tragflügelfläche 112,32 m^2. **Gewicht:** Leergewicht 41.685 kg; max. Startgewicht 78.245 kg. **Triebwerk:** zwei Turbofan-Triebwerke V2528-D5 mit je 12.712 kp Schub. **Leistung:** Höchstgeschwindigkeit für Reiseflug 900 km/h; Dienstgipfelhöhe 11.275 m; Einsatzreichweite 5600 km. **Besatzung:** 2, und mehrere Flugbegleiter. **Passagiere:** 97. *Die Daten beziehen sich auf die MD-90-50.*

Gebaute Versionen: DC-9 Serie, 10, 15, 20, 30, 40, 50, C-9A, C-9B, VC-9C, MD-80, MD-81, MD-82, MD-83, MD-87, MD-88, MD-90, MD-95.

EH Industries EH-101

Visitenkarte

Land
Großbritannien, Italien

Typ
Mehrzweck-hubschrauber

Antrieb
drei Wellenturbinen

Jungfernflug
9. Oktober 1987

Gebaute Exemplare
in Produktion (98 in Bestellung)

Gebaute Versionen
5

Einsatzländer
4

1979 wurde aus der italienischen Firma Agusta und der britischen Westland die European Helicopter Industries Ltd. als Dachgesellschaft gegründet. Beide Regierungen stimmten im Februar 1984 der Finanzierung von neun Versuchshubschraubern und der Vollentwicklung des **EH-101** zu. Dieses Programm ist eines der wichtigsten Hubschrauberprojekte in Europa. Der EH-101 ist ein dreimotoriger Drehflügler mit einem Fünfblatt-Hauptrotor. Die zivile Version war zum Transport bis zu 30 Passagieren möglich, die militärische Ausführung war unterschiedlich, je nach Verwendungszweck. Für die Royal Navy, die dem EH-101 die Bezeichnung **Merlin HAS.Mk 1** gab, wurde der Hubschrauber mit hochleistungsfähigen Avionikbausteinen, Suchradar, Tauchsonar sowie vier Zielsuchtorpedos ausgestattet.
Technische Daten: Hauptrotordurchmesser 18,59 m; Länge 22,80 m; Höhe 6,63 m; Hauptrotorkreisfläche 271,56 m². **Gewicht:** Leergewicht über 7000 kg; max. Startgewicht 14.288 kg. **Triebwerk:** drei General Electric/FIAT Avio T700/T6A-Wellenturbinen mit je 1500 kW (2040 PS; italienische Version). **Leistung:** Höchstgeschwindigkeit 309 km/h; Dienstgipfelhöhe 4575 m; Einsatzreichweite 1600 km. **Bewaffnung:** Torpedos, Lenkflugkörper, Raketen Maschinengewehre. **Besatzung:** 4. *Die Daten beziehen sich auf die Marineversion.*

Embraer RJ-145

Visitenkarte

Land
Brasilien

Typ
Verkehrsflugzeug

Antrieb
zwei Strahlturbinen

Jungfernflug
11. August 1995

Gebaute Exemplare
in Produktion (100 bestellt)

Gebaute Versionen
4

Die Anfang der Neunzigerjahre entworfene **Embraer RJ-145,** ursprünglich **EMB-145,** stellt ein modernes Verkehrsflugzeug für Kurz- und Mittelstreckenflüge der Klasse bis 50 Sitzplätze dar. Das Modell nach konventioneller Bauweise mit niedrigem Flügelansatz, heckmontierten Triebwerken und T-förmigem Leitwerk wurde zunächst als Prototyp und dann mit drei Vorserien-Exemplaren in Testzyklen zu 1100 Flugstunden erprobt. Die ersten Exemplare wurden 1996 geliefert und gingen an die Flight West Airlines in Australien und die TransBrasil. Von diesem Konzept wurden auch zwei militärische Versionen abgeleitet, die **RJ-145SA** und die **RJ-145RS,** die mit Radar und entsprechender elektronischer Ausrüstung für Luftraumüberwachung und Drogenhandelbekämpfung ausgestattet wurden. Die brasilianische Luftwaffe bestellte acht Exemplare.
Technische Daten: Spannweite 20,04 m; Rumpflänge 29,87 m; Höhe 6,75 m; Tragflügelfläche 51,19 m²; **Gewicht:** Leergewicht 11.084 kg; max. Startgewicht 19.200 kg. **Triebwerk:** zwei Turbofan Allison AE 3007A mit 3195 kp Schub. **Leistung:** Höchstgeschwindigkeit 830 km/h; Dienstgipfelhöhe 11.280 m; max. Einsatzreichweite 2650 km. **Besatzung:** 3. **Passagiere:** bis zu 50. *Die Daten beziehen sich auf die RJ-145.*

Eurofighter 2000

Dieses multinationale europäische Projekt wurde 1983 ins Leben gerufen, als fünf Länder (Deutschland, Großbritannien, Italien, Spanien und Frankreich) die Anforderungen an ein neues Jagdflugzeug definierten. Frankreich verließ das Projekt allerdings schon 1984, um auf eigene Faust die Rafale zu entwickeln. Die übrigen Nationen verfolgten das Programm weiter, das mittlerweile als European Fighter Aircraft (EFA) bezeichnet wurde und 1997 in Betrieb gehen sollte. Der **Eurofighter** zeichnet sich durch aerodynamische Deltaform und nach neuartigen Konzepten entworfenem Rumpf, Triebwerk und Avionik aus und sollte verschiedene andere Jägertypen wie die englischen Tornado ADV und Jaguar, die deutsche Phantom, die italienische F-104 und die spanische Mirage F1 ersetzen. Im Gefolge wirtschaftlicher und politischer Probleme Anfang der Neunzigerjahre wurde das Projekt überarbeitet und mit der Bezeichnung **EF2000** versehen. Trotz einiger Unsicherheiten und Verzögerungen besonders von deutscher Seite steht das Programm mittlerweile kurz vor der Serienreife, die ersten Lieferungen sollen 2002 erfolgen. *Fotos: oben die zweisitzige EF2000, unten die einsitzige EF2000.*

Technische Daten: Spannweite 10,95 m; Rumpflänge 15,96 m; Höhe 5,28 m: Tragflügelfläche 51,20 m^2. **Gewicht:** Leergewicht 10.000 kg; max. Startgewicht 21.000 kg. **Triebwerk:** zwei Turbofan Eurojet EJ200 mit 9000 kp Schub. **Leistung:** Höchstgeschwindigkeit 2100 km/h; Dienstgipfelhöhe über 13.000 m; max. Einsatzreichweite 3600 km. **Besatzung:** 1. **Bewaffnung:** bis zu 6500 kg Waffen (Raketen, Bomben, Geschosse verschiedener Art). *Die Daten beziehen sich auf die einsitzige EF2000.*

Gebaute Versionen: EF2000, einsitzig oder zweisitzig.
Einsatzländer: Deutschland, Großbritannien, Italien, Spanien.

Visitenkarte

Land
Deutschland, Großbritannien, Italien, Spanien

Typ
Jäger

Antrieb
zwei Strahlturbinen

Jungfernflug
27. März 1994

Gebaute Exemplare
593 (Gesamtbestellung)

Gebaute Versionen
2

Einsatzländer
4

Eurocopter Tigre

Visitenkarte

Land
Deutschland, Frankreich,

Typ
Kampfhelikopter

Antrieb
zwei Wellenturbinen

Jungfernflug
27. April 1991

Gebaute Exemplare
5 (in Produktion seit 1999)

Gebaute Versionen
2

Einsatzländer
2

Das gemeinsame Programm **Tiger (Tigre)** wurde mit der Unterzeichnung eines Regierungsabkommens zwischen Deutschland und Frankreich zur Entwicklung eines neuen Kampfhelikopters 1984 ins Leben gerufen. Der Hubschrauber war in zwei unterschiedlichen Versionen vorgesehen, **PAH-2 (HAC** für die franz. Version) zur Panzerabwehr und **UHU (HAP)** zur Truppenunterstützung. Fünf Prototypen wurden gebaut, vier mit französischer Zivilzulassung und der letzte mit deutscher Militärzulassung. Die Serienproduktion der 274 Helikopter für die deutsche und französische Armee hat 1999 begonnen. Der Tiger ist ein äußerst hoch entwickelter Kampfhubschrauber, vor allem was die Avionik und die breite Auswahl verschiedenster Waffen betrifft.

Technische Daten: Hauptrotordurchmesser 13 m; Länge 14 m; Höhe 3,81 m; Hauptrotorkreisfläche 132,70 m². **Gewicht:** Leergewicht 3300 kg; max. Startgewicht 6000 kg. **Triebwerk:** zwei MTU/Turboméca/Rolls-Royce MTR 390-Wellenturbinen mit je 860 kW (1170 PS). **Leistung:** Höchstgeschwindigkeit 322 km/h; Dienstgipfelhöhe 3500 m; Einsatzreichweite 800 km. **Bewaffnung:** eine 30-mm-Kanone, vier Luft-Luft-Raketen, 44 Luft-Boden-Raketen. **Besatzung:** 2. *Die Daten beziehen sich auf die Tiger HAP.*

Eurocopter EC 135

Visitenkarte

Land
Frankreich, Deutschland

Typ
Mehrzweckhubschrauber

Antrieb
zwei Wellenturbinen

Jungfernflug
15. Februar 1994

Gebaute Exemplare
noch in Produktion

Gebaute Versionen
1

Eurocopter (eine Gesellschaft, an der Aérospatiale 60 und DASA 40 Prozent der Anteile halten) begann mit den Studien und Entwürfen zu einem leichten Mehrzweckhubschrauber auf neuestem Stand der Technologie mit hoher Leistungsfähigkeit und konzipierte 1994 das Modell **EC 135.** Die drei Vorserien-Modelle wurden getestet und weiter entwickelt, der EC 135 fällt besonders durch die neuen technischen Lösungen am Hauptrotor und am in ein »Fenster« eingebauten Heckrotor auf und ist durch das eingebaute Vibrationsdämmungssystem ARIS besonders geräuscharm. Der Antrieb ist wahlweise mit Turboméca-Wellenturbinen oder mit den mit einem digitalen Kontrollsystem des Typs FADEC ausgestatteten Pratt & Whitney-Turbinen möglich. Die Einsatzmöglichkeiten erstrecken sich vom Personentransport über Berge- und Suchaufgaben bis zu Flugrettungsdienst und polizeilicher Überwachung.

Technische Daten: Durchmesser des Hauptrotors 10,20 m; Länge bei laufenden Rotoren 10,16 m; Höhe 3,78 m. **Gewicht:** Leergewicht 1370 kg; max. Startgewicht 2700 kg. **Triebwerk:** zwei Turboméca Arrius 2B Wellenturbinen mit je 512 kW (696 WPS) oder zwei Pratt & Whitney PW206B. **Leistung:** Höchstgeschwindigkeit 287 km/h; Dienstgipfelhöhe 3900 m; max. Einsatzreichweite 715 km. **Besatzung:** 1. **Passagiere:** bis zu 6.

Fairey Battle

Das Fairey-Flugzeug gewann die Ausschreibung P.27/32 für einen einmotorigen Eindecker-Bomber, der mit zwei Mann zu besetzen war. Im Vergleich zu Armstrong, Whitworth, Bristol und Hawker übertraf der **Fairey Day Bomber** die zu erbringende Leistung. Noch vor seinem Jungfernflug 1935 erging ein Auftrag über 155 Serienflugzeuge des überarbeiteten Prototyps mit der Bezeichnung **Fairey Battle Mk.I** mit dem berühmten Merlin-I-Motor. Zu Beginn des Zweiten Weltkrieges waren über 1000 Exemplare im Dienst der R.A.F. Schon im Mai 1940 stellte sich heraus, dass das Flugzeug durch seine geringe Schnelligkeit und Bombenlast im Kampf gegen die Messerschmitts dramatische Verluste hinnehmen musste. So wurde aus der Battle ein Schulungsflugzeug und Zielschlepper. Vertreten war das Modell in den Luftstreitkräften der verschiedensten Länder wie Australien, Belgien, Kanada, Irland, Südafrika und Türkei. *Foto: Battle Mk.I.*

Technische Daten: Spannweite 16,46 m; Länge 12,90 m; Höhe 4,72 m; Tragflügelfläche 39,20 m². **Gewicht:** Leergewicht 3015 kg; max. Startgewicht 4895 kg. **Triebwerk:** Zwölfzylinder-Rolls-Royce Merlin Mk.I mit 768 kW (1044 PS). **Leistung:** Höchstgeschwindigkeit 414 km/h; Dienstgipfelhöhe 7620 m; Einsatzreichweite 1609 km. **Bewaffnung:** zwei 7,7-mm-Maschinengewehre und eine Bombenlast bis zu 454 kg; **Besatzung:** 3. *Die Daten beziehen sich auf die Battle Mk.I.*

Visitenkarte

Land
Großbritannien

Typ
leichtes Bombenflugzeug

Antrieb
einmotoriger Zwölfzylinder

Jungfernflug
10. März 1936

Gebaute Exemplare
2203

Gebaute Versionen
8

Einsatzländer
7

Fairchild-Swearingen Merlin/Metro

Das Ausgangsmodell dieser Familie mit zwei Propellerturbinen der dritten Generation war die **Swearingen Merlin IIA,** ein Verkehrsflugzueg mit acht Plätzen, das 1964 entworfen wurde. 1969 wurde das Modell **SA 226TC Metro** entwickelt, ein Kurzstreckenflugzeug zur Beförderung bis zu 20 Passagieren. Dafür wurde das Modell Merlin verlängert und neu motorisiert. 1979 trat Swearingen in die Fairchild-Gruppe ein. Heute werden noch die Modelle **Merlin 23** und **Metro 23** gebaut, die neuesten Versionen der Serie für Kurzstrecken- und Zubringerflüge. Für militärischen Einsatz wurden die **C-26** und die **Metro MMSA** gebaut.

Technische Daten: Spannweite 17,37 m; Länge 18,10 m; Höhe 5,08 m; Tragflügelfläche 28,70 m². **Gewicht:** Leergewicht 4300 kg; max. Startgewicht 7484 kg. **Triebwerk:** zwei Propellerturbinen AlliedSignal TPE331-12UHR mit 809 kW (1100 PS). **Leistung:** Höchstgeschwindigkeit 560 km/h; Dienstgipfelhöhe 7620 m; max. Einsatzreichweite 1852 km. **Besatzung:** 1-2 und ein Flugbegleiter. **Passagiere:** bis zu 20. *Die Daten beziehen sich auf die Metro 23.*

Visitenkarte

Land
Vereinigte Staaten

Typ
Transportflugzeug

Antrieb
zwei Propellerturbinen

Jungfernflug
13. April 1965

Gebaute Exemplare
950 (noch in Produktion)

Gebaute Versionen
14

Fairchild-Republic A-10A Thunderbolt II

Visitenkarte

Land
Vereinigte Staaten

Typ
Jagdbomber

Antrieb
zweistrahlige Düsenmaschine

Jungfernflug
10. Mai 1972

Gebaute Exemplare
713

Gebaute Versionen
4

Einsatzländer
1

Das A-X-Programm der USAF von 1967 verlangte nach einem neuen Flugzeg zur taktischen Unterstützung. Die für diesen Zweck entworfene **YA-10** gewann die Ausschreibung bereits acht Monate nach ihrem Jungfernflug. Die ersten Exemplare wurden 1976 in Betrieb genommen. Die **A-10** zeichnet sich durch offensive Bewaffnung, besonders durch das 7-läufige GAU-8A Avanger-Geschütz aus, das mit einem Kaliber von 30 mm die Wände von Panzerfahrzeugen durchschlagen kann, aber auch durch die mit Titan gepanzerte Pilotenkanzel Einschüssen bis zu 23 mm widersteht, die große Tragflügelfläche sowie die geschützte Lage der beiden Triebwerke und damit durch maximale Überlebenschancen im Kampfgebiet aus. Mit Abklingen der Bedrohung durch die Länder des Warschauer Paktes wurden zahlreiche A-10 ausgemustert, manche werden heute für Luftüberwachungsaufgaben (FAC) unter der Bezeichnung **OA-10A** eingesetzt. Der einzige Unterschied zur **A-10A** ist die Bewaffnung.

Fotos: A-10A.

Technische Daten: Spannweite 17,53 m; Länge 16,26 m; Höhe 4,47 m; Tragflügelfläche 47,01 m^2. **Gewicht:** Leergewicht 12.700 kg; max. Startgewicht 23.586 kg. **Triebwerk:** zwei Turbofan General Electric TF34-GE-100 mit 4110 kp Schub. **Bewaffnung:** 30-mm-Geschütz mit 1174 Schuss; bis zu 7257 kg Bomben, Raketen, Missiles und Geschosse unterschiedlicher Art. **Besatzung:** 1.
Gebaute Versionen: YA-10A, A-10A, A-10B, A/OA-10A.
Einsatzländer: Vereinigte Staaten.

Fairey Swordfish

Die **Fairey Swordfish** ging aus dem Doppeldecker **T.S.R.1** hervor, der aber im September 1933 bei einem Absturz verloren ging. Als das Air Ministry die Spezifikation S.15/33 für ein trägergestütztes Torpedo- und Aufklärungsflugzeug herausgab, reichte Fairey den Entwurf für die **T.S.R. II** ein. Die erste Serie dieser **Swordfish Mk.I** war ein Doppeldecker aus Leichtmetall mit zwei getrennten Cockpits und einem Spornradfahrwerk. Ab Juli 1936 ging die Swordfish bei der FAA im 825. Squadron in Dienst. Der berühmteste Einsatz war der Angriff auf die italienischen Flotte in der Nacht vom 11. November 1940 im Hafen von Tarent. Der Angriff von den 21 Swordfish-Flugzeugen vernichtete vier Schlachtschiffe, ein Kreuzer und zwei Zerstörer wurden schwer beschädigt. Die **Swordfish III** war mit einem Suchradar ausgestattet. Dieses Flugzeug wurde nun vor allem zur U-Boot-Abwehr eingesetzt und war zu diesem Zweck auch mit Luft-Boden-Raketen ausgerüstet. 1945 wird die Swordfish ausgemustert.

Technische Daten: Spannweite 13,92 m; Länge 11,12 m; Höhe 3,93 m; Tragflügelfläche 56,39 m². **Gewicht:** Leergewicht 2132 kg; max. Startgewicht 3406 kg. **Triebwerk:** Bristol Pegasus 30-Sternmotor mit 559 kW (760 PS). **Leistung:** Höchstgeschwindigkeit 222 km/h; Dienstgipfelhöhe 3260 m; Einsatzreichweite 1658 km. **Bewaffnung:** zwei 7,7-mm-Maschinengewehre, ein Torpedo oder eine Bombenlast bis zu 680 kg. **Besatzung:** 2-3. *Die Daten beziehen sich auf die Mk.II.*

Gebaute Versionen: Fairey T.S.R.II, Swordfish Mk.I, Mk.II, Mk.III, Mk.IV.
Einsatzländer: Kanada, Großbritannien.

Visitenkarte

Land
Großbritannien

Typ
dreisitziger Torpedobomber und Aufklärer

Antrieb
Sternmotor

Jungfernflug
17. April 1934

Gebaute Exemplare
2396

Gebaute Versionen
5

Einsatzländer
2

FIAT G.91

Visitenkarte

Land
Italien

Typ
Jagdbomber, Aufklärer

Antrieb
Strahlturbine

Jungfernflug
9. August 1956

Gebaute Exemplare
760

Gebaute Versionen
13

Einsatzländer
3

Das Projekt **G.91** entstand 1953 als Reaktion auf eine Ausschreibung der NATO zur Vereinheitlichung des Flugparks der Mitgliedstaaten des Nordatlantik-Paktes. Die NATO wollte im Prinzip einen robusten, wartungsarmen Jagdbomber, der auch von nicht perfekten, provisorischen Pisten aus operieren und die Bodentruppen von der Luft aus verlässlich und dauerhaft unterstützen konnte. FIAT gewann den ausgeschriebenen Wettbewerb dank der Schnelligkeit, mit der sie ein an die F-86 angelehntes Flugzeug konstruierten, das diesen Anforderungen voll und ganz entsprach. Dennoch wurde das Flugzeug nur von den Deutschen und Italienern sowie später auch Portugal angekauft, da zahlreiche andere Staaten mehr Vertrauen in US-amerikanische Produkte setzten. Auf der Basis der **G.91R** wurde auch ein sehr guter Aufklärer, die **G.91T,** gebaut. In den Sechzigerjahren wurde eine verbesserte Version konstruiert, für die die Bezeichnung **G.91Y** beibehalten wurde, obwohl es sich im Grunde um ein völlig neues Flugzeug handelte. In der Qualität reichte sie jedoch nicht an die des Vorgängers heran, und so wurden nur 67 Exemplare gebaut. Die letzte **G.91,** eine **T,** flog 1995 für die Italienische Luftwaffe. *Fotos: oben G.91R/1, unten G.91T/3.*

Technische Daten: Spannweite 8,56 m; Länge 10,29 m; Höhe 4 m; Tragflügelfläche 16,49 m². **Gewicht:** Leergewicht 3100 kg; max. Startgewicht 5500 kg. **Triebwerk:** Strahlturbine Bristol Siddley Orpheus B.Or.801 mit 1837 kp Schub. **Leistung:** Höchstgeschwindigkeit 1030 km/h; Dienstgipfelhöhe 13.200 m; max. Einsatzreichweite 1800 km. **Bewaffnung:** vier 12,7-mm-Maschinengewehre und bis zu 907 kg Bomben oder Raketen. **Besatzung:** 1. *Die Daten beziehen sich auf die G.91R/1.*

Gebaute Versionen: G.91 Prototypen, G.91 Vorserie, G.91A, G.91R/1, G.91R/1A, G.91R/1B, G.91R/3, G.91R/4, G.91T, G.91T/1, G.91T/3, G.91Y, G.91YS.

Einsatzländer: Deutschland, Italien, Portugal.

Fieseler Fi 156 Storch

Der **Fieseler Fi 156 Storch** wurde wegen der kurzen Start- und Landestrecken von der deutschen Luftwaffe während des Zweiten Weltkrieges besonders geschätzt. Der Hochdecker mit abgestrebtem Leitwerk und starrem Spornrad-Fahrwerk flog erstmals Anfang 1936. Die umfassende Verglasung der Kabine gewährte der dreiköpfigen Besatzung eine ausgezeichnete Sicht. Der Erfolg dieses Flugzeugs war das Tragwerk mit den berühmten Fieseler Vorflügeln als Auftriebshilfen über die gesamte Spannweite. Die besonderen Fähigkeiten der Fi 156 wurden für einige spektakuläre Aktionen genutzt, wie die Befreiung Mussolinis am 12. September 1943 aus der Haft in den Abruzzen. Hauptsächlich wurde dieses Flugzeug zur Bergung von Verwundeten und für Aufklärungsflüge an allen Fronten eingesetzt.
Technische Daten: Spannweite 14,25 m; Länge 9,90 m; Höhe 3,05 m; Tragflügelfläche 26 m^2. **Gewicht:** Leergewicht 930 kg; max. Startgewicht 1325 kg. **Triebwerk:** Argus As 10C-3 mit 176 kW (240 PS). **Leistung:** Höchstgeschwindigkeit 175 km/h; Dienstgipfelhöhe 4600 m; Einsatzreichweite 385 km. **Bewaffnung:** ein 7,92-mm-Maschinengewehr. **Besatzung:** 1. **Passagiere:** 2. *Die Daten beziehen sich auf die Fi 156C-2.*

Visitenkarte

Land
Deutschland

Typ
zweisitziges Aufklärungsflugzeug

Antrieb
einmotoriger Achtzylinder

Jungfernflug
24. Mai 1936

Gebaute Exemplare
2871

Gebaute Versionen
19

Einsatzländer
13

Flettner Fl 282 Kolibri

Der **Flettner Fl 282 Kolibri** war der verbesserte Hubschrauber einer Serie, die von Anton Flettner ab 1932 entworfen wurde. Der Motor war in der Rumpfmitte unter dem Rotorsystem eingebaut. Bei den 24 Versuchshubschraubern, die gebaut wurden, variierte die Ausführung der Kanzel von offen, über halb geschlossen bis komplett verglast. Nicht alle diese Maschinen waren Zweisitzer, die einen Beobachter im Heck aufnehmen konnten. 1942 führte die Kriegsmarine die Erprobung des Fl 282 durch und stellte ihm ein ausgezeichnetes Zeugnis aus. So wurden bereits ein Jahr später 20 Prototypen im Mittelmeerraum zum Schutz der Kriegsschiffe eingesetzt.
Technische Daten: Hauptrotordurchmesser 11,96 m; Länge 6,56 m; Höhe 2,20 m; Hauptrotorkreisfläche 112,29 m^2. **Gewicht:** Leergewicht 760 kg; max. Startgewicht 1000 kg. **Triebwerk:** Siebenzylinder-Bramo Sh 14A-Sternmotor mit 118 kW (160 PS). **Leistung:** Höchstgeschwindigkeit 150 km/h; Dienstgipfelhöhe 3300 m; Einsatzreichweite 170 km. **Besatzung:** 1. *Die Daten beziehen sich auf die Fl 282V-21.*

Visitenkarte

Land
Deutschland

Typ
Aufklärungshubschrauber

Antrieb
Sternmotor

Jungfernflug
1940

Gebaute Exemplare
24

Gebaute Versionen
1

Einsatzländer
1

Focke-Wulf Fw-44 Stieglitz

Visitenkarte

Land
Deutschland

Typ
Schulflugzeug

Antrieb
Sternmotor

Jungfernflug
September 1932

Gebaute Exemplare
über 1000

Gebaute Versionen
7

Einsatzländer
14

Der Übungsdoppeldecker **Focke-Wulf A 44 (Fw-44) Stieglitz** erschien 1932 und wurde nach dem Jagdflugzeug **Fw 190** das meistverbreitete Modell dieses Herstellers. Der Stieglitz war ein Doppeldecker mit stoffbespanntem Rumpfgerüst aus geschweißtem Stahlrohrfachwerk und einem aus Holz konstruierten Tragwerk. Der Antrieb kam von einem Siemens-Sternmotor Sh 14A mit 110 kW (150 PS). Die Focke-Wulf Fw-44 erwies sich als hervorragendes Kunstflugzeug. Von Kurt Tank überarbeitet, gab es verschiedene Ausführungen dieses Modells, die sich vor allem in der Motorleistung unterschieden. Das Flugzeug wurde auch in Lizenz von Argentinien, Österreich, Brasilien, Bulgarien und Schweden gebaut. Die deutsche Luftwaffe nützte dieses Modell bis zum Ende des Zweiten Weltkrieges als Schulungsflugzeug.

Technische Daten: Spannweite 9 m; Länge 7,30 m; Höhe 2,70 m; Tragflügelfläche 20 m². **Gewicht:** Leergewicht 525 kg; max. Startgewicht 900 kg **Triebwerk:** Siebenzylinder-Siemens-Sternmotor Sh 14A mit 110 kW (150 PS). **Leistung:** Höchstgeschwindigkeit 185 km/h; Dienstgipfelhöhe 3900 m; Einsatzreichweite 675 km. **Besatzung:** 1-2. *Die Daten beziehen sich auf die Fw-44C.*

Focke-Wulf Fw-200 Condor

Visitenkarte

Land
Deutschland

Typ
Bombenflugzeug, Aufklärer

Antrieb
vier Sternmotoren

Jungfernflug
27. Juli 1937

Gebaute Exemplare
280

Gebaute Versionen
19

Einsatzländer
1

Die **Focke-Wulf Fw-200 Condor** wurde von Kurt Tank als Passagierflugzeug für die Lufthansa entworfen. Am 27. Juli 1937 absolviert die Maschine ihren Jungfernflug. Die Fw-200 war ein Ganzmetall-Tiefdecker, der von vier Pratt & Whitney-Hornet-Sternmotoren mit je 652 kW (887 PS) angetrieben wurde und bis zu 26 Passagiere transportieren konnte. 1938 flog der Prototyp **Fw-200S-1** mit dem Beinamen **»Brandenburg«** ohne Zwischenstopp in 25 Stunden von Berlin nach New York. Während des Krieges diente die Condor als Aufklärer und Langstreckenbomber. Die Versionen **Fw-200C-6** und **C-8** waren mit Radar und Lenkraketen ausgerüstet.

Technische Daten: Spannweite 32,85 m; Länge 23,45 m; Höhe 6,30 m; Tragflügelfläche 119,85 m². **Gewicht:** Leergewicht 17.000 kg; max. Startgewicht 24.520 kg. **Triebwerk:** vier Neunzylinder-Bramo 223R-Sternmotoren mit je 882 kW (1200 PS). **Leistung:** Geschwindigkeit: 360 km/h; Dienstgipfelhöhe 6000 m; Einsatzreichweite 3560 km. **Bewaffnung:** vier 13-mm-Maschinengewehre, eine 20-mm-Kanone und eine Bombenlast bis zu 2100 kg. **Besatzung:** 7. *Die Daten beziehen sich auf die Fw-200C-3/U-4.*

Focke-Wulf Fw-190

Visitenkarte

Land
Deutschland

Typ
einsitziger Jagdbomber

Antrieb
Zwölfzylindermotor

Jungfernflug
1. Juni 1939

Gebaute Exemplare
etwa 20.065

Gebaute Versionen
etwa 150

Einsatzländer
2

1937 erteilte das Reichsluftfahrtministerium dem Hersteller Focke-Wulf den Auftrag, ein einsitziges Jagdflugzeug als Ergänzung zur Messerschmitt Me 109 zu entwickeln. Kurt Tank legte zwei Entwürfe vor, einer davon war mit dem in der Entwicklung befindlichen luftgekühlten Sternmotor BMW 139, von dem zwei Prototypen, **Fw-190 V1** und **V2,** hergestellt wurden. Im Februar 1941 wurden die ersten Maschinen dem Erprobungskommando 190 in Rechlin-Roggenthin übergeben. Der erste Einsatzverband, die 6./JG 26 in Le Bourget, wurde im August 1941 mit dem neuen Modell ausgerüstet. Im Kampf zwischen dem **Fw-190** und der Supermarine Spitfire zeigte sich die deutliche Überlegenheit des deutschen Jägers. Die Serie **Fw-190D** war berühmt durch ihre verlängerte Flugzeugnase. Insgesamt wurden von diesem Modell 700 Exemplare gebaut. Bei den Modellen **Fw-190F** und **G** war vor allem die Entwicklung hin zum Junkermotor eine entscheidende Veränderung. Das letzte Modell der Serie war der **Ta-152,** ein stark bewaffnetes Flugzeug mit einem völlig neuen Tragwerk und größerer Spannweite. *Fotos: Ta-152H (oben), Fw-190A (unten).*

Technische Daten: Spannweite 10,50 m; Länge 10,20 m; Höhe 3,35 m; Tragflügelfläche 18,30 m^2. **Gewicht:** Leergewicht 3490 kg; max. Startgewicht 4840 kg. **Triebwerk:** Junkers Jumo 213A-1 mit 1305 kW (1776 PS). **Leistung:** Höchstgeschwindigkeit 685 km/h; Dienstgipfelhöhe 12.000 m; max. Einsatzreichweite 835 km. **Bewaffnung:** zwei 20-mm-Kanonen, zwei 13-mm-Maschinengewehre und eine Bombenlast bis zu 250 kg. **Besatzung:** 1. *Die Daten beziehen sich auf die Fw-190D-9.*

Gebaute Versionen: ca. 150 verschiedene Versionen: Fw-190V, A-0, A-1, A-2, A-3, A-4, A-5, A-6, A-7, A-8, C, D-0, D-9, D-10, D-11, D-12, D-13, F-1, F-3, F-8, F-9, G-1, G-2, G-3, G-8, Ta-152A, Ta-152B, Ta-152H.

Einsatzländer: Frankreich, Deutschland.

Fokker Dr.I

Visitenkarte

Land
Deutschland

Typ
einsitziges Jagdflugzeug

Antrieb
Umlaufmotor

Jungfernflug
1917

Gebaute Exemplare
318

Gebaute Versionen
7

Einsatzländer
1

Als man in Deutschland von der Leistungsfähigkeit des britischen Dreideckers Sopwith Triplane hörte, machte sich Fokker unter der Leitung von Reinhold Platz sofort an die Arbeit, einen eigenen Prototyp zu konstruieren. Die erste Versuchsmaschine, die **V3,** hatte drei kleine Tragflächenpaare, die an einem typischen Fokker-Rumpf montiert waren. Nach strukturellen Verbesserungen startete der Prototyp **V4** im Sommer 1917 zum Jungfernflug. Das Modell ging in Serie unter der Bezeichnung **F.I.** Später erhielt sie die militärische Typisierung **Fokker Dr.I** (Dr für Dreidecker). Das Ass Werner Voss erreichte 21 Luftsiege in den ersten drei Wochen des Einsatzes dieses Jägers, aber trotzdem war es der berühmte »Rote Baron« Manfred von Richthofen, dem das Flugzeug seinen Ruhm verdankt. Die Fokker Dr.I blieb bis Mai 1918 in Produktion. Danach konzentrierte sich Fokker auf das Modell **D VII.**
Technische Daten: Spannweite 7,19 m; Länge 5,77 m; Höhe 2,95 m; Tragflügelfläche 18,66 m^2. **Gewicht:** Leergewicht 406 kg; max. Startgewicht 586 kg. **Triebwerk:** Le Rhône-Thulin-Umlaufmotor mit 81 kW (110 PS). **Leistung:** Höchstgeschwindigkeit 165 km/h; Dienstgipfelhöhe 6100 m; max. Einsatzreichweite 1 Stunde 30 Minuten. **Bewaffnung:** zwei 7,92-mm-Maschinengewehre.
Besatzung: 1.
Gebaute Versionen: Dr.I, Dr.I V5, V6, V7, V8, V9, V10.
Einsatzländer: Deutschland.

Fokker F27 Friendship

In den Jahren nach dem Zweiten Weltkrieg wollte Fokker an den Erfolg der vergangenen Modelle anschließen und beschloss ein Mittelstreckenverkehrsflugzeug zu entwerfen. Die 1950 spruchreife Studie beinhaltete ein 32-sitziges Passagierflugzeug mit zwei Dart-Propellerturbinen und einem druckbelüfteten Rumpf. Der erste von zwei Prototypen **Fokker F27** war ein Hochdecker mit einziehbarem Bugrad-Fahrwerk und wurde von zwei Dart-507-Propellerturbinen angetrieben; es hob am 24. November 1955 zum Jungfernflug ab und hatte Platz für 28 Passagiere. Das zweite Modell war formgleich, doch wurde es von zwei Dart-511-Propellerturbinen angetrieben und hatte einen um 91 cm längeren Rumpf, sodass sie Platz für 32 Passagiere in der Kabine bot. Fokker schließt mit Fairchild Engines einen Lizenzvertrag, der es Fairchild erlaubte, die F27 in Nordamerika unter der Bezeichnung **Fairchild F-27** herzustellen und zu vertreiben. 1958 nahm die erste F27 den Linienbetrieb auf und blieb bis 1986 in Produktion. Flexibel und anpassungsfähig wurde die F27 in zahlreichen militärischen Versionen entwickelt, die sowohl zur Beförderung als auch zur Überwachung dienten. Aus dem Grundmodell wurde auch die **Fokker 50** wie auch die längere Version, die **Fokker 60,** entwickelt. Von diesen zwei Modellen wurden 240 Exemplare gebaut und sind noch in Produktion. *Fotos: F 27 (oben), F 60 (unten).*

Technische Daten: Spannweite 29 m; Länge 23,56 m; Höhe 8,50 m; Tragflügelfläche 70 m². **Gewicht:** Leergewicht 12.148 kg; max. Startgewicht 20.410 kg. **Triebwerk:** zwei Rolls-Royce Dart Mk.536-7R-Propellerturbinen mit je 1860 kW (2530 PS). **Leistung:** Höchstgeschwindigkeit 500 km/h; Dienstgipfelhöhe 8990 m; Einsatzreichweite 1296 km. **Besatzung:** 2 Piloten und Flugbegleiter. **Passagiere:** bis zu 44. *Die Daten beziehen sich auf die F27 Mk.200.*

Gebaute Versionen: F27 Mk.100, Mk.200, Mk.300 Combiplane, Mk.400M, Mk.400F, Mk.500, Mk.500M, Mk.600, F27 Maritime.

Visitenkarte

Land
Niederlande

Typ
Kurz- und Mittelstrecken-verkehrsflugzeug

Antrieb
zwei Propellerturbinen

Jungfernflug
24. November 1955

Gebaute Exemplare
786

Gebaute Versionen
9

Fokker D.VII

Visitenkarte

Land
Deutschland

Typ
einsitziges Jagdflugzeug

Antrieb
Reihenmotor

Jungfernflug
1918

Gebaute Exemplare
etwa 1000

Gebaute Versionen
11

Einsatzländer
6

Fokker entwickelte 1917 aus dem Vorläufermodell Dr.I einen neuen Prototyp: **V11.** Der Doppeldecker hatte ein neu konzipiertes Leitwerk, einen stärkeren Motor und eine größere Flügelspannweite. Fokker gewann die Ausschreibung und begann 1918 die Produktion der **Fokker D.VII** mit einem BMW III-Motor mit 136 kW (185 PS). Nur drei Monate später wurden die ersten D.VII im Kampf eingesetzt. Das Flugzeug war so überlegen, dass man es höchstens mit der britischen Sopwith Snipe oder der französischen Spad XIII messen konnte. Nach dem Krieg werden alle Flugzeuge von den Alliierten beschlagnahmt. Fokker, der gebürtiger Holländer war, schmuggelte ein paar Flugzeuge in seine Heimat und setzte auch nach dem Krieg die Produktion der Fokker D.VII fort, sodass neue und ehemalige deutsche D.VII bei den Luftstreitkräften etlicher europäischer Nationen flogen.

Technische Daten: Spannweite 8,90 m; Länge 6,95 m; Höhe 2,75 m; Tragflügelfläche 20,50 m^2. **Gewicht:** Leergewicht 735 kg; max. Startgewicht 880 kg. **Triebwerk:** Sechszylinder-Reihenmotor BMW III mit 136 kW (185 PS). **Leistung:** Höchstgeschwindigkeit 200 km/h; Dienstgipfelhöhe 7000 m; Einsatzreichweite 1 Stunde 30 Minuten. **Bewaffnung:** zwei 7,92-mm-Maschinengewehre. **Besatzung:** 1.

Fokker F28 Fellowship

Visitenkarte

Land
Niederlande

Typ
Kurz-/Mittelstrecken-Verkehrsflugzeug

Antrieb
zwei Mantelstromtriebwerke

Jungfernflug
1. Mai 1967

Gebaute Exemplare
233

Gebaute Versionen
7

Fokkers Erfahrungen mit der F27 zeigten den Bedarf an einem leistungsstärkeren Airliner mit etwas größerer Sitzplatzkapazität. Die 1962 veröffentlichte Studie stellte den neuen Prototyp **Fokker F28 Fellowship** dar, der 1964 mit staatlicher Unterstützung gebaut wird. Der freitragende Schulterdecker mit kreisrundem Rumpf, T-Leitwerk samt zurückgepfeilten Flächen und einziehbarem Bugrad-Fahrwerk ging 1969 als **F28 Mk 1000** in Serie. Das Flugzeug konnte 55 bis 65 Passagiere transportieren. In der Folge wurden verschiedene Versionen gebaut, die reine Fracht- oder Fracht- und Passagierflüge ermöglichten. Eine Version davon ist die **Mk 4000,** die mit einem längeren Rumpf und stärkerem Antrieb bis zu 85 Passagiere aufnehmen kann.

Technische Daten: Spannweite 25,07 m; Länge 27,40 m; Höhe 8,47 m; Tragflügelfläche 79 m^2. **Gewicht:** Leergewicht 16.780 kg; max. Startgewicht 33.110 kg. **Triebwerk:** zwei Rolls-Royce RB183-2 Mk.555-15P-Mantelstromtriebwerke mit je 4491 kp Schub. **Leistung:** Höchstgeschwindigkeit 850 km/h; Dienstgipfelhöhe 10.670 m; Einsatzreichweite 2743 km. **Besatzung:** 2 Piloten und Flugbegleiter. **Passagiere:** bis zu 65. *Die Daten beziehen sich auf die F28 Mk 3000.*

Fouga CM 170 Magister

Die Magister wurde für die Armée de l'Air entworfen, die ein Düsenflugzeug für Ausbildungszwecke benötigte. Nach dem Jungfernflug wurden 1953 10 Exemplare der Vorserie für Testzwecke bestellt. Die **CM 170** war in dieser Zeit mit erhöhtem Bedarf an düsengetriebenen Ausbildern ein großer Erfolg. Die französische Luftwaffe allein kaufte 437 Exemplare, in Deutschland, Finnland und Israel wurde sie in Lizenz hergestellt. Das präzise und leicht zu steuernde Flugzeug wurde auch von den Kunstfliegerstaffeln Frankreichs, Österreichs, Belgiens und Israels verwendet sowie für Bodenangriffe eingesetzt. Das Modell **CM 175** wurde für die französische Marine als Wasserflugzeug konzipiert, die **Super Magister** war höher motorisiert. Das Nachfolgemodell **Fouga 90A** erlangte niemals die Serienreife, die Produktion wurde 1980 eingestellt. *Foto: CM 170.*

Technische Daten: Spannweite 12,15 m; Länge 10,06 m; Höhe 2,80 m; Tragflügelfläche 17,30 m^2. **Gewicht:** Leergewicht 2150 kg; max. Startgewicht 3200 kg. **Triebwerk:** zwei Strahlturbinen Turboméca Marboré IIA mit 400 kp Schub. **Leistung:** Höchstgeschwindigkeit 715 km/h; Dienstgipfelhöhe 11.000 m: max. Einsatzreichweite 925 km. **Besatzung:** 2. **Bewaffnung:** zwei Maschinengewehre 7,62 mm; bis zu 100 kg Bomben und Raketen. *Die Daten beziehen sich auf die CM 170-1.*

Visitenkarte

Land
Frankreich

Typ
militärischer Ausbilder

Antrieb
zwei Strahltriebwerke

Jungfernflug
23. Juli 1952

Gebaute Exemplare
929

Gebaute Versionen
6

Einsatzländer
22

Grob 115

Die 1972 von dem deutschen Industriellen Burkhart Grob gegründete Grob Luft- und Raumfahrt GmbH ließ mit einer Reihe von Segelflugzeugen erstklassiger Qualität aufhorchen, darunter die berühmte Serie Astir. Nach einem erfolgreichen Motorsegler namens G.109 entwickelte die Firma ein Passagierflugzeug aus Kunststoff. Die **Grob 115** ist ein einfaches, aber raffiniertes Flugzeug, Rumpf, Haupt- und Hecktragflächen sowie Außenhaut sind aus Glasfaser und zu einer leichten und robusten Einheit verarbeitet. Zur ersten Version gesellten sich die **115C** für Reisezwecke, die **115D** als Kunstflugmaschine mit festem Fahrwerk (von der Royal Navy unter dem Namen **Heron** bestellt, um die Chipmunk als Prüfungsflugzeug für Piloten zu ersetzen) und die **115T** mit einziehbarem Fahrwerk (von den Arabischen Emiraten als Ausbilder bestellt).

Technische Daten: Spannweite 10 m; Länge 8,20 m; Höhe 2,57 m; Tragflügelfläche 12,20 m^2. **Gewicht:** Leergewicht 850 kg; max. Startgewicht 1300 kg. **Triebwerk:** Textron Lycoming AEIO-540-D4A5 mit 192 kW (260 PS). **Leistung:** Höchstgeschwindigkeit 330 km/h; max. Einsatzreichweite 1310 km. **Besatzung:** 2. *Die Daten beziehen sich auf die G.115T.*

Visitenkarte

Land
Deutschland

Typ
Sport- und Ausbildungsflugzeug

Antrieb
Propellermotor

Jungfernflug
November 1985

Gebaute Exemplare
in Produktion

Gebaute Versionen
3

Gates Learjet

Visitenkarte

Land
Vereinigte Staaten

Typ
Verkehrsflugzeug

Antrieb
zwei Strahltriebwerke

Jungfernflug
7. Oktober 1963

Gebaute Exemplare
noch in Produktion

Gebaute Versionen
33

Bill Lear begann mit dem Entwurf für ein neues düsengetriebenes Verkehrsflugzeug nach dem Vorbild des Schweizer Prototyps **P16,** eines Jagdbombers, der nie die Serienreife erreichte. 1962, als das Projekt bereits weit fortgeschritten war, ging Lear von der Schweiz nach Kansas, wo er die Lear Jet Corporation gründete. Nach dem Jungfernflug wurde die **Learjet 23** - der Vorläufer einer großen Familie von erfolgreichen Jets - am 13. Oktober 1964 geliefert. Dieses kleine, schnelle Düsenflugzeug, das nur einen Piloten benötigte, sollte die Welt der Business-Jets revolutionieren. 1966 kam der **Learjet 24,** ein größeres Modell mit höherer Reichweite, sowie der **Learjet 25** mit verlängertem Rumpf auf den Markt. In den folgenden Jahren wurden noch eine Reihe weiterer Versionen mit immer neuen und leistungsfähigeren Triebwerken, besserer Ausstattung und immer effizienteren Tragflächen entwickelt, die älteren Versionen wurden nach und nach aus der Produktion genommen. Heute werden drei Hauptmodelle hergestellt, die **Learjet 31A** (Jungfernflug 1987), **35A** (1974), **45** (1995) und **60** (1992). Die 35A wurde auch für Militär- und Transportzwecke sowie Rettungstransporte, Aufklärung, Patrouillendienste, Forschung und Krankentransporte verkauft. Bei der USAF ist sie unter dem Namen **C-21** bekannt. *Fotos: oben Learjet 35, unten Learjet 31A.*

Technische Daten: Spannweite 12,04 m; Länge 14,83 m; Höhe 3,76 m; Tragflügelfläche 23,53 m². **Gewicht:** Leergewicht 4590 kg; max. Startgewicht 8300 kg. **Triebwerk:** zwei Turbofan AlliedSignal TFE731-2-2B-Strahltriebwerke mit je 1585 kp Schub. **Leistung:** Höchstgeschwindigkeit 860 km/h; Dienstgipfelhöhe 12.500 m; max. Einsatzreichweite 4070 km. **Besatzung:** 2. **Passagiere:** bis zu 9. *Die Daten beziehen sich auf die 35A.*

Gebaute Versionen: Hauptversionen Learjet 23, 24, 25, 28, 29, 31, 35, 36, 45, 55, 60.

General Dynamics F-16 Fighting Falcon

Im Zuge des Light Weight Fighter-Programms der USAF begann General Dynamics 1971 mit dem Entwurf für ein ganz neues, kleines und gut manövrierbares Flugzeug, leistungsfähig und mit neuester Technologie ausgerüstet. Am 13. Januar 1975 ging der Prototyp **YF-16** als Sieger im Wettbewerb mit fünf anderen Mitstreitern hervor. Am 7. Juni 1975 erfolgte die Bestätigung, dass auch die vier NATO-Mitgliedsländer Belgien, Dänemark, die Niederlande und Norwegen die **F-16** zur Neuausrüstung ihrer Luftstreitkräfte beschaffen wollen. Die Produktion wurde somit eingeleitet. Europäische Luftstreitkräfte übernahmen bis dato über 500 Exemplare. Die USAF liegt mit über 2200 Exemplaren an der Spitze, weiters ist die F-16 mit dem Beinamen **Fighting Falcon** in 17 Einsatzländern weltweit vertreten. Die ersten Exemplare des Modells **C/D** wurden 1984 geliefert, mit verstärkter Struktur, neuer Avionik, Bewaffnung und leistungsfähigeren Motoren. Die Version **A/B** blieb in Produktion für den Export, natürlich auch in verbesserter Ausführung. Die US Navy erwarb 26 Exemplare der vereinfachten Version **F/TF-16N** als sogenanntes »adversary«-Flugzeug, wurde aber 1995 ausgemustert. Die US Air National Guard dagegen rüstete die 272 **F-16A** in **ADF** um und setzt sie zur Luftraumverteidigung ein, die aber bald darauf durch ausgemusterte **F-16C/D** der USAF ersetzt wurden. Lizenzen zum Bau der F-16 wurden an die Türkei, Südkorea, Belgien und die Niederlande vergeben. *Foto: F-16C.*

Technische Daten: Spannweite 10 m; Länge 15,02 m; Höhe 5,09 m; Tragflügelfläche 27,87 m². **Gewicht:** Leergewicht 8437 kg; max. Startgewicht 19.187 kg. **Triebwerk:** General Electric F110-GE-129-Strahltriebwerk mit 13.160 kp Schub oder ein Pratt & Whitney F100-PW-229-Strahltriebwerk mit 13.200 kp Schub. **Leistung:** Höchstgeschwindigkeit 2200 km/h; Dienstgipfelhöhe über 15 240 m; max. Einsatzreichweite 3218 km (ohne Bewaffnung). **Bewaffnung:** eine 20-mm-Kanone mit mehreren gebündelten Rohren, eine Bombenlast bis zu 5443 kg, eine Lenkwaffenstation pro Tragflächenende, Luft-Luft- oder Luft-Boden-Flugkörper, ECM-, Aufklärungs- oder Raketenbehälter, Lenk- oder Eisenbomben sowie Zusatztanks. *Die Daten beziehen sich auf die F-16C Block 50.*

Gebaute Versionen: YF-16, F-16A, F-16A ADF, F-16B, F-16C, F-16D, F-16/79, F-16XL, AFTI/F-16, F-16ES, F-16N, TF-16N.

Einsatzländer: Bahrein, Belgien, Südkorea, Dänemark, Ägypten, Griechenland, Indonesien, Israel, Norwegen, Niederlande, Pakistan, Portugal, Singapur, Vereinigte Staaten, Taiwan, Thailand, Türkei, Venezuela.

Visitenkarte

Land
Vereinigte Staaten

Typ
einsitziger Abwehrjäger

Antrieb
Strahltriebwerk

Jungfernflug
20. Januar 1974

Gebaute Exemplare
3945 (noch in Produktion)

Gebaute Versionen
18

Einsatzländer
18

General Dynamics F-111

Visitenkarte

Land
Vereinigte Staaten

Typ
zweisitziges Mehrzweck-Kampfflugzeug

Antrieb
zwei Strahltriebwerke

Jungfernflug
21. Dezember 1964

Gebaute Exemplare
562

Gebaute Versionen
10

Einsatzländer
2

Als das Tactical Air Command der USAF 1960 einen Ersatz für die Republic F-105 Thunderchief suchte und die US Navy einen Nachfolger für die Douglas F-4 Phantom, beauftragte 1962 der damalige US-Verteidigungsminister McNamara General Dynamics mit dem Bau von 23 Entwicklungsflugzeugen. Diese Vorserie teilte sich in 18 taktische Kampfflugzeuge **General Dynamics F-111A** für die USAF und fünf für die US Navy entwickelte **F-111B,** die aber 1968 nach unzähligen Tests wegen Nichterbringung der gewünschten Leistung komplett gestrichen wurde. Das Modell F-111A hatte auch seine Probleme, wurde aber 1967 diensttauglich erklärt und nahm im 474. Tactical Fighter Wing auf Nellis AFB, Nevada, mit 141 Serienflugzeugen den Betrieb auf. Im Kriegseinsatz in Vietnam 1972/73 erwies sich die F-111 als zuverlässiges und präzises Bombenflugzeug. Es wurden verschiedene Varianten dieses Flugzeugtyps gefertigt, unter anderem die **FB-111A** für den Nukleareinsatz und die **F-111C** für die RAAF (Royal Australian Air Force). Seit 1981 sind 42 Exemplare der **EF-111A Raven,** einem taktischen Bomber zur elektronischen Kampfführung, der von Grumman konzipiert wurde, im Dienst der USAF. Die letzten auch heute noch geflogenen Modelle sind die **F-111C** und **G** der australischen Air Force. *Fotos: EF-111A (oben), F-111F (unten).*

Technische Daten: Spannweite 19,20 m (9,73 m mit zurückgepfeilten Tragflächen); Länge 22,40 m; Höhe 5,23 m; Tragflügelfläche 48,77 m². **Gewicht:** Leergewicht 21.535 kg; max. Startgewicht 45.360 kg. **Triebwerk:** zwei Pratt & Whitney TF30-P-111-Strahltriebwerke mit je 11.390 kp Schub mit Nachbrenner. **Leistung:** Höchstgeschwindigkeit 2600 km/h; Dienstgipfelhöhe 18.290 m; Einsatzreichweite 4667 km (ohne Bewaffnung). **Bewaffnung:** Bombenlast bis zu 11.340 kg und Raketen für den elektronischen Kampfeinsatz. **Besatzung:** 2. *Die Daten beziehen sich auf die F-111F.*

Gebaute Versionen: F-111A, F-111B, F-111C, RF-111C, F-111D, F-111E, F-111F, FB-111A, F-111G, EF-111A.

Einsatzländer: Australien, Vereinigte Staaten.

Gloster Gladiator

Obwohl Studien für Eindecker bereits vorlagen, gab es Anfang der Dreißigerjahre dennoch die Tendenz für Doppeldecker-Jagdflugzeuge. Aus diesem Grund ließ Gloster eine detaillierte Untersuchung anfertigen, um zu erfahren, bis zu welchem Maß die Leistung der Gauntlet gesteigert werden konnte. Das Ergebnis war ein Prototyp mit der Bezeichnung **Gloster SS.37.** 1935 stimmte das Air Ministry dem Entwurf mit der Spezifikation F.14/35 zu und erteilte einen Auftrag über 23 Jäger mit der Bezeichnung **Gladiator Mk.I.** Die Royal Navy erhielt neben den 38 modifizierten **Mk.II** der R.A.F. 60 speziell gefertigte Exemplare mit der Bezeichnung **Sea Gladiator.** Die Gladiator-Produktion belief sich auf insgesamt 746 Flugzeuge, wobei Aufträge aus Belgien, China, Irland, Griechenland, Lettland, Litauen, Norwegen und Schweden mitzuzählen sind. Nach dem Abzug aus den Frontverbänden setzte die R.A.F. die Gladiator noch bis 1944 im Wetteraufklärungsdienst ein. **Technische Daten:** Spannweite 9,83 m; Länge 8,36 m; Höhe 3,53 m; Tragflügelfläche 30,01 m². **Gewicht:** Leergewicht 1562 kg; max. Startgewicht 2206 kg. **Triebwerk:** Bristol Mercury VIIIA-Sternmotor mit 619 kW (842 PS). **Leistung:** Höchstgeschwindigkeit 414 km/h; Dienstgipfelhöhe 10.200 m; Einsatzreichweite 710 km. **Bewaffnung:** vier 7,7-mm-Maschinengewehre. **Besatzung:** 1. *Die Daten beziehen sich auf die Gladiator Mk.II.*

Visitenkarte

Land
Großbritannien

Typ
einsitziger Jagd-Doppeldecker

Antrieb
Sternmotor

Jungfernflug
26. November 1951

Gebaute Exemplare
436

Gebaute Versionen
10

Einsatzländer
1

Gloster Javelin

Die Serienjäger **Gloster Javelin** waren die ersten düsengetriebenen Deltaflügler, welche die R.A.F. in Dienst stellte. Für Allwettereinsätze konzipiert, erfüllte dieses Flugzeug die Leistungsanforderungen entsprechend der Unterlage F.4/48 des Air Ministry. Die **Gloster GA.5** war vollständig aus Metall konstruiert. Das Deltatragwerk gewährleistete eine gute Höhenleistung. Weiters sah man ein T-Leitwerk mit gepfeilten Flächen vor, ein einziehbares Bugrad-Fahrwerk und ein druckbelüftetes Cockpit in Tandemanordnung. Nach den Test- und Erprobungsflügen wurden die ersten drei Javelin-Allwetterjäger am 29. Februar 1956 der 46. Squadron zugewiesen. Bis Juni 1967 hielt die R.A.F. dieses Modell im Dienst. *Foto: F(AW)Mk.1.* **Technische Daten:** Spannweite 15,85 m; Länge 17,15 m; Höhe 4,88 m; Tragflügelfläche 86,12 m². **Gewicht:** max. Startgewicht 14.324 kg; **Triebwerk:** zwei Strahltriebwerke Armstrong Siddley Sapphire AS-Sa.6 mit je 3629 kp Schub. **Leistung:** Höchstgeschwindigkeit 1140 km/h; Dienstgipfelhöhe 16.000 m; Einsatzreichweite 1530 km. **Bewaffnung:** zwei 30-mm-Kanonen. **Besatzung:** 2. *Die Daten beziehen sich auf die Javelin F(AW)Mk.1.*

Visitenkarte

Land
Großbritannien

Typ
Allwetterjäger

Antrieb
zwei Strahltriebwerke

Jungfernflug
26. November 1951

Gebaute Exemplare
436

Gebaute Versionen
10

Einsatzländer
1

Grumman F6F Hellcat

Visitenkarte

Land
Vereinigte Staaten

Typ
einsitziger Jagdbomber

Antrieb
Sternmotor

Jungfernflug
26. Juni 1942

Gebaute Exemplare
12.272

Gebaute Versionen
13

Einsatzländer
5

Der **Grumman F6F Hellcat** war grundsätzlich eine Weiterentwicklung des Vorgängermodells **F4F Wildcat.** Der neue Entwurf profitierte von den Kriegserfahrungen, und so wurden eine Reihe von Verbesserungen angebracht. So wurde der Mitteldecker zu einem Tiefdecker, die Rollstabilität wurde verbessert, indem man die Hauptfahrwerksbeine mit größerem Abstand zum Rumpf montierte und so eine größere Spurbreite erzielte. Die Sicherheit des Piloten wurde durch ein gepanzertes Cockpit erhöht. Im Juni 1941 wurden vier Prototypen von der US Navy in Auftrag gegeben, bereits ein Jahr später ging die **F6F-3 Hellcat** in Serie. Im Januar 1943 traten die ersten Serienflugzeuge in Dienst, und ein paar Monate später griffen Hellcats von Bord der *USS Yorktown* erstmals in das Kampfgeschehen gegen die Japaner ein. 1944 wurde die leistungsfähigere **F6F-5** bei der US Navy in Dienst gestellt, und Großbritannien beschaffte 1200 Exemplare auf der Grundlage des Leih- und Pachtabkommens zum Dienst bei der Fleet Air Arm als **Hellcat Mk II.** Die Produktion wurde im November 1945 eingestellt. Die Hellcat der US Navy erzielte 4947 Siege in den verschiedenen Kampfeinsätzen. *Fotos: F6F-3 (oben), F6F-5 (unten).*

Technische Daten: Spannweite 13,08 m; Länge 10,23 m; Höhe 3,99 m; Tragflügelfläche 31,03 m^2. **Gewicht:** Leergewicht 4150 kg; max. Startgewicht 6990 kg. **Triebwerk:** Pratt & Whitney R-2800-10W Double Wasp-Sternmotor mit 1492 kW (2028 PS). **Leistung:** Höchstgeschwindigkeit 621 km/h; Dienstgipfelhöhe 11.370 m; max. Einsatzreichweite 2460 km. **Bewaffnung:** sechs 12,7-mm-Maschinengewehre und eine Bombenlast bis zu 908 kg. **Besatzung:** 1. *Die Daten beziehen sich auf die F6F-5.*

Gebaute Versionen: XF6F-1, XF6F-2, XF6F-3, F6F-3, F6F-3E, XF6F-3N, F6F-3N, XF6F-4, F6F-5, F6F-5K, F6F-5N, F6F-5P, XF6F-6.

Einsatzländer: Argentinien, Frankreich, Großbritannien, Vereinigte Staaten, Uruguay.

Grumman F8F Bearcat

Die **Grumman F8F Bearcat** bildete das Schlussglied in der Kette trägergestützter Jäger mit Kolbenmotor. Die beiden 1943 bestellten Prototypen **XF8F-1** wurden mit einem R-2800-Double-Wasp-Motor ausgestattet, der mit einem kleinen und leichteren Flugwerk gekoppelt war. Auf diese Art und Weise war das Flugzeug in der Lage, eine 30-prozentige Leistungssteigerung beim Aufstieg zu erbringen. Die US Navy erteilte 1944 einen Auftrag über 2023 Exemplare der Serie **F8F-1.** Doch als der Zweite Weltkrieg mit der Kapitulation Japans zu Ende ging, wurden 1258 Flugzeuge von der US Navy und 1876 Exemplare, die an General Motors vergeben waren, gestrichen. Als die Produktion im Mai 1949 auslief, hatte Grumman 1266 Bearcat-Jäger gefertigt; Die US Navy zog die letzten Bearcat 1952 aus dem Dienst, aber das Flugzeug wurde weiterhin in Indochina und als **F8F-1D** in der Armée de l'Air eingesetzt. Schließlich erwarb die thailändische Luftwaffe noch 129 Exemplare. *Foto: F8F-1.*

Technische Daten: Spannweite 10,82 m; Länge 8,43 m; Höhe 4,23 m; Tragflügelfläche 22,67 m^2. **Gewicht:** Leergewicht 3207 kg; max. Startgewicht 5873 kg. **Triebwerk:** Pratt & Whitney R-2800-22W-Sternmotor mit 1565 kW (2129 PS). **Leistung:** Höchstgeschwindigkeit 689 km/h; Dienstgipfelhöhe 10.575 m; max. Einsatzreichweite 2279 km. **Bewaffnung:** vier 12,7-mm-Maschinengewehre und eine Bombenlast bis zu 908 kg. **Besatzung:** 1. *Die Daten beziehen sich auf die F8F-1.*

Gebaute Versionen: XF8F-1, F8F-1, F8F-1B, F8F-1D, F8F-1DB, F8F-1N, XF8F-2, F8F-2, F8F-2D, F8F-2N, F-8F-2P, G-58A.

Einsatzländer: Frankreich, Vereinigte Staaten, Thailand, Vietnam.

Visitenkarte

Land
Vereinigte Staaten

Typ
einsitziger Abfangjäger

Antrieb
Sternmotor

Jungfernflug
21. August 1944

Gebaute Exemplare
1266

Gebaute Versionen
12

Einsatzländer
4

Grumman F-14 Tomcat

Visitenkarte

Land
Vereinigte Staaten

Typ
zweisitziger Jagdbomber und Aufklärer

Antrieb
zwei Strahltriebwerke

Jungfernflug
21. Dezember 1970

Gebaute Exemplare
712

Gebaute Versionen
3

Einsatzländer
2

Die **Grumman F-14 Tomcat** ging als Sieger des von der US Navy 1969 ausgeschriebenen Wettbewerbs hervor und erhielt den Auftrag zum Bau von 12 Entwicklungsflugzeugen. Der erste Prototyp ging durch technisches Versagen verloren, die beiden Piloten konnten sich durch den eingebauten Schleudersitz retten. Nach dem Erstflug der zweiten Maschine am 24. Mai 1971 setzte man ohne weitere Rücksicht mit dem Entwicklungsprogramm fort. Die erste Tomcat-Version **F-14A** steht bei der US Navy seit Oktober 1972 im Dienst, ab 1974 wurden diese Maschinen auch an die Marinestaffeln VF-1 und VF-2 zugewiesen. Hauptauftrag der zweiköpfigen Tomcat-Besatzung, die unter einer großen Einzelhaube fliegt, ist die weiträumige Luftverteidigung der US-Flotte. Dazu führt die F-14 sechs Luft-Luft-Raketen vom Typ Hughes Phoenix mit sich, die in Verbindung mit dem leistungsstarken Hughes-Radargerät AWG-9 im Bug Luftziele in einer Entfernung bis zu 160 km zu erfassen und zu bekämpfen in der Lage ist. Hinzu kommen Sparrow-Lenkraketen für mittlere und AIM-9 Sidewinder für kurze Kampfentfernungen. Die AIM-54-Phoenix-Rakete erlaubt es sogar, Ziele, die über 160 km entfernt liegen, genauestens ins Visier zu nehmen und zu bekämpfen. Zum großen Leistungspaket kommen natürlich die gute Ausrüstung, Lenkbarkeit und die überdurchschnittliche Steigleistung. Rund 50 F-14A wurden zur taktischen Aufklärung mit TARPS ausgerüstet. Im Einsatz sind auch die Versionen **F-14B** und **D,** ausgestattet mit stärkeren Triebwerken und Avionik, um auch für Bodenangriffseinsätze verwendet werden zu können. Das einzige Exportland ist der Iran, der zwischen 1976 und 1978 80 Exemplare der Tomcat erhielt. *Fotos: F-14D (oben), F-14A (unten).*

Technische Daten: Spannweite 19,55 m (10,15 m mit zurückgepfeilten Tragflächen), Länge 19,10 m; Höhe 4,88 m; Tragflügelfläche 52,49 m^2. **Gewicht:** Leergewicht 17.650 kg; max. Startgewicht 33.725 kg. **Triebwerk:** zwei Pratt & Whitney TF30-P-4 12A-Strahltriebwerke mit je 9480 kp Schub mit Nachbrenner. **Leistung:** Höchstgeschwindigkeit 2500 km/h; Dienstgipfelhöhe 19.500 m; Einsatzreichweite 3300 km. **Bewaffnung:** eine 20-mm-Kanone mit mehreren gebündelten Rohren im Vorderrumpf und eine Bombenlast bis zu 6570 kg. **Besatzung:** 2. *Die Daten beziehen sich auf die F-14A.*
Gebaute Versionen: F-14A, F-14A+ (später F-14B), F-14D.
Einsatzländer: Iran, Vereinigte Staaten.

Gulfstream Aerospace Gulfstream II/V

Nach den gegebenen Erfolgen mit dem zweipropelligen Geschäftsflugzeug Grumman Aerospace Gulfstream I begann die Firma an einem Entwurf für eine strahlgetriebene Version des Vorgängermodells zu arbeiten, die sowohl Kurzstrecken- als auch Transatlantikflüge absolvieren sollte. 1965 war das Modell **Gulfstream II** fertig und verzeichnete sofort 30 Festbestellungen, von denen die erste Maschine 1967 geliefert wurde. Als 1979 bei Grumman die 258. Maschine aus dem Werk rollte, wurde die Produktion eingestellt, um mit dem Bau der bereits in der Entwicklung fertig gestellten **Gulfstream III** zu beginnen. Dieses Modell verfügte über einen längeren Rumpf, der Bug war neu konzipiert und das Cockpit anders verglast. Seinen Jungfernflug absolvierte die Grumman Gulfstream III am 2. Dezember 1979. Der Aufgabenbereich umfasst Flugvermessungen, Flugambulanz sowie bevorzugten Personen- und Warentransport auf Regierungsebene. Am 19. September 1985 flog der **Gulfstream IV.** Dieses Modell unterschied sich von der G.III durch einen verlängerten Rumpf, ein leichteres Tragwerk und ein kraftstoffsparendes Triebwerk. Von diesem Flugzeug, dem die amerikanischen Luftstreitkräfte die Bezeichnung **C-20** gaben, wurden 300 Exemplare gebaut. Die vorerst letzte Maschine dieser Serie ist die **Gulfstream V,** die 1995 zum ersten Mal flog und sich als absolute Steigerungsstufe der G.IV (Antrieb und Einsatzreichweite) darstellt. *Fotos: Gulfstream V (oben), Gulfstream III (unten).*

Technische Daten: Spannweite 23,72 m; Länge 26,92 m; Höhe 7,44 m; Tragflügelfläche 88,26 m^2. **Gewicht:** Leergewicht 16.100 kg; max. Startgewicht 33.838 kg. **Triebwerk:** zwei Rolls-Royce Tay Mk.611-8 (oder AlliedSignal GTCP 36-100APU) Turbofan-Triebwerke mit je 6280 kp Schub. **Leistung:** Höchstgeschwindigkeit 950 km/h; Dienstgipfelhöhe 13.715 m; max. Einsatzreichweite 7815 km. **Besatzung:** 2 Piloten und Flugbegleiter. **Passagiere:** bis zu 19. *Die Daten beziehen sich auf die G.IV-SP.*

Gebaute Versionen: G.II, G.II-B, G.III, G.III Maritime, G.IV, G.IV-B, G.IV-MPA, G.IV-SP, G.IV-SRA-4, G.V.

Visitenkarte

Land
Vereinigte Staaten

Typ
Geschäftsreiseflugzeug

Antrieb
zwei Turbofan-Triebwerke

Jungfernflug
2. Oktober 1966

Gebaute Exemplare
über 850 (noch in Produktion)

Gebaute Versionen
10

Handley Page HP 57 Halifax

Visitenkarte

Land
Großbritannien

Typ
schweres Bombenflugzeug

Antrieb
vier Sternmotoren

Jungfernflug
25. Oktober 1939

Gebaute Exemplare
6176

Gebaute Versionen
26

Einsatzländer
6

Die **Halifax** ging auf eine Forderung des Air Ministry nach einem zweimotorigen Bomber zurück, für die Handley Page den Entwurf **HP 55** einreichte, zuerst den Zuschlag bekam, ein Jahr später aber zurückgewiesen wurde. Nach erneuter Ausschreibung genehmigte das Luftkriegsministerium 1936 den Entwurf **HP 56** zur Konstruktion eines mittelschweren Bombers. Handley Page entschied in Eigeninitiative vier Rolls-Royce-Merlin-Motoren einzubauen und der dadurch veränderte Entwurf **HP 57** wurde schließlich 1937 genehmigt. Nachdem 1940 der zweite Prototyp seinen Testflug absolvierte, ging der in der Zwischenzeit umbenannte **Halifax Mk.I** in Serie und trat noch im November beim 35. Squadron in Dienst, die das Modell Anfang März 1941 bei einem Angriff auf Le Havre erstmals im Gefecht einsetzte. Spätere Versionen erhielten eine bessere Defensivbewaffnung. Zusammen mit der Lancaster und der Stirling bildeten sie die Basis des R.A.F.-Bomberkommandos. Die Struktur des Flugzeugs erwies sich als äußerst flexibel, sodass der Halifax auch für Seepatrouillen eingesetzt wurde, oder als Schlepper für Segelflugzeuge, zum Einsatz von Fallschirmspringern sowie zur Beförderung von Personen und Material. Das Flugzeug blieb bis 1947 im Dienst der R.A.F. Später wurden noch etwa 90 Exemplare für BOAC zu Verkehrsflugzeugen **Halton Mk.I** umgebaut. *Fotos: A Mk.VII (oben), B Mk.VI (unten).*

Technische Daten: Spannweite 31,75 m; Länge 21,82 m; Höhe 6,32 m; Tragflügelfläche 118,45 m^2. **Gewicht:** Leergewicht 17.345 kg; max. Startgewicht 29.485 kg. **Triebwerk:** vier Bristol Hercules XVI-Sternmotoren mit je 1204 kW (1637 PS). **Leistung:** Höchstgeschwindigkeit 454 km/h; Dienstgipfelhöhe 7300 m; max. Einsatzreichweite 1658 km (mit max. Beladung). **Bewaffnung:** neun 7,7-mm-Maschinengewehre und eine Bombenlast bis zu 5895 kg. **Besatzung:** 7. *Die Daten beziehen sich auf die B Mk.III.*

Gebaute Versionen: HP 57, B Mk.I, B Mk.I Serie 2, B Mk.II, B Mk.II Serie 1, B Mk.II Serie 1A, GR Mk.II Serie 1, GR Mk.II Serie 1A, B Mk.III, GT Mk.III, R Mk.III, Mk.IV, Mk.V, Mk.V 1, Mk.V 1A, GR Mk.V, A Mk.V, Met Mk.V, GT Mk.V, B Mk.VI, GR Mk.VI, Met Mk.VI, B Mk.VII, C Mk.VIII, A Mk.IX, HP 70.

Einsatzländer: Australien, Kanada, Ägypten, Frankreich, Großbritannien, Neuseeland.

Hawker Tempest

Die als Abfangjäger konzipierte Hawker Typhoon enttäuschte in ihrer Ursprungsrolle, zeichnet sich dafür aber späterhin als Jagdbomber mit Raketenbewaffnung aus. Die Pläne für diese neue **Typhoon Mk.II** wurden dem Ministerium eingereicht, das am 18. November 1941 zwei Prototypen in Auftrag gab. Beträchtliche Veränderungen führten 1942 zur Bezeichnung **Hawker Tempest.** Der Prototyp **Tempest Mk.I** flog am 24. Februar 1943, aber die Probleme mit dem Sabre IV-Motor führten zur Umstellung auf den Sabre II. Die damit ausgestattete **Tempest Mk.V** flog am 21. Juni 1943 als erste von 805 Exemplaren der Serie Mk.V. In der Folge wurde die **Mk.II** mit einem Centaurus-Motor ausgestattet, der durch den Einbau eines ringförmigen Kühlers eine bessere Aerodynamik besaß. In der Nachkriegszeit wurde dieses Flugzeug als **F Mk.2** genutzt und blieb bis 1951 in Dienst. Indien und Pakistan kauften 1947/48 89 bzw. 24 Exemplare dieses Modells. *Foto: Tempest Mk.II.*

Technische Daten: Spannweite 12,50 m; Länge 10,49 m; Höhe 4,90 m; Tragflügelfläche 28,21 m^2. **Gewicht:** Leergewicht 4200 kg; max. Startgewicht 6305 kg. **Triebwerk:** Bristol Centaurus Mk.V-Motor mit 1875 kW (2550 PS). **Leistung:** Höchstgeschwindigkeit 708 km/h; Dienstgipfelhöhe 11.500 m; Einsatzreichweite 1250 km. **Bewaffnung:** vier 20-mm-Kanonen und eine Bombenlast bis zu 908 kg. **Besatzung:** 1. *Die Daten beziehen sich auf die Mk.II.*

Visitenkarte

Land
Großbritannien

Typ
einsitziger Jagdbomber

Antrieb
Propellermotor

Jungfernflug
24. Februar 1943

Gebaute Exemplare
1510

Gebaute Versionen
7

Einsatzländer
3

Hawker Fury/Sea Fury

Die **Hawker Fury** war zunächst als kleinere und leichtere Ausgabe der Hawker Tempest gedacht, wurde aber den Anforderungen des Air Ministry und der Admiralität angepasst. Bis 1943 waren sechs Musterflugzeuge in Auftrag gegeben. Bis 1944 gab es Aufträge über 200 Hawker Fury für die R.A.F. und eine gleiche Zahl **Sea Fury,** darunter 100 von Boulton Paul für die Fleet Air Arm. Bei Kriegsende wurde der R.A.F.-Auftrag hinfällig. Nach einigen Verbesserungen flog am 21. Februar 1945 der erste Prototyp. Die ersten 50 Exemplare aus der Serie **Sea Fury Mk.X** wurden ab 1946 geliefert und 1948 in Dienst gestellt. Die Bewährungsprobe bestanden die als Jagdbomber im Koreakrieg 1950 eingesetzten Maschinen hervorragend, woraufhin sich auch andere Länder für dieses Flugzeug interessierten. Unter anderen wurde die Sea Fury nach Australien, Kanada, Pakistan und Irak geliefert.

Technische Daten: Spannweite 11,69 m; Länge 10,57 m; Höhe 4,84 m; Tragflügelfläche 26,01 m^2. **Gewicht:** Leergewicht 4190 kg; max. Startgewicht 5670 kg. **Triebwerk:** Bristol Centaurus 18-Sternmotor mit 1900 kW (2583 PS). **Leistung:** Höchstgeschwindigkeit 740 km/h; Dienstgipfelhöhe 10.910 m; Einsatzreichweite 1225 km. **Bewaffnung:** vier 20-mm-Kanonen und eine Bombenlast bis zu 908 kg. **Besatzung:** 1. *Die Daten beziehen sich auf die Sea Fury FB Mk.11.*

Visitenkarte

Land
Großbritannien

Typ
Jagdbomber

Antrieb
Sternmotor

Jungfernflug
1. September 1944

Gebaute Exemplare
860

Gebaute Versionen
9

Einsatzländer
10

Hawker Hurricane

Visitenkarte

Land
Großbritannien

Typ
einsitziges Jagdflugzeug

Antrieb
Kolbenmotor

Jungfernflug
6. November 1935

Gebaute Exemplare
14.231

Gebaute Versionen
19

Einsatzländer
15

Die Anfänge der **Hurricane** lassen sich bis in das Jahr 1933 zurückverfolgen, als Sydney Camm aus dem Doppeldecker Hawker Fury ein Eindecker-Jagdflugzeug mit einziehbarem Fahrwerk und einem Merlin-Motor mit 764 kW (1039 PS) entwickelte. Die Leistungen der Hurricane waren so offensichtlich, dass die R.A.F. im Juni 1936 600 Exemplare des neuen Jagdbombers in Auftrag gab. Das erste Serienmodell flog im Oktober 1937, und schon zwei Monate später begann die Lieferung an die 111. Squadron in Northolt. Trotz des Produktionsdrucks (auch Gloster baute 1000 Hurricane zwischen 1939 und 1940) wurden einige Exemplare für den Export in sechs Einsatzländer bestimmt. 1940, bei der »Luftschlacht um England«, verfügte die R.A.F. wieder über 32 Hurricane-Staffeln sowie 19 zusätzliche Einheiten, die mit der Supermarine Spitfire ausgerüstet waren. 1941 wurde das Flugzeug durch abwerfbare Unterflügelzusatztanks und eine zusätzliche Katapultspule verbessert. Diese 50, für Flugzeugträger adaptierten Maschinen trugen die Bezeichnung **Sea Hurricane Mk.IA,** gefolgt von rund 300 **Sea Hurricane Mk.IB** mit Katapultspule und Fanghaken (in V-Form modifiziert). Weitere Modelle waren die **Mk.IIC** mit vier integrierten Bordkanonen. Die Version für die Marine war die **Sea Hurricane,** von der in etwa 3000 Exemplare an die ehemalige UdSSR geliefert wurden. In Kanada und Jugoslawien wurde diese Version in Lizenz hergestellt. Die letzten Hurricane waren bis Ende 1947 im Dienst der R A.F. *Fotos: Mk.I (oben), Mk.IIC (unten).*

Technische Daten: Spannweite 12,20 m; Länge 9,59 m; Höhe 3,96 m; Tragflügelfläche 23,93 m² **Gewicht:** Leergewicht 2120 kg; max. Startgewicht 2995 kg. **Triebwerk:** Rolls-Royce-Merlin Mk.III-Kolbenmotor mit 768 kW (1044 PS). **Leistung:** Höchstgeschwindigkeit 511 km/h; Dienstgipfelhöhe 10.970 m; max. Einsatzreichweite 740 km. **Bewaffnung:** acht 7,7-mm-Maschinengewehre. **Besatzung:** 1. *Die Daten beziehen sich auf die Mk.I.*

Gebaute Versionen: F.36/34, Hurricane Mk.I, Mk.I Can., Mk.IIA-1, Mk.IIA-2, Mk.IIB, Mk.IIC, Mk.IID, Mk.IV, Mk.V, Mk.X Can., Mk.XI Can., Mk.XII Can., Mk.XIIA Can., Sea Hurricane Mk.XIIA Can., Sea Hurricane Mk.IA, Sea Hurricane Mk.IB, Sea Hurricane Mk.IC, Sea Hurricane Mk.IIC.

Einsatzländer: Australien, Belgien, Kanada, Ägypten, Finnland, Großbritannien, Indien, Iran, ehemaliges Jugoslawien, Polen, Portugal, Rumänien, Südafrika, Türkei, ehemalige UdSSR.

Hawker Typhoon

1937 nahm Sidney Camm entsprechend der Anforderung die Konstruktion der **Hawker Typhoon** in Angriff. Die Ausschreibung verlangt als Motor entweder einen Rolls-Royce Vulture oder einen Napier Sabre. Also baute man zwei Prototypen. Es gab jedoch mit beiden Motoren Probleme. Unabhängig von diesen Motorproblemen zeigten sich beim Erstflug des Typhoon-Prototyps am 24. Februar 1940 Konstruktionsprobleme, die auch nicht behoben waren, als die Maschine 1941 längst in Dienst getreten war. Nach vielen tödlichen Unfällen löste man 1942 das Problem mit dem Leitwerk, doch auch danach lieferte die Typhoon nur mäßige Steigleistungen. Den größten Erfolg hatte diese Maschine, als sie 1943, mit Raketen bestückt, Tiefflugeinsätze bei Tag und Nacht absolvierte. Bis Kriegsende erfuhr dieser Typ, abgesehen vom Einbau des stärkeren Sabre IIB- und IIC-Motors, nur unwesentliche Veränderungen. Die Varianten beschränkten sich auf eine zum Nachtjäger umgerüstete **Typhoon NF Mk.IB** und eine kleine Anzahl **Typhoon FR Mk.IB,** die als taktische Aufklärer in Dienst gestellt wurden. *Fotos: Mk.IA (oben), Mk.IB (unten).*

Technische Daten: Spannweite 12,67 m; Länge 9,73 m; Höhe 4,52 m; Tragflügelfläche 25,92 m². **Gewicht:** Leergewicht 3990 kg; max. Startgewicht 6340 kg. **Triebwerk:** Napier Sabre Mk.IIC-Kolbenmotor mit 1626 kW (2212 PS). **Leistung:** Höchstgeschwindigkeit 663 km/h; Dienstgipfelhöhe 10.350 m; max. Einsatzreichweite 980 km. **Bewaffnung:** vier 20-mm-Kanonen und eine Bombenlast bis zu 908 kg. **Besatzung:** 1. *Die Daten beziehen sich auf die Mk.IB.*

Gebaute Versionen: F.18/37 N (Typhoon), Typhoon Mk.IA, Mk.IB, NF Mk.IB, FR Mk.IB.

Einsatzländer: Kanada, Großbritannien, Neuseeland.

Visitenkarte

Land
Großbritannien

Typ
Jagdbomber

Antrieb
Kolbenmotor

Jungfernflug
24. Februar 1940

Gebaute Exemplare
3315

Gebaute Versionen
5

Einsatzländer
3

Hawker Siddeley Harrier

Visitenkarte

Land
Großbritannien

Typ
Jagdbomber

Antrieb
Turbofan-Strahltriebwerk

Jungfernflug
21. Oktober 1960

Gebaute Exemplare
305

Gebaute Versionen
14

Einsatzländer
4

Der Entwurf für einen Kurzstrecken-Jagdbomber mit Senkrecht-Startfähigkeit reichen bis 1957 zurück, als Hawker und Bristol in Zusammenarbeit ein taktisches Kampfflugzeug um das neue Turbofan-Düsentriebwerk BS.53 von Bristol herum entwickelten. Der Antrieb der vier paarweise vorn und hinten angeordneten Düsen garantierte in allen Flugphasen gleichmäßige Leistung. Von dem Modell **P.1127** entstanden anfänglich sechs Prototypen. Hawker Siddeley erhielt einen Auftrag über neun weitere Vorserienflugzeuge mit der Bezeichnung **Kestrel F(GA)1,** zur Verwendung im Einsatz als Jäger und Jagdbomber. Getestet wurden sie von der trinationalen Staffel Großbritannien, Deutschland und den Vereinigten Staaten. Im Februar 1965 genehmigte die britische Regierung den Bau von sechs weiteren Entwicklungsflugzeugen mit dem Namen **Harrier,** deren erster Prototyp am 31. August 1966 abhob. Der erste **Harrier GR Mk.1** trat am 1. April 1969 bei der R.A.F. in Dienst. Hierauf folgten die verbesserten Versionen **Mk.1A** und **Mk.3.** Auch die USA interessierten sich konkret für das Flugzeug, und die Marines erwarben 122 Harrier in den Versionen **AV-8A** und das Schulungsflugzeug **TAV-8A.** Weitere Exporte gingen an die spanische Marine, die 11 **Harrier TAV/AV-8S** erwarb, und an Thailand. In den Siebzigerjahren wurde von British Aerospace und McDonnell Douglas der **Harrier II** dieses Flugzeugtyps entwickelt. *Fotos: AV-8A (oben), GR Mk.3 (unten).*

Technische Daten: Spannweite 7,70 m; Länge 14,12 m; Höhe 3,45 m; Tragflügelfläche 18,68 m². **Gewicht:** Leergewicht 5580 kg; max. Startgewicht 11.800 kg. **Triebwerk:** Rolls-Royce Pegasus Mk.103-Turbofan-Strahltriebwerk mit 9752 kp Schub. **Leistung:** Höchstgeschwindigkeit 1186 km/h; Dienstgipfelhöhe 15.240 m; max. Einsatzreichweite 835 km. **Bewaffnung:** eine Bombenlast bis zu 3630 kg, zwei 30-mm-Kanonen, Luft-Luft-Lenkraketen. **Besatzung:** 1. *Die Daten beziehen sich auf die GR Mk.3.*

Gebaute Versionen: P.1127, Kestrel F(GA)1, P.1154, Harrier GR Mk.1, T Mk.2, GR Mk.1A, T Mk.2A, GR Mk.3, T Mk.4, AV-8A, AV-8C, TAV-8A, AV-8S, TAV-8S.

Einsatzländer: Großbritannien, Spanien, Vereinigte Staaten, Thailand.

Hawker Siddeley HS 146

Am 29. August 1973 erfuhr Hawker Siddeley Aviation, dass die britische Regierung die Entwicklung des neuen Kurzstrecken-Verkehrsflugzeuges **Hawker Siddeley HS 146** unterstützen werde. Die erste Serienversion HS 146 Serie 100 sollte bis zu 88 Passagiere transportieren. Der Jungfernflug war für Dezember 1975 anberaumt. Dazu kam es jedoch nicht, denn die Ölkrise von 1973/74 führte zu einer weltweiten Rezession. 1977 wurde Hawker Siddeley in die British Aerospace Corporation eingebunden und im Juli 1978 wurde das Programm HS 146 in die Produktionsliste wieder aufgenommen. Die nunmehr **BAe 146** war ein freitragender Hochdecker in Leichtmetallbauweise und verfügte über vier Mantelstrom-Triebwerke. Erste Serienproduktionen waren die Serien **100** und **200,** die zwischen 71 und 109 Passagiere transportieren konnten. Durch die Beteiligung von Avro Corporation 1993 kommt es zur Produktion der Modelle **RJ70, RJ85, RJ100** und **RJ115,** charakterisiert durch unterschiedliches Fassungsvermögen. Die neuen Serienflugzeuge, die ab 1992 gebaut werden, unterscheiden sich von dem ursprünglichen Modell 146 im Antrieb, der Avionik und dem Wartungssystem. *Foto: BAe 146.*

Technische Daten: Spannweite 26,34 m; Länge 28,55 m; Höhe 8,61 m; Tragflügelfläche 77,29 m^2. **Gewicht:** Leergewicht 24.494 kg; max. Startgewicht 43.998 kg. **Triebwerk:** vier AlliedSignal LF507-1F-Strahltriebwerke mit je 3170 kp Schub. **Leistung:** Höchstgeschwindigkeit 800 km/h; max. Einsatzreichweite 2685 km. **Besatzung:** 2 Piloten und Flugbegleiter. **Passagiere:** bis zu 100. *Die Daten beziehen sich auf die RJ85.*

Visitenkarte

Land
Großbritannien

Typ
ziviles Kurzstrecken-Verkehrsflugzeug

Antrieb
vier Strahltriebwerke

Jungfernflug
3. September 1981

Gebaute Exemplare
über 280

Gebaute Versionen
14

Heinkel He 51

Der einsitzige Doppeldecker **Heinkel He 49** flog erstmals im November 1932. Dieses Ausbildungsflugzeug war der Vorläufer des ersten Prototyps der Nullserie **He 51A-0,** die im Mai 1933 erschien, gefolgt von weiteren acht Maschinen dieses Typs ohne Waffeneinbau. Im Juli 1934 begann die Auslieferung der ersten bewaffneten Serienversion an die deutsche Luftwaffe. Von April bis Juni 1935 erhielt das Jagdgeschwader »Richthofen« pro Monat vier Flugzeuge der A-Serie. Im Spanischen Bürgerkrieg kam die **He 51** auf Seiten der Nationalisten zum Einsatz. Hier zeigte sich, dass das Modell den Anforderungen an ein Tiefangriffsflugzeug nicht gewachsen war. Später wurde der Typ in den Ausbildungsdienst zurückgenommen und übte diese Rolle noch bis 1942/43 aus. *Foto: He 51 A-1.*

Technische Daten: Spannweite 11 m; Länge 8,40 m; Höhe 3,20 m; Tragflügelfläche 27,20 m^2. **Gewicht:** Leergewicht 1460 kg; max. Startgewicht 1895 kg. **Triebwerk:** BMW-VI-Motor mit 552 kW (750 PS). **Leistung:** Höchstgeschwindigkeit 330 km/h; Dienstgipfelhöhe 7700 m; max. Einsatzreichweite 700 km. **Bewaffnung:** zwei 7,92-mm-Maschinengewehre. **Besatzung:** 1. *Die Daten beziehen sich auf die He 51B-1.*

Visitenkarte

Land
Deutschland

Typ
Jagdeinsitzer

Antrieb
V-Motor

Jungfernflug
November 1932

Gebaute Exemplare
etwa 710

Gebaute Versionen
11

Einsatzländer
1

Heinkel He 111

Visitenkarte

Land
Deutschland

Typ
mittleres Bombenflugzeug

Antrieb
zwei Reihenmotoren

Jungfernflug
25. Februar 1935

Gebaute Exemplare
etwa 7540

Gebaute Versionen
49

Einsatzländer
6

Das Reichsluftfahrtministerium interessierte sich für die **Heinkel He 111,** die bereits ihr Debüt als schnellstes Verkehrsflugzeug gegeben hatte. Dies war der Beginn einer Entwicklung, die die He 111 zum Standard-Horizontalbomber der Luftwaffe werden ließ, nachdem die Lufthansa die Maschine bereits 1936 in Dienst gestellt hatte. Als erster Kampffliegerverband übernahm die 1./KG 154 Ende 1936 den neuen Flugzeugtyp, und Februar 1937 wurden der Bombereinheit K/88 der Legion Condor in Spanien 30 **He 111B-1** zugeführt. In der ersten Phase des Zweiten Weltkrieges trug die He 111 die Hauptlast aller Bombardierungen der Luftwaffe. Aber die Verwundbarkeit gegenüber britischen Jägern und die groß angelegte Einführung der Junkers Ju 88 führten dazu, dass die He 111 auf Nachteinsätze verlagert wurde. Außerdem wurden sie als Lastensegler-Schlepper, Transport- und Versorgungsflugzeuge genutzt. Von November 1942 bis Februar 1943 übernahm die He 111 die Versorgungsflüge für die in Stalingrad eingeschlossene Armee. Ende des Krieges flogen die Maschinen nur noch im Transportbereich. Im Herbst 1944 war die Produktion von mehr als 7300 Flugzeugen für die deutsche Luftwaffe abgeschlossen. CASA in Spanien baute 236 **He 111H** als **CASA 2.111,** davon 130 Exemplare mit einem Jumo 211F-2 und die übrigen mit Rolls-Royce Merlin 500-29. *Fotos: CASA C.2111 (oben), He 111H-3 (unten).*

Technische Daten: Spannweite 22,60 m; Länge 16,40 m; Höhe 4 m; Tragflügelfläche 86,50 m^2. **Gewicht:** Leergewicht 8680 kg; max. Startgewicht 14.000 kg. **Triebwerk:** zwei Jumo 211F-2-Reihenmotoren mit je 994 kW (1350 PS). **Leistung:** Höchstgeschwindigkeit 435 km/h; Dienstgipfelhöhe 8500 m; max. Einsatzreichweite 1950 km. **Bewaffnung:** eine 20-mm-Kanone, ein 13-mm-Maschinengewehr, bis zu sieben 7,92-mm-Maschinengewehre und eine Bombenlast bis zu 2000 kg. **Besatzung:** 5. *Die Daten beziehen sich auf die He 111H-16.*

Gebaute Versionen: Prototyp He 111V, He 111A-1, He 111C-0, He 111B-0, He 111B-1, He 111B-2, He 111G-01, He 111G-02, He 111G-3, He 111G-4, He 111G-5, He 111D-0, He 111D-1, He 111E-0, He 111E-1, He 111E-3, He 111E-4, He 111E-5, He 111F-0, He 111F-1, He 111F-4, He 111J-0, He 111J-1, He 111P-0, He 111P-1, He 111P-2, He 111P-3, He 111P-4, He 111P-6, He 111H-0, He 111H-1, He 111H-2, He 111H-3, He 111H-4, He 111H-5, He 111H-6, He 111H-7, He 111H-8, He 111H-9, He 111H-10, He 111H-11, He 111H-12, He 111H-14, He 111H-16, He 111H-18, He 111H-20, He 111H-21, He 111H-23, He 111Z-1.

Einsatzländer: China, Deutschland, Rumänien, Slowakei, Spanien, Türkei.

Heinkel He 177 Greif

Die Entwicklung der **Heinkel He 177 Greif** ging auf das Projekt P.1041 von 1937 für einen Fernbomber zurück. Da ein 2000-PS-Flugmotor noch nicht existierte, entwickelte Daimler-Benz den 1914 kW (2600 PS) starken Doppelmotor DB 606, indem man zwei DB 601 bündelte. Zwei solcher Doppelmotoren erhielt die **He 177,** die am 19. November 1939 zum ersten Mal flog. Strukturelle Schwächen und Triebwerksbrände führten zu einigen Unfällen der Versuchsbomber. Im Juli 1942 gelangte die erste Serie **He 177A-1** zur Auslieferung, doch aufgrund ihrer Fehleranfälligkeit wurde die Maschine Ende 1942 durch die zuverlässigere **He 177A-3** ersetzt. An der Operation »Steinbock« wurden He 177 eingesetzt. Ende 1944 musterte man die Flugzeuge aus. Das Modell **He 177A-5/R2** verfügte über Aufhängungen für drei gesteuerte Gleitbomben Hs 293, Hs 294 oder FX 1400 (»Fritz X«) zum Einsatz gegen Schiffe. Ein Greif-Einzelexemplar wurde später in Prag zur Aufnahme der geplanten deutschen Atombombe vorbereitet, aber nicht mehr eingesetzt.

Technische Daten: Spannweite 31,44 m; Länge 20,40 m; Höhe 6,39 m; Tragflügelfläche 102 m². **Gewicht:** Leergewicht 16.800 kg; max. Startgewicht 31.000 kg. **Triebwerk:** zwei Daimler-Benz DB-610A/B-Doppelmotoren mit je 2171 kW (2950 PS). **Leistung:** Höchstgeschwindigkeit 490 km/h; Dienstgipfelhöhe 8000 m; max. Einsatzreichweite 5500 km. **Bewaffnung:** zwei 20-mm-Kanonen, drei 13-mm-Maschinengewehre, drei 7,92-mm-Maschinengewehre und eine Bombenlast bis zu 1000 kg. **Besatzung:** 5. *Die Daten beziehen sich auf die He 177A-5/R2.*

Visitenkarte

Land
Deutschland

Typ
schweres Bombenflugzeug

Antrieb
zwei Doppelmotoren

Jungfernflug
19. November 1939

Gebaute Exemplare
etwa 600

Gebaute Versionen
23

Einsatzländer
2

Heinkel He 219 Uhu

Das Modell ging auf das Projekt P.1060 für einen Jagdbomber zurück, der kaum Beachtung gefunden hatte, bis man 1941 sein Potenzial als Nachtjäger entdeckte. Der Ganzmetall-Schulterdecker **He 219,** dessen Cockpit in Tandembauweise Pilot und Navigator hintereinander unterbringt, war das weltweit erste Kriegsflugzeug mit Schleudersitzen und der erste Luftwaffentyp mit Bugrad-Fahrwerk. Der erste Nachtjägerprototyp flog am 15. November 1942, angetrieben von zwei Daimler-Benz-Motoren. Im April 1943 flog die 1. NJG in Venlo (Holland) einige Serienjäger **He 219A-0,** und beim ersten Einsatz in der Nacht vom 11. zum 12. Juni schoss Major Werner Streib gleich fünf Avro Lancaster ab. 1944 wurde die Produktion dieses effektiven Nachtjägers jedoch eingestellt.

Technische Daten: Spannweite 18,50 m; Länge 15,54 m; Höhe 4,10 m; Tragflügelfläche 44,50 m². **Gewicht:** Leergewicht 11.200 kg; max. Startgewicht 15.300 kg. **Triebwerk:** zwei Daimler-Benz DB-603G mit je 1398 kW (1900 PS). **Leistung:** Höchstgeschwindigkeit 590 km/h; Dienstgipfelhöhe 9800 m; Einsatzreichweite 1850 km. **Bewaffnung:** vier 30-mm-Kanonen. **Besatzung:** 2. *Die Daten beziehen sich auf die He 219A-7/R1.*

Visitenkarte

Land
Deutschland

Typ
zweisitziger Nachtjäger

Antrieb
zwei Reihenmotoren

Jungfernflug
15. November 1942

Gebaute Exemplare
294

Gebaute Versionen
26

Einsatzländer
1

Heinkel He 162 Salamander

Visitenkarte

Land
Deutschland

Typ
einsitziger Strahljäger

Antrieb
Strahlturbine

Jungfernflug
6. Dezember 1944

Gebaute Exemplare
etwa 170

Gebaute Versionen
4

Einsatzländer
1

Der Prototyp des Strahljägers **Heinkel He 162** flog erstmals am 6. Dezember 1944, nur 38 Tage, nachdem das Werk die Baubeschreibung erhalten hatte. Bei einem Testflug stürzte die **He 162 V1** am 10. Dezember 1944 ab, dennoch führte man das Programm fort und bereinigte bei **V3** und **V4** die Schwachstellen. Die anfängliche Produktion sollte 1000 Exemplare erreichen und sich bis Mai 1945 auf 2000 Flugzeuge steigern. Ein schwieriges Vorhaben, da es zu wenig ausgebildete Piloten gab. Im Januar 1945 wurden die ersten Exemplare zur Einsatz- und Truppenerprobung an das Einsatzkommando 162 nach Rechlin geliefert. Bis Ende des Zweiten Weltkrieges wurden etwa 170 He 162 gefertigt, und mehr als 800 Exemplare befanden sich in verschiedenen Fertigungsstadien, als die unterirdischen Produktionszentren von den Alliierten eingenommen wurden.

Technische Daten: Spannweite 7,70 m; Länge 9,05 m; Höhe 2,55 m; Tragflügelfläche 11,20 m². **Gewicht:** Leergewicht 2050 kg; max. Startgewicht 2695 kg. **Triebwerk:** Strahltriebwerk BMW 003A-1 mit 800 kp Schub. **Leistung:** Höchstgeschwindigkeit 905 km/h; Dienstgipfelhöhe 12.010 m; max. Einsatzreichweite 620 km. **Bewaffnung:** zwei 20-mm-Kanonen. **Besatzung:** 1. *Die Daten beziehen sich auf die He 162A-2.*

Henschel Hs 123

Visitenkarte

Land
Deutschland

Typ
Sturzkampf-/Bombenflugzeug

Antrieb
Sternmotor

Jungfernflug
1935

Gebaute Exemplare
über 70

Gebaute Versionen
4

Einsatzländer
3

1933 begann man mit der Entwicklung der **Henschel Hs 123** und kam so der Forderung nach, einen Sturzkampfbomber zu bauen. Im August 1935 werden drei Prototypen in Rechlin getestet. Zwei davon wurden durch Versagen der Tragflächen bei Sturzflugversuchen zerstört. Erst nach weiteren Verbesserungen und Erprobungen eines vierten Prototyps kam es zur Serienfertigung. So wurde die **Hs 123A-1** im Herbst 1936 bei der 1. StG 162 (Sturzkampf- oder auch Stukageschwader) in Dienst gestellt, aber auch diese Maschine hielt sich nicht lange und wich 1937 der Junkers Ju 87A. Fünf Hs 123 gingen im Dezember 1936 an die Legion Condor in Spanien und kamen auch bis 1940 in Polen, Frankreich und Belgien zum Einsatz. 1943 wurde die Hs 123 in der ehemaligen Sowjetunion überarbeitet. 1944 verschwand das Flugzeug aufgrund der erlittenen Verluste in Kampfeinsätzen.

Technische Daten: Spannweite 10,50 m; Länge 8,33 m; Höhe 3,20 m; Tragflügelfläche 24,85 m². **Gewicht:** Leergewicht 1500 kg; max. Startgewicht 2215 kg. **Triebwerk:** BMW 132Dc-Sternmotor mit 648 kW (880 PS). **Leistung:** Höchstgeschwindigkeit 340 km/h; Dienstgipfelhöhe 9000 m; Einsatzreichweite 855 km. **Bewaffnung:** zwei 7,92 mm-Maschinengewehre und eine Bombenlast bis zu 450 kg. **Besatzung:** 1. *Die Daten beziehen sich auf die Hs 123A-1.*

Hughes Serie 500

1960 gab die US Army die Spezifikationen für einen neuen LOH, einen Leichthelikopter zur Luftraumüberwachung heraus, Hughes stellte das Projekt **369** vor, das im Mai 1965 den Vorschlägen von Bell und Hiller vorgezogen wurde. Die Anfangsbestellung lautete auf 714 Exemplare, insgesamt sollten es 4000 sein. Im gleichen Jahr präsentierte die Firma auch eine zivile Version, den **OH-6A Cayuse,** mit der Bezeichnung **Hughes 500.** Wegen Problemen in Verbindung mit der Produktion und den Kosten wurde das Programm OH-6A von der US Army jedoch bei 1434 Exemplaren gestoppt. Dieser harte Schlag konnte den Erfolg des Hubschraubers dennoch nicht zunichte machen, mit der Serie **500** und **500C** für den Zivil- und **500M** für den militärischen Sektor gelangen der Firma zahlreiche Lieferverträge mit verschiedenen Ländern. Mittlerweile gibt es Lizenzproduktionen in Italien, Argentinien, Japan und Südkorea. Das Projekt wurde 1984 von McDonnell Douglas übernommen und weiter vermarktet und entwickelt. 1990 flog die Version **520** mit NOTAR-System, das den Heckrotor überflüssig macht und die Sicherheit in der Luft und am Boden verbessert, auch die Steuerung und das Flugverhalten werden dadurch vereinfacht und verbessert. *Fotos: oben MD 530N, unten NH-500E.*

Technische Daten: Durchmesser des Hauptrotors 8,36 m; Länge 9,78 m; Höhe 2,95 m; Hauprotorkreisfläche 54,58 m². **Gewicht:** Leergewicht 719 kg; max. Startgewicht 1756 kg. **Triebwerk:** Allison 250-C20R-Turbine. **Leistung:** Höchstgeschwindigkeit 281 km/h; Dienstgipfelhöhe 6100 m; max. Einsatzreichweite 389 km. **Besatzung:** 1. **Passagiere:** bis zu 4. *Die Daten beziehen sich auf den MD 520N.*

Gebaute Versionen: Modell 369/OH-6A, Modell 500, 500C, 500 M, 500D, 500MD Defender, 500E, 530E, 500MD Scout, 500MD/ASW, 530F, TOW Defender, Nightfox, 520N, 520N Defender.

Visitenkarte

Land
Vereinigte Staaten

Typ
Mehrzweck-Hubschrauber

Antrieb
Turbinenmotor

Jungfernflug
23. Februar 1963

Gebaute Exemplare
über 4850
(in Produktion)

Gebaute Versionen
15

Hughes AH-64 Apache

Visitenkarte

Land
Vereinigte Staaten

Typ
Jagdhubschrauber

Antrieb
zwei Turbinen

Jungfernflug
30. September 1975

Gebaute Exemplare
1030 (in Produktion)

Gebaute Versionen
6

Einsatzländer
6

Die AAH-Spezifikationen, die die US Army 1972 für einen neuen Kampfhubschrauber bekanntgab, riefen zwei Projekte auf den Plan, den Bell YAH-64 und den **Hughes YAH-64** (Modell **77**). Bereits im Dezember 1976 erhielt der Vorschlag von Hughes den Zuschlag und den Auftrag, weitere drei Prototypen zu bauen. Mit seinen zwei leistungsfähigen Turbinen war der **Apache** für den Kampf gegen Panzereinheiten, die Unterstützung der Bodentruppen von der Luft aus und auch für den Kampf gegen andere Hubschrauber gut gerüstet. Auch Avionikanlage und Bewaffnung waren sehr fortschrittlich. Nachdem das Projekt von McDonnell Douglas übernommen worden war, folgten die ersten Lieferungen der **AH-64A** aus der Serienproduktion zu den betreffenden Abteilungen im Jahre 1986. Mitte 1994 waren in den USA noch 727 Exemplare in Betrieb. 1992 flog der erste **AH-64D,** eine verbesserte Version, aber noch ohne Longbow-Radar, das später installiert wurde. Die US Army erhielt insgesamt 821 Apache, alle bereits im Dienst befindlichen sollen bis 2010 auf den Standard des AH-64D aufgerüstet werden. 1995 bestellten Holland und Großbritannien 30 bzw. 67 Stück AH-64D aus der neuen Produktion, die ab 1998 geliefert wurden. *Fotos: oben AH-64A, unten YAH-64.*

Technische Daten: Durchmesser des Hauptrotors 14,63 m; Länge bei laufenden Rotoren 17,73 m; Höhe 4,95 m; Hauptrotorkreisfläche 168,11 m^2. **Gewicht:** Leergewicht 5352 kg; max. Startgewicht 10.107 kg. **Triebwerk:** zwei General Electric T700-GE-701C mit je 1390 kW (1890 PS). **Leistung:** Höchstgeschwindigkeit 364 km/h; Dienstgipfelhöhe 4115 m; max. Einsatzreichweite 690 km. **Besatzung:** 2. **Bewaffnung:** ein Schnellfeuergeschütz des Kalibers 30 mm, bis zu 16 Panzerraketen Hellfire und 4 Luft-Luft-Raketen Stinger oder Mistral. *Die Daten beziehen sich auf den AH-64D.*

Gebaute Versionen: YAH-64, AH-64A, AH-64A+, AH-64C, AH-64D Longbow, AH-64D Westland Longbow.

Einsatzländer: Saudi-Arabien, Ägypten, Vereinigte Arabische Emirate, Großbritannien, Griechenland, Israel, Kuwait, Niederlande, Vereinigte Staaten.

Hughes 300

Die Geschichte des Leichthubschraubers **Hughes** Modell **269** geht auf eine Initiative der Firma bis in die Fünfzigerjahre zurück. Kaum ein Jahr nach dem ersten Prototyp befand sich der Hubschrauber bereits in der Luft. Vom technischen Standpunkt aus handelt es sich um eine Weiterentwicklung des Typs Bell 47, einen einfachen und kostengünstigen Hubschrauber für Bewachungs- und Ausbildungszwecke. Die Produktion begann 1961. Die US Army kaufte fünf Exemplare der Vorserie für Testzwecke. Daraus resultierte 1964 die Bestellung des Modells **TH-55A** für Ausbildungszwecke, bis 1969 wurden 792 Exemplare geliefert. Der **Hughes 300C** wurde 1969 der verbreitetste Vertreter dieser Serie. Das Projekt wurde 1980 von der Firma Schweizer übernommen, die bis heute mehrere Versionen des 300C herstellt. *Foto: TH-55A.* **Technische Daten:** Durchmesser Hauptrotor 8,18 m; Länge bei laufenden Rotoren 9,40 m; Höhe 2,65 m; Hauptrotorkreisfläche 52,54 m². **Gewicht:** Leergewicht 499 kg; max. Startgewicht 975 kg. **Triebwerk:** Textron Lycoming HIO-360-D1A mit 140 kW (190 PS). **Leistung:** Höchstgeschwindigkeit 168 km/h; Dienstgipfelhöhe 3108 m; max. Einsatzreichweite 415 km. **Besatzung:** 1 bis 2. *Die Daten beziehen sich auf den 300C.*

Visitenkarte

Land
Vereinigte Staaten

Typ
Leicht-hubschrauber

Antrieb
Kolbenmotor

Jungfernflug
Oktober 1956

Gebaute Exemplare
über 3300 (in Produktion)

Gebaute Versionen
über 15

IAI Kfir

In den frühen Siebzigerjahren war man auf der Suche nach einem Flugzeug nach dem Modell der Mirage 5, das mit dem stärkeren amerikanischen J79 ausgestattet werden sollte, der bereits bei den Phantom der israelischen Luftwaffe im Einsatz war. Die **Kfir C1** wurde am 14. April 1975 erstmals offiziell vorgestellt und ähnelte der Mirage 5 und den bereits im Einsatz befindlichen Nesher und Dagger stark. Verbesserungen für die Luftraumverteidigung und den Bodenangriff führten bald zu den Versionen **C2** und der zweisitzigen **TC2** mit Höhenflossen. 1983 entstanden die Versionen **C7** und **TC7** mit verbesserten Flugeigenschaften, Waffensystem, Armaturen und Auftankmöglichkeit in der Luft. Die Kfir wurde nach Kolumbien, Ecuador und Sri Lanka exportiert und später zu den Versionen **C10/Kfir 2000** weiter entwickelt. In den Achtzigerjahren wurden 26 Exemplare der Kfir C2 (unter dem Namen **F-21A**) von der US Navy und den Marines als Angriffsflugzeuge angekauft. *Foto: Kfir C2.*
Technische Daten: Spannweite 8,22 m; Länge 15,65 m; Höhe 4,55 m; Tragflügelfläche 34,80 m². **Gewicht:** Leergewicht 8000 kg; max. Startgewicht 16.500 kg. **Triebwerk:** Strahlturbine General Electric J79-1JE mit 8500 kp Schub. **Leistung:** Höchstgeschwindigkeit 2300 km/h; Dienstgipfelhöhe 17.700 m; max. Einsatzreichweite 1186 km. **Besatzung:** 1. **Bewaffnung:** zwei Schnellfeuergeschütze 30 mm, bis zu 6085 kg Bomben, Raketen und Geschosse. *Die Daten beziehen sich auf die Kfir C7.*

Visitenkarte

Land
Israel

Typ
Jäger

Antrieb
Strahlturbine

Jungfernflug
1973

Gebaute Exemplare
etwa 240

Gebaute Versionen
6

Einsatzländer
5

Iljuschin Il-76

Visitenkarte

Land
UdSSR

Typ
Frachtflugzeug

Antrieb
vier Mantelstromtriebwerke

Jungfernflug
25. März 1971

Gebaute Exemplare
über 850 (noch in Produktion)

Gebaute Versionen
26

Einsatzländer
12

Die **Iljuschin Il-76,** NATO-Bezeichnung »Candid«, wurde als schwerer Transporter für den Einsatz in Sibirien konzipiert und flog erstmals im März 1971. Der Prototyp eignete sich besonders zum Betrieb auf kurzen und notdürftig befestigten Flugfeldern. Die Flugerprobung zog sich bis 1975 hin, als das Modell im Taschkent-Werk in Serie genommen wurde. Die seriengefertigte **Il-76T »Candid A«** mit höherer Frachtkapazität wurde Anfang 1978 auf den Binnenstrecken der Aeroflot in Dienst gestellt. Ungefähr 100 Exemplare wurden exportiert, unter anderen an Libyan Arab Airlines, Syrianair und später Cubana. Zu den militärischen Betreibern gehören die tschechischen, polnischen, algerischen und irakischen sowie die indischen Luftstreitkräfte, die dem Typ den Namen **»Gajaraj«** gaben. Die rund 450 »Candid« wurden zur Brandbekämpfung **(Il-76DMP),** als Triebwerksversuchsträger **(Il-76LL),** als Lufttanker **(Il-78 »Midas«)** und als Frühwarnflugzeug (**A-50 »Mainstay«** in der ehemaligen UdSSR bzw. **»Adnan 1«** im Irak). Viele zivile und militärische Versionen sind auch heute noch in Produktion, wie die **Il-76MF** mit verlängertem Rumpf und die **Il-76MD** als militärisches Transportflugzeug.

Technische Daten: Spannweite 50,50 m; Länge 46,59 m; Höhe 14,76 m; Tragflügelfläche 301,20 m². **Gewicht:** Leergewicht 89.000 kg; max. Startgewicht 190.000 kg; **Triebwerk:** vier Mantelstromtriebwerke Aviadvigatel D-30KP-II mit je 12.000 kp Schub. **Leistung:** Höchstgeschwindigkeit 800 km/h; Dienstgipfelhöhe 13.000 m; Einsatzreichweite 7800 km. **Bewaffnung:** zwei 23-mm-Kanonen. **Besatzung:** 6-7. *Die Daten beziehen sich auf die Il-76MD.*

Gebaute Versionen: Il-76, Il-76LL, Il-76M, Il-76MD, Il-76MDK, Il-76K, Il-76MDPS, Il-76PS, Il-76MF, Il-76P, Il-76PP, Il-76 Scalpel, Il-76T, Il-76TD, Il-76TF, Il-76 Relay, A-50, A-50M, A-50U, B-976, Il-78, Il-78M, Il-78MK, Il-78V, Bagdad-1, Adnan-1.

Einsatzländer: Algerien, ehemalige Tschechoslowakei, China, Kuba, Indien, Irak, Libyen, Polen, Russland, Syrien, Ukraine, ehemalige UdSSR.

Iljuschin Il-2/Il-10 Schturmowik

Eines der besten Flugzeuge der roten Luftstreitkräfte im Zweiten Weltkrieg war die **Iljuschin Il-2 Schturmowik** (Erdkampfflugzeug), die in riesiger Zahl (36.163 Flugzeuge) produziert wurde. Sie begann ihre Laufbahn als **TsKB-55,** entworfen von Sergej Iljuschin und seinen Mitarbeitern, die man 1938 in das zentrale Konstruktionsbüro (TsKB) berufen hatte. Das interessanteste Merkmal der zweisitzigen TsKB-55 oder **BSh-2** war eine »Panzerwanne« als integraler Bestandteil der Rumpfstruktur zum Schutz der Besatzung, des Motors, der Kühler und des Kraftstofftanks, wurde aber zugunsten eines leichteren Einsitzers **TsKB-57** abgelehnt. Diese Version ging 1940 in die Serienproduktion und zeichnete sich vor allem durch seine gute Lenkbarkeit aus. Im Oktober 1942 kam das Folgemodell, die **Il-2M3,** mit einem neu entworfenen Tragwerk mit 15° Pfeilung an den Außenflächen heraus. Weitere Modelle wie die **Il-8** und **Il-10** erschienen 1944. Als Nachfolgemodell in der Serienproduktion wurde die Il-10 gewählt, die eine durchwegs neue Ganzmetall-Konstruktion in aerodynamisch stark verbesserter Form bot. In der ehemaligen Tschechoslowakei wurde die Il-10 in Lizenz als **B-33** und **CB-33** gebaut. Insgesamt wurden 21.966 Exemplare auch noch nach dem Zweiten Weltkrieges gefertigt. *Fotos: Il-10M (oben), Il-2M3 (unten).*

Technische Daten: Spannweite 13,40 m; Länge 11,06 m; Höhe 3,50 m; Tragflügelfläche 30 m². **Gewicht:** Leergewicht 4680 kg; max. Startgewicht 6335 kg. **Triebwerk:** Mikulin AM-42 mit 1470 kW (2000 PS). **Leistung:** Höchstgeschwindigkeit 530 km/h; Dienstgipfelhöhe 4000 m; Einsatzreichweite 800 km. **Bewaffnung:** vier 23-mm-Kanonen, eine 20-mm-Kanone, eine Bombenlast bis zu 1000 kg. **Besatzung:** 2. *Die Daten beziehen sich auf die Il-10.*

Gebaute Versionen: TsKB-55, TsKB-57, BSh-2, Il-2, Il-2M, Il-2M2, Il-2M3, Il-2U, Il-2T, Il-8, Il-10, Il-10U, Il-10M, B-33 BS-33, Il-16.

Einsatzländer: Bulgarien, ehemalige Tschechoslowakei, China, Nordkorea, ehemaliges Jugoslawien, Polen, Ungarn, ehemalige UdSSR.

Visitenkarte

Land
UdSSR

Typ
Erdkampfflugzeug

Antrieb
Kolbenmotor

Jungfernflug
2. Oktober 1939

Gebaute Exemplare
über 58.192

Gebaute Versionen
16

Einsatzländer
mindestens 8

Iljuschin Il-18/Il-38

Visitenkarte

Land
UdSSR

Typ
Langstrecken-Verkehrsflugzeug

Antrieb
vier Propellerturbinen

Jungfernflug
4. Juli 1957

Gebaute Exemplare
über 900

Gebaute Versionen
16

Die **Iljuschin Il-18** wurde Mitte der Fünfzigerjahre konstruiert, um den Bedarf der Aeroflot an einem Mittelstrecken-Verkehrsflugzeug für 75 Passagiere zu decken. Die **Il-18** tritt ihren Liniendienst bei der Aeroflot 1959 an. Nach den ersten erfolgreichen Flügen ging die **Il-18B** in Serie und konnte bis zu 84 Passagiere aufnehmen. Eine Weiterentwicklung des Modells hatte eine Erhöhung der Passagierkapazität bis zu 122 Passagieren zur Folge. Im Einsatz in den Luftstreitkräften und Fluglinien aller Länder des ehemaligen Ostblocks wurde die Produktion 1970 eingestellt. Dieses Flugzeug wurde in zwei militärische Versionen umgebaut. Die **Il-20** mit der NATO-Bezeichnung **»Coot-A«** wurde für elektronische Gegenmaßnahmen eingesetzt, und die **Il-38 »May«** zur Aufklärung über See und U-Boot-Abwehr. Es wurden mehr als 700 Flugzeuge produziert. Ungefähr 100 davon sind heute noch im Frachtservice der Aeroflot und weltweit vielleicht weitere 150 Maschinen dieses Typs. *Foto: Il-18.*

Technische Daten: Spannweite 37,40 m; Länge 35,89 m; Höhe 10,15 m; Tragflügelfläche 140 m². **Gewicht:** Leergewicht 35.000 kg; max. Startgewicht 64.000 kg. **Triebwerk:** vier Propellerturbinen Iwtschenko AI-20M mit je 3128 kW (4250 PS). **Leistung:** Höchstgeschwindigkeit 685 km/h; Dienstgipfelhöhe 10.000 m; Einsatzreichweite 6500 km. **Besatzung:** 2, mehrere Flugbegleiter. **Passagiere:** bis zu 122. *Die Daten beziehen sich auf die Il-18D.*

Iljuschin Il-86/Il-96

Visitenkarte

Land
UdSSR

Typ
Großraum-verkehrsflugzeug

Antrieb
vier Mantelstrom-triebwerke

Jungfernflug
22. Dezember 1976

Gebaute Exemplare
113 (noch in Produktion)

Gebaute Versionen
4

Die **Iljuschin Il-86** mit der NATO-Bezeichnung **»Camber«** war das erste Großraum-Verkehrsflugzeug der ehemaligen Sowjetunion. Dieser Prototyp hat einen druckbelüfteten Rumpf mit kreisrundem Querschnitt. Die Besonderheit liegt in den eingebauten Treppen im Unterdeck, über die die Passagiere ein- und aussteigen, damit die Maschine ohne Fahrgastbrücken abgefertigt werden kann. Im Dezember 1980 setzt die Aeroflot diese Maschine in den Linienverkehr ein, Verkaufserfolge in andere Ostblockländer blieben jedoch aus. Vier Exemplare wurden speziell umgebaut. Die **Il-96** war ein völliger Neuentwurf der Il-86, auch wenn sich beide Modelle ähnelten. Nach Abschluss der Testreihen erhielt die Serienversion **Il-96-300** am 29. Dezember 1992 ihre Zulassung. *Foto: Il-96.*

Technische Daten: Spannweite 48,06 m; Länge 59,54 m; Höhe 15,81 m; Tragflügelfläche 330 m². **Gewicht:** max. Startgewicht 210.000 kg. **Triebwerk:** vier Mantelstromtriebwerke Samara NK-86 mit je 13.300 kp Schub. **Leistung:** Höchstgeschwindigkeit 950 km/h; Dienstgipfelhöhe 11.000 m; Einsatzreichweite 4600 km. **Besatzung:** 3, mehrere Flugbegleiter. **Passagiere:** bis zu 350. *Die Daten beziehen sich auf die Il-86-300.*

Junkers W 33/W 34

Die **Junkers W 33** war ein freitragender Tiefdecker. Das zum Transport von Luftpost gedachte Modell ließ sich bei Bedarf auch für Passagierflüge mit sechs Sitzen in der Kabine einrichten. Die W 33 unterschied sich vor allem im Motor und in der Flügelspannweite von der **W 34,** die bereits einen Sternmotor hatte. 199 W 33 wurden gebaut. Die Luftwaffe nutzte die W 34 als Navigations- und Blindflugtrainer sowie als Transportmaschine bis Kriegsende. Die beiden Hauptversionen waren die **W 34hi** und die **W 34hau.** Unter der Bezeichnung **K 43** entwickelte das schwedische Junkers-Werk eine dreisitzige Bomber-/Aufklärerversion der W 34, von der einige Exemplare nach Kolumbien und Finnland exportiert wurden. Gemeinsam produzierten die deutschen und schwedischen Junkers-Werke fast 1800 W 34 und K 43. *Foto: W 37.*
Technische Daten: Spannweite 17,75 m; Länge 10,27 m; Höhe 3,53 m; Tragflügelfläche 43 m². **Gewicht:** Leergewicht 1700 kg; max. Startgewicht 3200 kg; **Triebwerk:** BMW 132A-Sternmotor mit 485 kW (660 PS). **Leistung:** Höchstgeschwindigkeit 265 km/h; Dienstgipfelhöhe 6300 m; Einsatzreichweite 900 km. **Besatzung:** 2. **Passagiere:** 6. *Die Daten beziehen sich auf die W 34hi.*

Visitenkarte

Land
Deutschland

Typ
Transportflugzeug

Antrieb
Sternmotor

Jungfernflug
1926

Gebaute Exemplare
1990

Gebaute Versionen
5

Junkers Ju 88/Ju 188

1935 gab es eine Ausschreibung des RLM über ein schnelles Bombenflugzeug. Der Wettbewerb zwischen Henschel, Messerschmitt und Junkers ging zugunsten Junkers aus, dessen erster Prototyp bereits im Dezember 1936 flog. Im September 1939 erfolgte die Indienststellung der ersten Serienversion **Junkers Ju 88A-1.** Im Laufe des Zweiten Weltkrieges offenbarte sich die **Ju 88** als ein außergewöhnliches Flugzeug. Sie wurde als Nachtjäger und -aufklärer eingesetzt sowie zur Panzerabwehr, zur Seepatrouille, als Luftbildaufklärer und auch als Schlepper für Segelflugzeuge und Ausbildungsjäger. 1943 wurde der »Hucke-pack-Jäger« in Kombination mit einer Messerschmitt 109 gebaut. Der Prototyp **»Mistel«** flog im Juli 1943 zum ersten Mal. In Frankreich und in der ehemaligen Tschechoslowakei wurden die **Ju 188** und die **Ju 388** entwickelt. Die Ju 188, die Anfang 1942 flog, hatte einen größeren Rumpf, eine bessere Aerodynamik und eine größere Spannweite. 1076 Exemplare wurden gebaut. Die Ju 388 war ein schnelles Bombenflugzeug mit großer Einsatzreichweite. *Foto: Ju 88.*
Technische Daten: Spannweite 20 m; Länge 14,40 m; Höhe 4,85 m; Tragflügelfläche 54,50 m². **Gewicht:** Leergewicht 9860 kg; max. Startgewicht 14.000 kg. **Triebwerk:** zwei Junkers Jumo 211J-1 mit je 994 kW (1350 PS). **Leistung:** Höchstgeschwindigkeit 470 km/h; Dienstgipfelhöhe 8200 m; Einsatzreichweite 2730 km. **Bewaffnung:** sechs 7,92-mm-Maschinengewehre und eine Bombenlast bis zu 2000 kg. **Besatzung:** 4. *Die Daten beziehen sich auf die Ju 88A-4.*

Visitenkarte

Land
Deutschland

Typ
Bomben- und Schlachtflugzeug

Antrieb
zwei Reihenmotoren

Jungfernflug
21. Dezember 1936

Gebaute Exemplare
15.856

Gebaute Versionen
über 100

Einsatzländer
6

Junkers Ju 52

Visitenkarte

Land
Deutschland

Typ
mittlerer Bomber und Truppentransportflugzeug

Antrieb
drei Sternmotoren

Jungfernflug
13. Oktober 1930

Gebaute Exemplare
5405

Gebaute Versionen
15

Einsatzländer
32

Der Entschluss, die einmotorige **Ju 52** zur dreimotorigen Verkehrsmaschine umzugestalten, führte dazu, dass das siebte Exemplar auf der Fertigungsstraße zum Musterflugzeug **Junkers Ju 52/3m** wurde. Die Leistungssteigerung bei der Flugerprobung im April 1931 war so offensichtlich, dass man die Produktion der Ju 52 einstellte. Der erste Kunde, der 1932 sieben Exemplare dieses Modells erstand, war die Lloyd Aero Boliviano. Das Modell war mit Schwimmer- oder Skigestell lieferbar. Die **Ju 52/3mce** schuf sich rasch einen ausgezeichneten Ruf als sicheres und zuverlässiges Verkehrsflugzeug in der zivilen Luftfahrt. Die Prüfung des militärischen Potenzials der Maschine durch die Luftwaffe ergab die **Ju 52/3mg3e** zur Schulung von Reichswehrpiloten und später den Behelfsbomber Ju 52/3mg3e. Diese Maschine wurde im Spanischen Bürgerkrieg eingesetzt. Bis zum Ende der Produktion 1944 entstanden in Deutschland und Frankreich rund 5000 solcher Flugzeuge. Nach dem Zweiten Weltkrieg wurde das Flugzeug in Frankreich und in Spanien gebaut. *Foto: Ju 52/3mg3.*

Technische Daten: Spannweite 29,25 m; Länge 18,90 m; Höhe 5,55 m; Tragflügelfläche 110,50 m². **Gewicht:** Leergewicht 5720 kg; max. Startgewicht 10.500 kg. **Triebwerk:** drei luftgekühlte BMW 132A-3-Sternmotoren mit je 543 kW (725 PS). **Leistung:** Höchstgeschwindigkeit 275 km/h; Dienstgipfelhöhe 5900 m; Einsatzreichweite 1300 km. **Bewaffnung:** zwei 7,92-mm-Maschinengewehre und eine Bombenlast bis zu 500 kg. **Besatzung:** 3. *Die Daten beziehen sich auf die Ju 52/3mg3e.*

Gebaute Versionen: Ju 52, Ju 52/3m, Ju 52/3mg3e, Ju 52/3mg4e, Ju 52/3m Wasser, Ju 52/3mg5e, Ju 52/3mg6e, Ju 52/3mg7e, Ju 52/3mg8e, Ju 52/3mg9e, Ju 52/3mg10e, Ju 52/3mg12e, Ju 52/3mg14e, AAC 1 Toucan, C-352-L.

Einsatzländer: Argentinien, Australien, Österreich, Belgien, Bolivien, Brasilien, China, ehemalige Tschechoslowakei, Kolumbien, Dänemark, Ecuador, Estland, Finnland, Frankreich, Deutschland, Großbritannien, Griechenland, Italien, Libanon, Mosambik, Norwegen, Peru, Polen, Portugal, Rumänien, Spanien, Südafrika, Schweden, Schweiz, Türkei, Ungarn, Uruguay.

Junkers Ju 87 Stuka

Ihre Berühmtheit als »Stuka« erlangte die **Junkers Ju 87** beim Überfall auf Polen und den anschließenden Eroberungsfeldzügen durch Europa. Von drei 1934 entworfenen Versuchsmaschinen hatte Version 1 ein doppeltes Seitenleitwerk und einen Rolls-Royce-Kestrel als Antrieb. Bei Sturzflugversuchen brach das Leitwerk ab und die Maschine wurde zerstört. Version 2 hatte nur eine Seitenflosse und einen Junkers-Jumo-210A-Motor. Ab Frühjahr 1937 löste die erste Serienversion **Ju 87A-1** die Henschel-Doppeldecker Hs 123 ab, und drei Exemplare wurden der Legion Condor zugewiesen, um sie unter Kampfbedingungen im Spanischen Bürgerkrieg zu testen. Zu Beginn des Zweiten Weltkrieges besaß die Luftwaffe 336 **Ju 87B,** und weitere Maschinen gingen an Italien, Bulgarien, Ungarn und Rumänien. Eine Zeitlang glaubte die Luftwaffe, der Sturzkampfbomber sei praktisch unbesiegbar. Dies traf aber nur zu, wenn zuvor die Luftüberlegenheit errungen war, wie sich bei der Luftschlacht um England zeigte, als die R.A.F. den Stukas so übel mitspielte. Bei Produktionsende waren über 5700 Ju 87 gefertigt, davon die meisten nach 1940, als man die Verwundbarkeit der Stuka bereits kannte. Die 1943 überarbeitete Ausführung **Ju 187** wurde zwar in Planung gestellt, aber nach Prüfung einer Attrappe aufgegeben. *Fotos: Ju 87G (oben), Ju 87R (unten).*

Technische Daten: Spannweite 13,80 m; Länge 11,50 m; Höhe 3,90 m; Tragflügelfläche 31,90 m^2. **Gewicht:** Leergewicht 3900 kg; max. Startgewicht 6600 kg; **Triebwerk:** Junkers Jumo 211J-1 mit 1038 kW (1410 PS). **Leistung:** Höchstgeschwindigkeit 410 km/h; Dienstgipfelhöhe 7300 m; Einsatzreichweite 1535 km. **Bewaffnung:** vier 7,92-mm-Maschinengewehre und eine Bombenlast bis zu 1800 kg. **Besatzung:** 2. *Die Daten beziehen sich auf die Ju 87D-1.*

Gebaute Versionen: Ju 87V – Prototypen, Ju 87A-0, Ju 87A-1, Ju 87A-2, Ju 87B-0, Ju 87B-1, Ju 87B-2, Ju 87C-0, Ju 87D-0, Ju 87D-1, Ju 87D-2, Ju 87D-3, Ju 87D-4, Ju 87D-5, Ju 87D-7, Ju 87D-8, Ju 87R, Ju 87H, Ju 87G-0, Ju 87G-1.

Einsatzländer: Bulgarien, Deutschland, Italien, Rumänien, Slowakei, Ungarn.

Visitenkarte

Land
Deutschland

Typ
zweisitziger Sturzkampfbomber

Antrieb
Reihenmotor

Jungfernflug
März 1935

Gebaute Exemplare
5709

Gebaute Versionen
20

Einsatzländer
6

Kawanishi N1K Shiden

Visitenkarte

Land
Japan

Typ
Jagdbomber

Antrieb
Sternmotor

Jungfernflug
27. Dezember 1942

Gebaute Exemplare
1435

Gebaute Versionen
9

Einsatzländer
1

Im Jahre 1942 begann Kawanishi eine Landversion der im Dienste der Kaiserlich Japanischen Marine stehenden Kawanishi **N1K1** mit der Bezeichnung **Kawanishi N1K1-J** zu entwickeln und nutzte dazu die gleiche Zelle. 1942 flog der erste Prototyp, und Ende 1943 erging ein Serienauftrag für den Marine-Abfangjäger **Shiden.** Die N1K1-J mit dem Codenamen »George« nahm Anfang 1944 den Einsatz auf, sollte aber trotzdem nur eine Übergangslösung für die verbesserte Version **N1K2-J** sein, die bereits 1943 in der Entwicklung stand. Diese Version kam beinahe einem Neuentwurf gleich, denn aus dem Mitteldecker wurde ein Tiefdecker mit längerem Rumpf, überarbeiteten Leitwerksflächen und einem neuen, weniger komplizierten Fahrwerk. Die Kawanishi N1K2-J mit dem Beinamen **»Shiden KAI«** flog am 31. Dezember 1943 zum ersten Mal und erwies sich als ausgezeichnetes Jagdflugzeug. Bis zum Ende des Zweiten Weltkrieges wurden 415 Exemplare gebaut.

Technische Daten: Spannweite 12 m; Länge 9,35 m; Höhe 3,96 m; Tragflügelfläche 23,50 m². **Gewicht:** Leergewicht 2655 kg; max. Startgewicht 4860 kg; **Triebwerk:** Nakajima NK9H Homare 21-Sternmotor mit 1465 kW (1990 PS). **Leistung:** Höchstgeschwindigkeit 595 km/h; Dienstgipfelhöhe 10.750 m; Einsatzreichweite 2335 km. **Bewaffnung:** vier 20-mm-Kanonen und eine Bombenlast bis zu 250 kg. **Besatzung:** 1. *Die Daten beziehen sich auf die N1K2-J.*

Kawasaki Ki-45 Toryu

Visitenkarte

Land
Japan

Typ
Nachtjäger

Antrieb
zwei Sternmotoren

Jungfernflug
Januar 1939

Gebaute Exemplare
1701

Gebaute Versionen
9

Einsatzländer
1

Anfang 1937 wurde Kawasaki vom Kaiserlich Japanischen Heer angewiesen, einen zweimotorigen Jäger für Ferneinsätze über den Pazifik zu entwickeln. Dies erfolgte dann unter der Projektbezeichnung **Kawasaki Ki-38,** aber umfangreiche Änderungen am Entwurf zogen die neue Typkennung **Ki-45** nach sich. Erst im Januar 1939 flog der erste Prototyp, ein freitragender Mitteldecker mit Einziehfahrwerk, dessen Rumpf die zweiköpfige Besatzung in geschlossenen Tandem-Cockpits aufnahm. Die Serienproduktion der **Ki-45 KAI** lief im September 1941 an und flog im Oktober 1942 seine ersten Kampfeinsätze. Dieses Flugzeug erwies sich als ausgezeichnete Waffe gegen die Amerikaner, die ihm den Beinamen »Nick« gaben. Insgesamt wurden 1698 Ki-45 gebaut. Am 28. Mai 1944 flogen erstmals vier **Ki-45 Toryu** einen so genannten Kamikaze-Einsatz gegen alliierte Schiffe.

Technische Daten: Spannweite 15,05 m; Länge 11 m; Höhe 3,70 m; Tragflügelfläche 32 m². **Gewicht:** Leergewicht 4000 kg; max. Startgewicht 5500 kg. **Triebwerk:** zwei Mitsubishi Ha-102-Sternmotoren mit je 795 kW (1080 PS). **Leistung:** Höchstgeschwindigkeit 545 km/h; Dienstgipfelhöhe 10.000 m; Einsatzreichweite 2200 km. **Bewaffnung:** eine 37-mm-Kanone, zwei 20-mm-Kanonen, ein 7,7-mm-Maschinengewehr und eine Bombenlast bis zu 250 kg. **Besatzung:** 2. *Die Daten beziehen sich auf die Ki-45 KAI-c.*

Kawasaki Ki-61 Hien

Der Prototyp **Kawasaki Ki-60,** den man um den Kawasaki-Reihenmotor Ha-40, eine Lizenzversion des Daimler-Benz-DB 601A, konstruierte, enttäuschte und wurde rasch aufgegeben. Das Alternativmodell war die Kawasaki **Ki-61,** dessen erstes von zwölf Musterflugzeugen ab Dezember 1941 flog. Nach erfolgreicher Erprobung stimmte das Kaiserlich Japanische Heer der Serienproduktion des **Heerestyp 3 Jäger Modell 1 Hien** (Schwalbe) zu. Die Alliierten gaben diesem Flugzeug später den Beinamen »Tony«. Die erste Serienausführung griff ab April 1943 von Neuguinea aus in das Kampfgeschehen ein, und wies rasch nach, dass sie gegen die alliierten Jäger bestehen konnte. Bei Produktionsende, im Januar 1945, waren 2666 Exemplare gebaut. Die Entwicklung der verbesserten Version **Ki-61-II** hatte im August 1942 begonnen, aber bis Januar 1945, als die Fertigungsstätten des Kawasaki-Motors Ha-140 bei einem Luftangriff der USAAF zerstört wurden, kamen nur 99 Maschinen zur Auslieferung. Sie konnte die Boeing B-29 der USAAF in der Marschflughöhe von 9145 m abfangen. Am 1. Februar 1945 flog der Prototyp des **Ki-100** mit dem Mitsubishi-Sternmotor Ha-112-II. Sie galt als das beste japanische Jagdflugzeug im Pazifikkrieg. *Fotos: Ki-61-I (oben), Ki-61-II (unten).*

Technische Daten: Spannweite 12 m; Länge 8,94 m; Höhe 3,70 m; Tragflügelfläche 20 m². **Gewicht:** Leergewicht 2630 kg; max. Startgewicht 3470 kg; **Triebwerk:** Kawasaki Ha-40 mit 809 kW (1100 PS). **Leistung:** Höchstgeschwindigkeit 590 km/h; Dienstgipfelhöhe 10.000 m; Einsatzreichweite 1800 km. **Bewaffnung:** zwei 20-mm-Kanonen, zwei 12,7-mm-Maschinengewehre und eine Bombenlast bis zu 240 kg. **Besatzung:** 1. *Die Daten beziehen sich auf die Ki-61-I KAI-b.*

Gebaute Versionen: Ki-61, Ki-61-Ia, Ki-61-Ib, Ki-61-I KAI-a, Ki-61-II KAI-b, Ki-61-I KAI-c, Ki-61-I KAI-d, Ki-61-II, Ki-61-II KAI-a, Ki-61-II KAI-b, Ki-61-III, Ki-100, Ki-100-Ia, Ki-100-Ib, Ki-100-II.

Einsatzländer: Japan.

Visitenkarte

Land
Japan

Typ
Jagdbomber

Antrieb
Sternmotor

Jungfernflug
Dezember 1941

Gebaute Exemplare
3078

Gebaute Versionen
15

Einsatzländer
1

Lawotschkin LaGG-3/La-7

Visitenkarte

Land
UdSSR

Typ
Abfangjäger

Antrieb
Sternmotor

Jungfernflug
30. März 1939

Gebaute Exemplare
22.171

Gebaute Versionen
18

Semjon A. Lawotschkin schloss sich 1938 mit V. P. Gorbunow und M. I. Gudkow zusammen, um einen neuen Jagdeinsitzer zu konstruieren. Der Prototyp **LaGG-1** enttäuschte nach den ersten Testflügen und so kam es durch wesentliche Verbesserungen zum zweiten Modell **LaGG-3,** das sich als robust und widerstandsfähig im Kampfeinsatz erwies. Es wurden 6528 Exemplare gebaut. Ende 1941 baute Lawotschkin den Schwezow-Sternmotor M-82 in den weiterentwickelten Prototyp **LaGG-5** ein und verbesserte damit nicht nur die Geschwindigkeit, sondern auch die Höhenleistung des Jägers. Nur wenige Wochen später ging man zur **La-5** mit abgeflachtem Hinterrumpf über, um den Einbau eines Kabinendaches zu ermöglichen, das dem Jagdpiloten eine günstigere Rundumsicht bot. Von der leicht verbesserten Version **La-5FN** wurden rund 10.000 Exemplare in Serie gebaut. Die Weiterentwicklung zum Abfangjäger und Trainer für große Höhen führte zur **La-7** und **La-7UTI** mit dem gleichen Triebwerk, aber erhöhtem Leistungsvermögen. Die Produktion der **La-7/-7UTI** belief sich auf über 5500 Exemplare, die noch im Zweiten Weltkrieg zum Einsatz kamen. *Fotos: La-7UTI (oben), La-7R (unten).*

Technische Daten: Spannweite 9,80 m; Länge 8,60 m; Höhe 2,54 m; Tragflügelfläche 17,50 m². **Gewicht:** Leergewicht 2800 kg; max. Startgewicht 3360 kg; **Triebwerk:** Schwezow-M-82FN (ASh-82FN)-Sternmotor mit 1250 kW (1700 PS). **Leistung:** Höchstgeschwindigkeit 640 km/h; Dienstgipfelhöhe 11.000 m; Einsatzreichweite 765 km. **Bewaffnung:** zwei 20-mm-Kanonen, zwei 150-kg-Bomben oder sechs 82-mm-Raketen. **Besatzung:** 1. *Die Daten beziehen sich auf die La-5FN.*

Gebaute Versionen: LaGG-3, LaG-5, La-5, La-5FN, La-5UTI, La-5TK, La-5FN/41, La-120, La-7, La-7UTI, La-7K, La-7/ASh-71, La-7/ASh-83, La-7R, La-120R, La-7S, La-7/PVRD, La-126.

Einsatzländer: UdSSR (auch in die Ostblockstaaten in der Nachkriegszeit).

Lockheed P-38 Lightning

Die ungewöhnliche Auslegung der **Lockheed P-38 Lightning** ging auf eine Aufforderung des USAAC von 1937 nach einem Hochleistungsjäger zurück. Verlangt wurde eine Spitzengeschwindigkeit, Steigleistung und Reichweite, die ein übliches einmotoriges Flugzeug nicht erbringen konnte. Lockheed entschied sich für die Entwicklung eines zweimotorigen Jagdbombers. Ein Zwillingsrumpf nahm die Motoren, Turbolader, Kühlanlagen und die Haupträder des Dreibein-Fahrwerks auf und unterstützte gleichzeitig das Leitwerk. Die Bordkanonen sowie das Bugrad konnten im Nasenteil der Cockpitgondel eingebaut werden. Obwohl der Prototyp bei einem Testflug nach 12 Flugstunden verloren ging, gab es genug Beweise für die USAAC, dass diese Maschine die notwendigen Anforderungen erbrachte, so erging 1939 der Auftrag über 13 Vorserienjäger **YP-38.** Ende 1941 folgte die Indienststellung der **Lightning.** Insgesamt wurden 9923 Exemplare dieses Flugzeugs produziert. Die USAAF setzte den Typ auf allen Kriegsschauplätzen ein. Das amerikanische »Ass der Fliegerasse«, Major Richard I. Bong, errang alle seine 40 Luftsiege im Pazifikraum mit einer P-38. Auf dem europäischen Kriegsschauplatz waren P-38 hauptsächlich bei der 9. Air Force eingesetzt. Nach dem Sieg über Japan wurden die noch nicht ausgeführten Bestellungen storniert und die Lightning bis 1949 aus dem Truppendienst herausgelöst.
Technische Daten: Spannweite 15,85 m; Länge 11,53 m; Höhe 3 m; Tragflügelfläche 30,42 m^2. **Gewicht:** Leergewicht 5805 kg; max. Startgewicht 9798 kg. **Triebwerk:** zwei Allison V-1710-111/113-Reihenmotoren mit je 1193 kW (1622 PS). **Leistung:** Höchstgeschwindigkeit 666 km/h; Dienstgipfelhöhe 13.410 m; Einsatzreichweite 4184 km. **Bewaffnung:** eine 20-mm-Kanone, vier 12,7-mm-Maschinengewehre und eine Bombenlast bis zu 1814 kg. **Besatzung:** 1. *Die Daten beziehen sich auf die P-38L.*
Gebaute Versionen: XP-38, YP-38, XP-38A, P-38D, P-38E, P-38F, P-38F-15, P-38G, P-38H, P-38J, P-38K, P-38L, P-38L-5, P-38M, TP-38L, F-4-1, F-4A-1, F-5A, F-5B, F-5C, F-5E, F-5F, F-5F-3, F-5G-6.
Einsatzländer: Australien, China, Frankreich, Großbritannien, Honduras, Italien, Portugal, Vereinigte Staaten.

Visitenkarte

Land
Vereinigte Staaten

Typ
Jagdbomber

Antrieb
zwei Reihenmotoren

Jungfernflug
27. Januar 1939

Gebaute Exemplare
9923

Gebaute Versionen
24

Einsatzländer
8

Lockheed Constellation

Visitenkarte

Land
Vereinigte Staaten

Typ
Langstrecken-Verkehrsflugzeug

Antrieb
vier Sternmotoren

Jungfernflug
9. Januar 1943

Gebaute Exemplare
856

Gebaute Versionen
44

Der Entwurf der **Lockheed L-49** begann 1939 entsprechend den Anforderungen, den Pan Am, später TWA, an ein Passagierflugzeug mit 40 Sitzen für den US-Inlandsverkehr gestellt hatten. Als der Zweite Weltkrieg ausbrach wurden die gefertigten Flugzeuge der USAAF als Truppentransporter **C-69** zur Verfügung gestellt. Die erste Maschine flog am 9. Januar 1943, und 22 Exemplare nahmen den Wehrdienst auf, bis sie 1946 nach der Kapitulations Japans in den Liniendienst eingesetzt wurden. Lockheed setzte die Produktion ziviler Luftfahrzeuge fort. Die ersten rein zivilen **Constellation-**Verkehrsflugzeuge waren Lockheed **L-649,** die in einer luxuriös ausgestatteten Kabine zwischen 48 und 81 Passagieren Platz bot. Die längere Version dieses Flugzeugs wurde 1949 unter der Bezeichnung **L-1049 Super Constellation** für maximal 109 Passagiere gefertigt. Der letzte Airliner-Abkömmling der Constellation war die **L-1649A Starliner** mit einem völlig neu konstruierten Tragwerk, größerer Spannweite und einer enorm erweiterten Treibstoffanlage. Als die Produktion Ende der Fünfzigerjahre auslief, waren insgesamt 856 Maschinen aller Versionen für den zivilen und militärischen Bereich gebaut worden. *Fotos: EC-121T (oben), C-121A (unten).*

Technische Daten: Spannweite 45,72 m; Länge 35,42 m; Höhe 7,54 m; Tragflügelfläche 171,87 m^2. **Gewicht:** Leergewicht 41.570 kg; max. Startgewicht 72.575 kg. **Triebwerk:** vier Wright 988TC-18EA-2-Sternmotoren mit je 2535 kW (3447 PS). **Leistung:** Höchstgeschwindigkeit 606 km/h; Dienstgipfelhöhe 7225 m; Einsatzreichweite 7950 km. **Besatzung:** 2, mehrere Flugbegleiter. **Passagiere:** bis zu 109. *Die Daten beziehen sich auf die L-1649A.*

Gebaute Versionen: L-49, C-69, L-049, L-649, L-649A, L-749, L-749A, L-1049, L-1049C, L-1049D, L-1049E, L-1049G, L-1049H, L-1649, L-1649A, C-69C, C-121A, VC-121A, VC-121B, PO-1W, R7O-1, R7V-1P, R7V-2, EC-121K, EC-121L, EC-121M, WC-121N, C-121C, JC-121C, RC-121C, VC-121C, EC-121D, VC-121E, YC-121F, C-121G, EC-121H, EC-121J, JC-121K, NC-121K, EC-121P, EC-121Q, EC-121R, EC-121S, EC-121T.

Lockheed F-104 Starfighter

Visitenkarte

Land
Vereinigte Staaten

Typ
Mehrzweckkampfflugzeug

Antrieb
Strahltriebwerk mit Nachbrenner

Jungfernflug
7. Februar 1954

Gebaute Exemplare
2576

Gebaute Versionen
18

Einsatzländer
15

Chefingenieur Kelly Johnson konstruierte ein trapezförmiges Tragwerk geringer Spannweite mit einer maximalen Dicke von 10,16 cm. Das Höhenleitwerk thronte praktisch auf der Seitenflosse, und der auf das Triebwerk General Electric J79 zugeschnittene Rumpf bewirkte, dass nur wenig Installationsraum für Ausrüstungskomponenten zur Verfügung stand. So bot der **Starfighter,** wie die **Lockheed F-104** genannt wurde, nicht einmal Raum für ein Abfangradar. Nach weiteren Entwicklungen und Testflügen wurde der Starfighter im Januar 1958 zur Truppenverwendung freigegeben. Durch die lange Wartezeit verlor die USAF das Interesse und bezog lediglich 296 Exemplare. Allerdings entschied sich eine Gruppe von NATO-Ländern, angeführt von der BRD, zur Produktion einer verbesserten Version für ihre Luftstreitkräfte. Im Rahmen dieses Bauprogramms wurde der Starfighter von Belgien, Italien, den Niederlanden und in der BRD für die NATO-Streitkräfte sowie in Kanada und in Japan gefertigt. Bei Einstellung der Produktion waren zusätzlich 2282 F-104 Starfighter gebaut worden. Die letzte Entwicklung nahm Aeritalia/Alenia vor, die 150 F-104 der italienischen Luftwaffe zukommen ließ. Diese **F-104S-ASA** (Aggiornamento Sistemi d'Arma) befinden sich weiterhin im aktiven Einsatz. Diese Flugzeuge sind seit 1990 im Truppendienst. *Fotos: F-104S (oben), TF-104G (unten).*

Technische Daten: Spannweite 6,68 m; Länge 19,69 m; Höhe 4,15 m; Tragflügelfläche 18,22 m^2. **Gewicht:** Leergewicht 6390 kg; max. Startgewicht 13.054 kg; **Triebwerk:** General Electric J79-GE-11A-Strahltriebwerk mit 7165 kp Schub mit Nachbrenner. **Leistung:** Höchstgeschwindigkeit 2200 km/h; Dienstgipfelhöhe 16.745 m; Einsatzreichweite 3200 km. **Bewaffnung:** eine 20-mm-Kanone und eine Bombenlast bis zu 1815 kg. **Besatzung:** 1. *Die Daten beziehen sich auf die F-104G.*

Gebaute Versionen: XF-104, YF-104A, F-104A, NF-104A, QF-104A, F-104B, F-104C, F-104D, F-104DJ, F-104F, F-104G, CF-104, CF-104D, RF-104G, TF-104G, F-104J, UF-104J, F-104S.

Einsatzländer: Belgien, Kanada, Dänemark, Deutschland, Japan, Jordanien, Griechenland, Italien, Norwegen, Niederlande, Pakistan, Spanien, Vereinigte Staaten, Taiwan, Türkei.

Lockheed C-130 Hercules

Visitenkarte

Land
Vereinigte Staaten

Typ
Mittel-/ Langstrecken-Transportflugzeug

Antrieb
vier Propellerturbinen

Jungfernflug
23. August 1954

Gebaute Exemplare
über 2100 (noch in Produktion)

Gebaute Versionen
über 100

Einsatzländer
64

Die Geschichte der **Lockheed C-130 Hercules** gleicht einem endlosen Fortsetzungsroman, denn dieses bemerkenswertes Transportflugzeug befindet sich seit mehr als 35 Jahren in Produktion. Es beruht auf einer Entscheidung der USAF von 1951, eine Flotte von Turboprop-Transportflugzeugen für den MATS, jetzt Military Airlift Command (MAC) und für das Tactical Air Command (TAC) zu beschaffen. Die Hercules ist ein Hochdecker mit einem hochgezogenen Hinterrumpf, dessen Unterseite man zu einer hydraulisch betätigten Laderampe ausarbeitete. Der erste von zwei Prototypen **YC-130** flog am 23. August 1954. Die Serienmaschine **C-130A** hob am 7. April 1955 zum ersten Mal vom Boden ab, und die Auslieferung an TAC begann im Dezember 1956. Seitdem wurden weltweit über 2000 Hercules bei Streitkräften und zivilen Organisationen in Dienst gestellt. Die **JC-130B** ist eine **C-130B,** ausgerüstet zur Bergung von Satelliten-Datenkapseln im Flug. Die **HC-130E** wurde zur Bergung von Besatzungen für den Aerospace Rescue and Recovery Service von einer **C-130E** umgebaut, und die **MC-130E** wurde für Geheimoperationen herangezogen und war eine umgebaute **HC-130E.** Die neueste militärische Aufführung ist die **C-130J Advanced Hercules,** die Lockheed 1989 als Nachfolgemodell für den großen C-130E-Bestand der USAF anbot. Sie hat ein »Glas-Cockpit« für zwei Flugzeugführer, moderne Avioniksysteme, einschließlich HUD, und leistungsstärkere Turboprop-Triebwerke T56 der Serie IV. *Fotos: DC-130 (oben), C-130H (unten).*

Technische Daten: Spannweite 40,41 m; Länge 29,79 m; Höhe 11,61 m; Tragflügelfläche 162,11 m². **Gewicht:** Leergewicht 34.702 kg; max. Startgewicht 79.379 kg. **Triebwerk:** vier Allison T56-A-15LFE-Propellerturbinen mit je 3362 kW (4572 WPS). **Leistung:** Höchstgeschwindigkeit 650 km/h; Dienstgipfelhöhe 10.058 m; Einsatzreichweite 3602 km, mit einer Ladung von 18.140 kg. **Besatzung:** 4. *Die Daten beziehen sich auf die C-130H.*

Gebaute Versionen (Hauptmodelle): C-130A, C-130B, C-130E, MC-130, WC-130, C-130H, C-130H-30, AC-130, DC-130, EC-130, HC-130, KC-130, LC-130, C-130J, L-100, L-100-30, L-100J.

Einsatzländer: Algerien, Saudi-Arabien, Argentinien, Australien, Belgien, Brasilien, Kanada, Dänemark, Ägypten, Frankreich, Japan, Jordanien, Großbritannien, Griechenland, Israel, Italien, Marokko, Norwegen, Neuseeland, Portugal, Rumänien, Spanien, Vereinigte Staaten, Schweden, Taiwan, Türkei.

Lockheed U-2

Die **Lockheed U-2** ist ein strategisches Aufklärungsflugzeug, das Mitte der Fünfzigerjahre gebaut wurde. Entwurf und Konstruktion waren streng geheim in den so genannten »Skunk Works« (Fuchsbau) der Firma durchgeführt worden. Seine außerordentliche Höhen- und Langstreckenleistung verdankte der Typ dem Triebwerk und der Auslegung der Tragflächen, die durch die große Spannweite, ähnlich dem Segelflugzeug, eine Steigerung der Gleitzahl und somit der Reichweite ermöglichten, indem man das Triebwerk auf Leerlauf stellte und die Maschine über weite Strecken segeln ließ. Die U-2 war für den Einsatz in extremen Höhen vorgesehen, in denen eine Erfassung und ein Abfangen als unwahrscheinlich galt. Trotzdem wurde am 1. Mai 1960 Gary Powers Maschine von einer sowjetischen Boden-Luft-Rakete abgeschossen. Der Pilot konnte sich retten, doch kam er in Gefangenschaft. Die Beziehung der beiden Supermächte erlangte damals einen neuen Tiefpunkt. Der Wert der U-2 wurde 1962 unter Beweis gestellt, als mit dieser die Aufstellung ballistischer Flugköper auf Kuba aufgedeckt wurden. *Foto: U-2R.*
Technische Daten: Spannweite 31,39 m; Länge 19,20 m; Höhe 5,18 m; Tragflügelfläche 92,90 m². **Gewicht:** Leergewicht 8074 kg; max. Startgewicht 18.145 kg; **Triebwerk:** General Electric F118-GE-101-Strahltriebwerk mit 8626 kp Schub. **Leistung:** Höchstgeschwindigkeit 750 km/h; Dienstgipfelhöhe 27.400 m; max. Einsatzreichweite 7050 km. **Besatzung:** 1. *Die Daten beziehen sich auf die Lockheed U-2S.*

Visitenkarte

Land
Vereinigte Staaten

Typ
Höhenaufklärungsflugzeug

Antrieb
Strahltriebwerk

Jungfernflug
1. August 1955

Gebaute Exemplare
über 80

Gebaute Versionen
14

Einsatzländer
1

Lockheed L-1011 TriStar

Das Lockheed-Großraumflugzug mit der Bezeichnung Lockheed **L-1011 TriStar** sollte den Anforderungen an eine Verkehrsmaschine mit hoher Sitzplatzkapazität für den Kurz- und Mittelstreckenbetrieb bei American Airlines entsprechen. Die Konstruktion begann 1968, und am 17. November 1970 startete die erste Maschine zum Jungfernflug. Der freitragende Tiefdecker mit 35°-Pfeilung wird von drei Mantelstromtriebwerken angetrieben. Er bot Platz für 256 bis 400 Passagiere. Nach der ersten Serienversion **L-1011-1** ging die **L-1011-100** in Dienst, die für größere Reichweiten mehr Treibstoff mitführen konnte. Es folgten weitere Versionen. Enttäuscht über den schwachen Absatz gab Lockheed 1981 bekannt, dass man sich mit der TriStar-Produktion vom Marktsektor für strahlgetriebene Verkehrsflugzeuge zurückziehe.
Technische Daten: Spannweite 50,09 m; Länge 50,05 m; Höhe 16,87 m; Tragflügelfläche 320 m². **Gewicht:** Leergewicht 111.300 kg; max. Startgewicht 228.600 kg. **Triebwerk:** drei Rolls-Royce RB.211-524B-Strahltriebwerke mit je 22.680 kp Schub. **Leistung:** Höchstgeschwindigkeit 950 km/h; Dienstgipfelhöhe 13.100 m; Einsatzreichweite 9700 km, mit vollem Tank. **Besatzung:** 2, mehrere Flugbegleiter. **Passagiere:** bis zu 330. *Die Daten beziehen sich auf die L-1011-500.*

Visitenkarte

Land
Vereinigte Staaten

Typ
Langstrecken-Verkehrsflugzeug

Antrieb
drei Strahltriebwerke

Jungfernflug
16. November 1970

Gebaute Exemplare
250

Gebaute Versionen
4

Lockheed SR-71 Blackbird

Visitenkarte

Land
Vereinigte Staaten

Typ
zweisitziges Aufklärungsflugzeug

Antrieb
zwei Strahltriebwerke

Jungfernflug
30. April 1962

Gebaute Exemplare
50

Gebaute Versionen
9

Einsatzländer
1

Eines der geheimnisvollsten Flugzeuge in der Geschichte der Luftfahrt ist zweifelsohne die **Lockheed Blackbird,** die dem genialen Geist des Flugzeugkonstrukteurs Kelly Johnson zuzuschreiben ist. Die **A-12** und die Nachfolgerin **YF-12A** bildeten die Grundlage der **Lockheed SR-71A Blackbird** für das Strategic Air Command (SAC) der USAF. Die zweisitzige SR-71A wurde weitgehend aus Titan gefertigt, um die strukturelle Integrität der Zelle bei extremer Reibungshitze zu erhalten, denn bei Geschwindigkeiten oberhalb Mach 3 können einige Komponenten Temperaturen bis 3000 °C erreichen. Da der aerodynamische Luftwiderstand bei zunehmender Geschwindigkeit enorm ansteigt, entschied man sich für einen möglichst schlanken Rumpf mit dünnen Tragflächen in Verbindung mit Integralkimmen an den vorderen Rumpfseiten, um ein Absinken des Bugs bei zunehmender Geschwindigkeit zu verhindern. Der erste Prototyp der Blackbird trat im Januar 1966 seinen Dienst bei der 42000 Strategic Reconnaissance Wing in Beale, Kalifornien, an. Man nimmt an, dass ungefähr 32 solcher Flugzeuge gebaut wurden, alles Doppelsitzer, von denen man zwei Exemplare später zu Ausbildungsmaschinen **SR-71B** und eine weitere Maschine zur **SR-71C** modifizierte. Bis 1988 sank die Stärke auf sechs Exemplare und im November 1989 folgte die komplette Ausmusterung. Man nimmt an, dass ein Nachfolger der Blackbird mit dem Decknamen »Aurora« in der Entwicklung ist. *Fotos: SR-71B.*

Technische Daten: Spannweite 16,94 m; Länge 32,74 m; Höhe 5,64 m; Tragflügelfläche 167,22 m². **Gewicht:** Leergewicht 27.216 kg; max. Startgewicht 77.110 kg. **Triebwerk:** zwei Strahltriebwerke Pratt & Whitney J58 mit je 14.750 kp Schub mit Nachbrenner. **Leistung:** Höchstgeschwindigkeit 3220 km/h; Dienstgipfelhöhe 25.900 m; Einsatzreichweite 4800 km. **Besatzung:** 2. *Die Daten beziehen sich auf die SR-71A.*

Gebaute Versionen: A-12, A-12B, M-21/D-21, YF-12A, F-12B, YF-12C, SR-71A, SR-71B, SR-71C.

Einsatzländer: Vereinigte Staaten.

Lockheed S-3 Viking

Angesichts der zunehmenden Drohung der sowjetischen Atom-U-Boote forderte die US Navy eine neue Generation von U-Boot-Jagdflugzeugen bereitzustellen. Lockheed in Zusammenarbeit mit Vought Aeronautics antwortete 1969 mit dem Prototyp **Lockheed S-3A Viking.** Diese Maschine ist ein Hochdecker für den trägergestützten Einsatz mit hydraulisch beiklappbaren Tragflächen, Einziehfahrwerk und einer druckbelüfteten, klimatisierten Kabine für eine vierköpfige Besatzung. Das Flugzeug trat am 20. Februar 1974 bei der US-Marinestaffel VS-41 in Dienst. 1981 erhielt Lockheed einen Auftrag im Wert von 14,5 Millionen US-Dollar zur Verbesserung des Viking-Waffensystems. Das Ergebnis war die **S-3B,** die unter anderem auch Schiffsbekämpfungsflugkörper vom Typ Harpoon mitführen konnte. Sechs Viking wurden als **US-3A** gebaut und dienten zur Verbindung und Versorgung zwischen der Küste und den Flugzeugträgern. Der Prototyp **ES-3A** für elektronische Aufklärungsflüge absolvierte 1991 seinen Jungfernflug und trat 1992 in Dienst. *Foto: S-3B*

Technische Daten: Spannweite 20,93 m; Länge 16,26 m; Tragflügelfläche 55,55 m². **Gewicht:** Leergewicht 12.500 kg; max. Startgewicht 21.590 kg. **Triebwerk:** zwei General Electric TF34-GE-400_Mantelstromtriebwerke mit je 4200 kp Schub. **Leistung:** Höchstgeschwindigkeit 834 km/h; Dienstgipfelhöhe 10.668 m; Einsatzreichweite 3700 km. **Bewaffnung:** Bombenlast bis zu 1400 kg, Minen und Torpedos. **Besatzung:** 4. *Die Daten beziehen sich auf die S-3B.*

Visitenkarte

Land
Vereinigte Staaten

Typ
Patrouillen- und U-Boot-Jagdflugzeug

Antrieb
zwei Mantelstromtriebwerke

Jungfernflug
21. Januar 1972

Gebaute Exemplare
187

Gebaute Versionen
5

Einsatzländer
1

Lockheed F-117 Nighthawk

Nahezu 15 Jahre lang blieb die **Lockheed F-117A** ein Geheimprojekt. Dieser Entwurf erhielt den Zuschlag innerhalb der XST-Ausschreibung (Experimental Stealth Technology = experimentelle Tarnkappen-Technologie), die von der DARPA (Defense Advanced Research Projects Agency) in den Jahren 1975/76 durchgeführt wurde. Der Auftrag ging 1976 unter dem Decknamen »Have Blue« an Lockheed. Testergebnisse führten zur Entwicklung zweier Prototypen **YF-117A-LO,** und es folgten 57 seriengefertigte **F-117A.** Die F-117A wurde 1983 einsatzbereit erklärt, aber die Maschinen flogen nur nachts vom geheimen Stützpunkt Tonopah aus. Erst 1989 begann der Flugbetrieb bei Tageslicht. Der darauf folgende Einsatz erfolgte beim Golfkrieg im Januar 1991. Die F-117A, von ihren Piloten **»Nighthawk«** genannt, wurde erstmals im Dezember 1989 in Panama gefechtsmäßig eingesetzt. Diese Maschine ist das Ergebnis eines Entwurfkonzepts, das auf minimale Radarsignaturen eines Luftfahrzeugs abzielt. Die eckigen, facettenreichen Konturen dienen dazu, die auftretende Radarenergie zu streuen und in gewissen Bereichen zu schlucken. Das mit 67° außerordentlich scharf zurückgepfeilte Tragwerk spiegelt die hochkomplexe Aerodynamik wider.

Technische Daten: Spannweite 13,20 m; Länge 20,09 m; Höhe 3,78 m; Tragflügelfläche 84,82 m². **Gewicht:** max. Startgewicht 23.814 kg. **Triebwerk:** zwei General Electric F404-GE-F1D2-Mantelstromtriebwerke mit je 4903 kp Schub. **Leistung:** Höchstgeschwindigkeit 1040 km/h; Dienstgipfelhöhe 11.100 m. **Bewaffnung:** eine Bombenlast bis zu 2268 kg. **Besatzung:** 1. *Die Daten beziehen sich auf die F-117A.*

Visitenkarte

Land
Vereinigte Staaten

Typ
Tarnkappen-Jagdbomber

Antrieb
zwei Mantelstromtriebwerke

Jungfernflug
18. Juni 1981

Gebaute Exemplare
64

Gebaute Versionen
2

Einsatzländer
1

Lockheed C-5 Galaxy

Visitenkarte

Land
Vereinigte Staaten

Typ
Transportflugzeug

Antrieb
vier Strahltriebwerke

Jungfernflug
30. Juni 1968

Gebaute Exemplare
131

Gebaute Versionen
3

Einsatzländer
1

Lockheeds Angebot auf die Forderung nach einem strategischen Transportflugzeug, das die Lockheed **C-141** ergänzen und von den gleichen Flugplätzen aus operieren können sollte, wurde im Oktober 1965 von der USAF angenommen. Die Konstruktion des Prototyps begann im August 1966, und die inzwischen **Lockheed C-5A Galaxy** bezeichnete Maschine flog erstmals am 30. Juni 1968. Die ersten Exemplare wurden an Military Airlift Command (MAC) am 17. Dezember 1969 übergeben. Die Galaxy ist ähnlich ausgelegt wie die C-141 StarLifter, aber viel größer, und weist ein Unterdeck auf, das auf einer Länge von 36,91 m und einer Breite von 5,79 m eine ungehinderte Ladefläche bietet. Die Maschine hatte einen aufklappbaren Bug und ein 28-rädriges Einziehfahrwerk, das auch den Betrieb auf unbefestigten Flugfeldern gestattet. Ende der Siebzigerjahre kommt es zu einem schweren Rückschlag – ein neues Tragwerk musste entworfen werden. Nachdem man dies mit einer **C-5A** im Flug erprobt hatte, durchliefen alle 77 verbliebenen Galaxy ein Nachrüstungsprogramm. 1982 wird eine neue Galaxy-Serie genehmigt, und die erste von 50 **C-5B** flog am 10. September 1985. Das letzte Exemplar rollte 1989 aus dem Lockheed-Werk. *Fotos: C-5B.*

Technische Daten: Spannweite 67,88 m; Länge 75,51 m; Höhe 19,85 m; Tragflügelfläche 576 m². **Gewicht:** Leergewicht 169.645 kg; max. Startgewicht 381.018 kg. **Triebwerk:** vier General Electric TF39-GE-1C-Strahltriebwerke mit je 19.520 kp Schub. **Leistung:** Höchstgeschwindigkeit 919 km/h; Dienstgipfelhöhe 10.895 m; Einsatzreichweite 5480 km, mit max. Ladung von 118.000 kg. **Besatzung:** 5. *Die Daten beziehen sich auf die C-5B.*

Gebaute Versionen: C-5A, C-5B, C-5C.

Einsatzländer: Vereinigte Staaten.

McDonnell Douglas DC-10/MD-11

Die Konstruktion der **McDonnell Douglas DC-10** wurde 1966 eingeleitet, um den Anforderungen von American Airlines für ein Verkehrsflugzeug mit großer Kapazität zu genügen. Nachdem diese Fluggesellschaft für 50 Exemplare gezeichnet hatte und Aufträge von United Airlines über 30 Maschinen vorlagen, ging die DC-10 in Serie. Im Vergleich zur **DC-9** hatte diese Maschine die zwei Gondeltriebwerke unter den Tragflächen und nahm ein drittes im Leitwerkssockel auf. Am 29. Juli 1971 erging die Modellzulassung, und eine Woche später, am 5. August, führte American Airlines den Typ im Liniendienst ein. Ende 1977 entschied sich die USAF, die DC-10 als fortschrittlichen Lufttanker/Luftfrachter zu beschaffen. Insgesamt wurden 60 Exemplare des Typs **KC-10A Extender** bis April 1990 an die USAF geliefert. Seit dem 10. Januar 1990 ist das Modell **MD-11** auf dem Markt. Diese Maschine ist eine um 5,66 m gestreckte DC-10 mit neuen Außenflächen samt Flügelohren, neuem Leitwerk und einem Zweimann-Cockpit. Ende November 1990 begann man mit der Auslieferung der ersten Serienflugzeuge an Finnair. Bis 1995 gingen Bestellungen für 264 Exemplare ein. *Fotos: MD-11 (oben), KC-10A (unten).*

Technische Daten: Spannweite 51,77 m; Länge 61,37 m; Höhe 17,65 m; Tragflügelfläche 338,91 m². **Gewicht:** Leergewicht 130.165 kg; max. Startgewicht 273.314 kg. **Triebwerk:** drei General Electric CF6-80C2D1F-Strahltriebwerke mit je 27.600 kp Schub oder Pratt & Whitney PW4460 mit je 27.200 kp Schub (oder PW4462 mit je 28.100 kp). **Leistung:** Höchstgeschwindigkeit 946 km/h; Dienstgipfelhöhe 10.500 m; Einsatzreichweite 12.665 km. **Besatzung:** 2, mehrere Flugbegleiter. **Passagiere:** 298. *Die Daten beziehen sich auf die MD-11.*

Gebaute Versionen: DC-10 Serie 10, Serie 10CF, Serie 15, Serie 30, Serie 30CF, Serie 30ER, Serie 40, KC-10A, KDC-10, MD-11, MD-11ER, MD-11 Combi, MD-11CF, MD-11 Freighter, KMD-11.

Visitenkarte

Land
Vereinigte Staaten

Typ
Langstrecken-Verkehrsflugzeug

Antrieb
vier Strahltriebwerke

Jungfernflug
29. August 1970

Gebaute Exemplare
624 (noch in Produktion)

Gebaute Versionen
15

McDonnell F-4 Phantom II

Visitenkarte

Land
Vereinigte Staaten

Typ
Jagdbomber

Antrieb
zwei Strahltriebwerke

Jungfernflug
27. Mai 1958

Gebaute Exemplare
5197

Gebaute Versionen
29

Einsatzländer
12

Die Geschichte der **Mc Donnell F-4 Phantom II** begann im September 1953, als die Firma Studien für einen zweistrahligen Allwetterjäger aufnahm, der die McDonnell **F3H Demon** bei der US Navy ablösen sollte. Im Juli 1955 erhielt die Firma den Auftrag zwei Prototypen, **XF4H-1** und fünf Vorserienmaschinen **Phantom II** zu bauen. Die Leistungen des Flugzeugs erwiesen sich als bemerkenswert. Bei einem Kampfradius von 467 km konnte sie bis zu zwei Stunden in der Luft bleiben, und als erstes Kampfflugzeug der Welt war sie in der Lage, Ziele ohne Unterstützung durch bodengestützte Radaranlagen zu erfassen. Die US Navy bestellte unverzüglich die erste Serienversion **F4H-1** (1962 in **F-4A** umbenannt). Sogar die USAF, die aus Tradition keine Flugzeugtypen der US Navy beschaffte, bestellte 653 Exemplare des Typs **F-110A** (später **F-4C**). Die verschiedensten Versionen wurden entwickelt, unter anderen der Aufklärer **RF-4** und die **EF-4,** spezialisiert auf die elektronische Kampfführung. Die Phantom wurde intensiv in Südostasien eingesetzt und spielte seitdem bei Frontgeschwadern der Luftstreitkräfte Ägyptens, Griechenlands, des Iran, Israels, Japans, Spaniens, der Türkei, Großbritanniens, der USA und Deutschland eine wichtige Rolle, die ihr auch im 21. Jahrhundert erhalten bleibt. *Fotos: F-4N (oben), F-4G (unten).*

Technische Daten: Spannweite 11,68 m; Länge 19,20 m; Höhe 5,03 m; Tragflügelfläche 49,24 m². **Gewicht:** Leergewicht 13.770 kg; max. Startgewicht 27.965 kg. **Triebwerk:** zwei General Electric J79-GE-17-Strahltriebwerke mit je 8119 kp Schub mit Nachbrenner. **Leistung:** Höchstgeschwindigkeit 2390 km/h; Dienstgipfelhöhe 18.975 m; Einsatzreichweite 1450 km. **Bewaffnung:** eine 20-mm-Kanone, 8 Luft-Luft-Raketen und eine Bombenlast bis zu 7250 kg. **Besatzung:** 2. *Die Daten beziehen sich auf die F-4E.*

Gebaute Versionen: XF4H-1, F-4A, F-4B, EF-4B, NF-4B, QF-4B, RF-4B, F-4C, EF-4C, YRF-4C, RF-4C, F-4D, EF-4D, YF-4E, F-4E, F-4EJ, RF-4E, F-4F, F-4G, YF-4J, F-4J, F-4K, F-4M, F-4N, F-4S, QF-4E, QF-4N, F-4F ICE, Phantom 2000.

Einsatzländer: Australien, Südkorea, Ägypten, Deutschland, Japan, Großbritannien, Griechenland, Iran, Israel, Spanien, Vereinigte Staaten, Türkei.

MDD C-17 Globemaster III

Visitenkarte

Land
Vereinigte Staaten

Typ
Langstrecken-Schwerfrachtflugzeug

Antrieb
vier Mantelstromtriebwerke

Jungfernflug
15. September 1991

Gebaute Exemplare
120 in Bestellung (noch in Produktion)

Gebaute Versionen
2

Einsatzländer
1

1981 erhielt McDonnell Douglas den Zuschlag in der Ausschreibung der USAF für die Entwicklung eines Langstrecken-Schwerfrachtflugzeugs mit der Bezeichnung **C-17A.** Das neue Modell sollte die Lastenkapazität der C-5 Galaxy mit der STOL-Leistung der C-130 Hercules verbinden. Nach Testflügen von drei Prototypen ging im Dezember 1985 eine offizielle Bestellung ein. Die in den Strahl der vier Gondeltriebwerke ausgelenkten Auftriebshilfen lassen einen steilen Sinkflug und extrem kurze Lande- und Startstrecken zu. Die im Flug betankbare C-17A, ausgestattet mit einer elektronisch signalisierten Flugsteuerung von GEC und NACA-Flügelohren und einem weitgehend automatisierten Flugdeck, kommt mit einer Dreimann-Crew aus. Die C-17A kann bis zu 102 Fallschirmjäger oder Apache-Kampfhubschrauber AH-64, Kampfpanzer M1Abram oder Fünftonner-Lkw transportieren. Im Frühjahr 1995 waren 19 Flugzeuge ausgeliefert und weitere 12 sind in Fertigung. *Foto: C-17A.*

Technische Daten: Spannweite 51,76 m; Länge 53,04 m; Höhe 16,79 m; Tragflügelfläche 353,03 m². **Gewicht:** Leergewicht 122.015 kg; max. Startgewicht 265.351 kg. **Triebwerk:** vier Pratt & Whitney F117-PW-100-Mantelstromtriebwerke mit je 18.900 kp Schub. **Leistung:** Höchstgeschwindigkeit 960 km/h; Dienstgipfelhöhe 13.715 m; Einsatzreichweite 4445 km (mit einer Nutzlast von 71.200 kg). **Besatzung:** 3.

Gebaute Versionen: YC-17, C-17A.

Einsatzländer: Vereinigte Staaten.

McDonnell Douglas F-15 Eagle

Visitenkarte

Land
Vereinigte Staaten

Typ
Überschalljäger

Antrieb
zwei Turbofan-Triebwerke mit Nachbrenner

Jungfernflug
27. Juli 1972

Gebaute Exemplare
etwa 1496

Gebaute Versionen
9

Einsatzländer
4

Nach mehr als dreijährigen Konstruktionsstudien für einen fortschrittlichen Luftüberlegenheitsjäger wurde **McDonnell Douglas** im Dezember 1969 zum Hauptvertragsnehmer erklärt und mit dem Bau von 20 **F-15 Eagle** zur Entwicklung und Flugerprobung beauftragt. Dieser Auftrag setzte sich aus 18 Einsitzern **F-15A** und zwei Doppelsitzern **TF-15A** (später **F-15B**) zusammen. Im Sommer 1979 geben die F-15A und F-15B die Fertigungsstrecke für die verbesserte **F-15C** in einsitziger und zweisitziger Ausführung frei. Die neue **Eagle**-Version bietet eine erhöhte Kapazität für Interntreibstoff, eine völlig erneuerte Einsatzavionik und FAST-Pakete (Fuel And Sensor Tactical). Um die ETF-Forderung (Enhanced Tactical Fighter) der USAF zu erfüllen, entwickelten McDonnell Douglas und Hughes die **F-15E Strike Eagle.** Dieser Eagle-Zweisitzer ist für Fernabriegelungseinsätze bestimmt, hat aber eine echte Doppelrolle, da er seine volle Luftkampffähigkeit bewahrte. Die **F-15E** hat eine überarbeitete Flugsteuerungsanlage, Multifunktions-Bildschirme für Navigation und Waffeneinsatz. Ihre Feuertaufe erhielt die F-15E im Jahre 1991 über dem Irak, als zwei Jagdstaffeln an der »Operation Desert Storm« teilnahmen. Die **F-15A/B/D/** der USAF durchlief das MSIP (Multi-Stage Improvement Programme = Verbesserungsprogramm). Insgesamt hat die USAF 209 Exemplare dieses Typs beschafft, deren Lieferung 1991 abgeschlossen war. *Fotos: F-15E (oben), F-15A (unten).*

Technische Daten: Spannweite 13,05 m; Länge 19,45 m; Höhe 5,63 m; Tragflügelfläche 56,49 m². **Gewicht:** Leergewicht 14.515 kg; max. Startgewicht 36.740 kg. **Triebwerk:** zwei Turbofan-Triebwerke Pratt & Whitney F100-PW-229 mit je 13.200 kp Schub mit Nachbrenner. **Leistung:** Höchstgeschwindigkeit 2500 km/h; Dienstgipfelhöhe 18.290 m; Einsatzreichweite 4445 km. **Bewaffnung:** eine 20-mm-Kanone und eine Bombenlast bis zu 11.113 kg. **Besatzung:** 2. *Die Daten beziehen sich auf die F-15E.*

Gebaute Versionen: F-15A, F-15B, F-15C, F-15D, F-15E, F-15J, F-15DJ, F-15S, F-15I.

Einsatzländer: Saudi-Arabien, Japan, Israel, Vereinigte Staaten.

MDD-Northrop F/A-18 Hornet

1974 begann unter dem Programmtitel VFAX die Studie für ein Mehrzweck-Jagdflugzeug zum Einsatz bei der US Navy. Northrop und MDD reichten einen gemeinsamen Konstruktionsvorschlag ein. Das Navy Air Combat Fighter (NACF) genannte Projekt wurde begrüßt, und 1976 ließ man verlauten, dass die Vollentwicklung zweier einsitziger Versionen eingeleitet werden soll, der **F-18** und der **A-18** als Abfangjäger bzw. Jagdbomber. Die später **Hornet** (Hornisse) getaufte Maschine ist ein freitragender Mitteldecker mit Klappflächen mit zwei Mantelstromtriebwerken General Electric F404-GE-400. Nachdem alle 11 Flugzeuge die Testflüge absolvierten, wurde im Mai 1980 die erste seriengefertigte **F/A-18A** der US Navy übergeben. Insgesamt wurden von der US Navy und den Marines 1366 Exemplare vorgesehen, später aber auf weniger als 1000 Exemplare reduziert. Die verbesserte einsitzige Version **F/A-18C** flog am 3. September 1986, 1987 folgte der Zweisitzer **F/A-18D.** Durch neue Avioniksysteme und Fluginstrumentierung ist dieses Flugzeug nun besser für Nachtangriffe gerüstet und hat zudem eine größere Flugkörperkapazität. Weitere Entwicklungen ergaben die **F/A-18E** und **F/A-18F** mit gestrecktem Rumpf zur Steigerung der Reichweite. Auf dem Exportsektor überzeugte die Hornet die Luftstreitkräfte einiger Länder. Der erste F/A-18E flog am 29. November 1995 und wird voraussichtlich im Jahr 2001 in Dienst treten, um die **F-14** und die **F/A-18A/B** zu ersetzen. *Fotos: F/A-18F (oben), F/A-18A (unten).*

Technische Daten: Spannweite 11,43; Länge 17,07 m; Höhe 4,66 m; Tragflügelfläche 37,16 m². **Gewicht:** Leergewicht 10.810 kg; max. Startgewicht 25.400 kg. **Triebwerk:** zwei Mantelstromtriebwerke General Electric F404-GE-402 mit je 8030 kp Schub. **Leistung:** Höchstgeschwindigkeit 2000 km/h; Dienstgipfelhöhe 15.240 m; Einsatzreichweite 1500 km. **Bewaffnung:** eine 20-mm-Kanone und eine Bombenlast bis zu 8165 kg. **Besatzung:** 1. *Die Daten beziehen sich auf die F/A-18C.*

Gebaute Versionen: F/A-18A, F/A-18B, F/A-18C, F/A-18D, F/A-18E, F/A-18F.
Einsatzländer: Australien, Kanada, Finnland, Kuwait, Malaysia, Spanien, Vereinigte Staaten, Schweiz.

Visitenkarte

Land
Vereinigte Staaten

Typ
Jagdbomber

Antrieb
zwei Mantelstromtriebwerke

Jungfernflug
18. November 1978

Gebaute Exemplare
etwa 1400 (noch in Produktion)

Gebaute Versionen
6

Einsatzländer
8

McDonnell Douglas-BAe Harrier II

Visitenkarte

Land
Vereinigte Staaten, Großbritannien

Typ
Jagdbomber

Antrieb
Mantelstromtriebwerk

Jungfernflug
9. November 1978

Gebaute Exemplare
451

Gebaute Versionen
10

Einsatzländer
4

Die guten Erfahrungen des USMC mit dem Senkrechtstarter AV-8A Harrier von Hawker Siddeley (HSA) veranlassten McDonnell Douglas (MDC) und HSA gemeinsam eine verbesserte Version dieses Kampfflugzeugs für das amerikanische Marinekorps zu entwickeln. Als die britische Regierung sich gegen dieses Projekt aussprach, gingen beide Firmen ihren eigenen Weg. Die **Harrier II** hatte leichtere Verbundwerkstoffe, bessere Lenkbarkeit, ein verstärktes Fahrwerk und zusätzliche Waffenträger unter den Tragflächen. Nach einem erfolgreichen Testflugprogramm mit zwei **YAV-8B,** die aus einer modifizierten **AV-8A** hervorgegangen war, gab man im August 1981 die **AV-8B Harrier II** zur Produktion frei und betraute die britische Firma und MDC mit der Ausführung. Alle R.A.F.-Harrier wurden inzwischen dem Standard **GR Mk.7** angepasst, der im Großen und Ganzen dem des US Night Attack **AV-8B** entspricht. Die ersten Harrier II beider Fertigungsstrecken gingen im Oktober 1983 an das USMC. Lieferungen der Harrier **GR Mk.5** an die R.A.F. begannen im Mai 1987. Ein weitere Verbesserung ist die **Harrier II Plus,** eine maritime Jagdbomberversion des AV-8B mit dem Hughes-Suchradar AN/APG-65 im Rumpfbug. *Fotos: T Mk.10 (oben), AV-8B Plus (unten).*

Technische Daten: Spannweite 9,25 m; Länge 14,12 m; Höhe 3,56 m; Tragflügelfläche 21,37 m². **Gewicht:** Leergewicht 6335 kg; max. Startgewicht 14.060 kg; **Triebwerk:** Rolls-Royce Pegasus 11-61(F402-RR-408A)-Mantelstromtriebwerk mit 10.800 kp Schub. **Leistung:** Höchstgeschwindigkeit 1100 km/h; Dienstgipfelhöhe 3335 km. **Bewaffnung:** eine Bombenlast bis zu 6000 kg, ein oder zwei 25-mm-Kanonen und zugehörige Munition in Behältern, acht Stationen unter den Tragflächen für sechs Luft-Luft-Lenkraketen AIM-9 Sidewinder oder vier lasergelenkte Luft-Boden-Flugkörper Maverick. **Besatzung:** 1. *Die Daten beziehen sich auf die AV-8B.*

Gebaute Versionen: YAV-8B, AV-8B, TAV-8B, AV-8B Plus, EAV-8B, TEAV-8B, Harrier GR Mk.5, Mk.5A, Mk.7 T, Mk.10.

Einsatzländer: Großbritannien, Italien, Spanien, Vereinigte Staaten.

Messerschmitt Bf. 109

Die **Messerschmitt Bf. 109** war eines der besten Jagdflugzeuge in der Geschichte der Luftwaffe und das meistgebaute Flugzeug der Welt. In zehn Jahren wurden über 70 Modelle und mehr als 30.000 Exemplare davon hergestellt. Der Trick lag im einfachen Aufbau und der hohen Flexibilität der Zelle. Der Prototyp **V-1** hatte einen Rolls-Royce-Kestrel-Motor mit 512 kW (695 PS), während das Modell **K-4** von einem DB-605 angetrieben wurde mit etwa 1470 kW (2000 PS). Die Bf.109 war im Spanischen Bürgerkrieg eingehend erprobt worden. Mit der als **Me 209** bezeichneten Spezialversion gelang es dem Messerschmitt-Testpiloten Fritz Wendel am 20. April 1939 mit 755,138 km/h den Geschwindigkeits-Weltrekord nach Deutschland zu holen. Die **»Emil«** war eine ausgezeichnete Maschine und erreichte höhere Abschusszahlen unter den alliierten Gegnern als jedes andere Flugzeug des Zweiten Weltkrieges. Bis 1938 steigerte sich die Produktion enorm, sodass nun auch Arado, Erla, Focke-Wulf und Fieseler diesen Jäger herstellten. Als der Zweite Weltkrieg ausbrach, befanden sich bei der Luftwaffe mehr als 1000 Bf.109 im Dienst. Im September 1942 erschien die berühmte Version **109G** mit Druckkabine und einem stärkeren Motor. Das Flugzeug wurde in Lizenz in Ungarn, in der ehemaligen Tschechoslowakei und Spanien gebaut. Die ersten **Ha-1109-J1L,** die von Messerschmitt und Hispano-Suiza gebaut wurden, flogen Anfang März 1945. Spätere Versionen hatten dann einen Rolls-Royce-Merlin-Motor. Diese Jäger blieben bis 1957 im Einsatz. *Fotos: Bf.109G (oben), Bf.109F (unten).*

Technische Daten: Spannweite 9,92 m; Länge 9,02 m; Höhe 3,40 m; Tragflügelfläche 16,05 m². **Gewicht:** Leergewicht 2670 kg; max. Startgewicht 3150 kg; **Triebwerk:** Daimler-Benz DB 605AM-Motor mit 1325 kW (1800 PS). **Leistung:** Höchstgeschwindigkeit 621 km/h; Dienstgipfelhöhe 11.750 m; Einsatzreichweite 720 km. **Bewaffnung:** drei 30-mm-Kanonen und zwei 13-mm-Maschinengewehre. **Besatzung:** 1. *Die Daten beziehen sich auf die Bf.109G-6/U4.*

Gebaute Versionen (nur Hauptmodelle): Bf.109V-1, V-2, 3, 4, Bf.109B-0, B-1, B-2, V10, V13, Bf.109C-0, C-1, C-2, Bf.109D-0, D-1, D-2, D-3, V14, Bf.109E-0, E-1, E-1/B, E-2, E-3, E-4, E-4/B, E-4/N, E-5, E-6, E-7, E-8, E-9, Bf.109F-0, F-1, F-2, F-3, F-4, F-4/B, F-5, F-6, Bf.109G-0, G-1, G-2, G-3, G-5, G-6, G-8, G-10, G-12, G-14, G-16, Bf.109H-0, H-1, H-2, H-3, H-5, Bf.109K-0, K-2, K-4, K-6, K-14, Bf.109T-0, T-1, T-2, Bf.109Z, HA-1019-JI1, 1019-K1L, 1019-M1L, HA-1112-K1L, HA-1110-K1L, S-99, S-199, CS-199.

Einsatzländer: Bulgarien, ehemalige Tschechoslowakei, Kroatien, Finnland, Deutschland, Japan, Israel, Italien, Jugoslawien, Rumänien, Slowakei, Spanien, Schweiz, Ungarn, ehemalige UdSSR.

Visitenkarte

Land
Deutschland

Typ
Jagdeinsitzer

Antrieb
Reihenmotor

Jungfernflug
September 1935

Gebaute Exemplare
über 31.887

Gebaute Versionen
über 70

Einsatzländer
15

Messerschmitt Bf.108 Taifun

Visitenkarte

Land
Deutschland

Typ
Allzweckflugzeug

Antrieb
Reihenmotor

Jungfernflug
März 1934

Gebaute Exemplare
1170

Gebaute Versionen
4

Einsatzländer
10

Die **Messerschmitt M.37,** später **Bf.108** Taifun genannt, wurde aus dem bis zum Ausbruch des Zweiten Weltkrieges besten Kunstflugzeug entwickelt. Von den sechs Prototypen, die speziell für den Europarundflug von 1937 bestellt wurden, schnitt kein einziges als Sieger ab. Der freitragende Ganzmetall-Tiefdecker mit einziehbarem Hauptfahrwerk, Schleifsporn und einer viersitzigen Kabine schaffte es jedoch, dank seines hohen Leistungsvermögens, gegen Ende der Dreißigerjahre einige Rekordflüge zu gewinnen und wurde schließlich von der Luftwaffe als Verbindungs-, Versorgungs- und Zielschleppmaschine eingesetzt. Einige Exemplare wurden auch exportiert. In Deutschland bis 1942 in Produktion, die man dann zum SNCAN-Werk nach Les Mureaux bei Paris auslagerte (285 Exemplare).
Technische Daten: Spannweite 10,50 m; Länge 8,30 m; Höhe 2,30 m; Tragflügelfläche 16,40 m^2. **Gewicht:** Leergewicht 880 kg; max. Startgewicht 1385 kg; **Triebwerk:** Argus As 10C-Reihenmotor mit 177 kW (240 PS). **Leistung:** Höchstgeschwindigkeit 300 km/h; Dienstgipfelhöhe 5000 m; Einsatzreichweite 1000 km. **Besatzung:** 1. **Passagiere:** bis zu 3. *Die Daten beziehen sich auf die Bf.108B.*

Messerschmitt Bf.110

Visitenkarte

Land
Deutschland

Typ
Nachtjäger

Antrieb
zwei Reihenmotoren

Jungfernflug
12. Mai 1936

Gebaute Exemplare
6170

Gebaute Versionen
über 37

Einsatzländer
4

Die **Messerschmitt Bf.110** war das Angebot des Herstellers auf die Forderung der Luftwaffe nach einem zweimotorigen Jäger. Von dem Tiefdecker mit einziehbarem Bugradfahrwerk wurde die Vorserie **Bf.110A-0** gebaut und mit einem Junkers Jumo 210Da-Motor ausgestattet, dessen Leistung jedoch ungenügend war. Erst die Verfügbarkeit des DB 601A ermöglichte den Übergang zur **Bf.110C,** die im Januar 1939 an die Erprobungsstellen der Luftwaffe gingen. Noch im gleichen Jahr wurde mit der Serienproduktion begonnen. Der neue Jäger bewies seine Qualitäten erstmals im Polenfeldzug. 1940 sah sich die Bf.110 jedoch erstmals mit Jagdeinsitzern der Gegenseite konfrontiert und zeigte sich einer Hurricane oder Spitfire nicht gewachsen und erlitt in der Schlacht um England schwere Verluste. Vorübergehend wird die Bf.110 als Aufklärer eingesetzt, findet aber bald seine wirkliche Bestimmung als Nachtjäger. Mit der Entwicklung des Nachtjagd-Radargerätes Lichtenstein erzielte die Luftwaffe große Wirkung im Kampf. *Foto: Bf.110C.*
Technische Daten: Spannweite 16,25 m; Länge 13,05 m; Höhe 4,18 m; Tragflügelfläche 39,40 m^2. **Gewicht:** Leergewicht 5090 kg; max. Startgewicht 9890 kg. **Triebwerk:** zwei Daimler-Benz DB-605B-1 mit je 1086 kW (1475 PS). **Leistung:** Höchstgeschwindigkeit 550 km/h; Dienstgipfelhöhe 8000 m; Einsatzreichweite 2100 km. **Bewaffnung:** zwei 30-mm-Kanonen, zwei 20-mm-Kanonen und zwei 7,92-mm-Maschinengewehre. **Besatzung:** 3. *Die Daten beziehen sich auf die Bf.110G-4a/R3.*

Messerschmitt Me 163 Komet

Der bemerkenswerte Raketenjäger **Messerschmitt 163 Komet** wurde aus den schwanzlosen Segelflugzeugkonstruktionen entwickelt, mit denen sich Alexander Lippisch jahrelang befasst hatte. 1939 begann er das antriebslose Segelflugzeug DFS 194 auf einen Walter-Raketenmotor mit einer Leistung von 400 kp Schub abzustimmen. Nach gelungenen Tests erhielt Messerschmitt den Bauauftrag von sechs solcher Versuchsjäger mit der Bezeichnung **Me 163A.** Es traten jedoch zahlreiche Entwicklungsprobleme auf: Der Raketenmotor mit seinem hochexplosiven Flüssigtreibstoff und den nach dem Start abzusprengenden Radkarren sowie die einziehbare Landekufe. Umfangreiche Konstruktionsänderungen gingen der Bestellung von 70 Punktabfangjägern **Me 163B Komet** voraus. Die Versuchsjäger erhielten die Bezeichnung **Me 163Ba-1,** die ersten Abfangjäger **Me 163B-1a** wurden im Mai 1944 ausgeliefert. Am 28. Juli jenes Jahres flog dieser Typ seinen ersten Kampfeinsatz, als fünf Me 163 der 1./JG 400 einen Bomberverband Boeing B-17 angriffen.

Technische Daten: Spannweite 9,32 m; Länge 5,84 m; Höhe 2,77 m; Tragflügelfläche 18,50 m² **Gewicht:** Leergewicht 1905 kg; max. Startgewicht 4110 kg; **Triebwerk:** Walter HWK 509A-2-Raketenmotor mit 1700 kp Schub. **Leistung:** Höchstgeschwindigkeit 960 km/h; Dienstgipfelhöhe 12.100 m; Zeit für angetriebenen Flug: 7 Minuten 30 Sekunden; **Bewaffnung:** zwei 30-mm-Kanonen. **Besatzung:** 1. *Die Daten beziehen sich auf die Me 163B-1a.*

Visitenkarte

Land
Deutschland

Typ
Abfangjäger

Antrieb
Raketenmotor

Jungfernflug
3. Juni 1940

Gebaute Exemplare
etwa 400

Gebaute Versionen
8

Einsatzländer
2

Messerschmitt Me 323

Der riesige Lastensegler Messerschmitt **Me 321 »Gigant«** war ursprünglich zum Transport von Panzern, Geschützen und Truppen für die Invasion Englands gedacht. Der Prototyp Me 321 hatte einen Frachtraum von 11 m Länge, 3,30 m Höhe und konnte eine Ladung bis zu 20.000 kg oder 200 Soldaten aufnehmen. Beim Erstflug am 25. Februar 1941 diente eine Junkers Ju 90 als Schleppmaschine. Das Ergebnis war zufriedenstellend. Nach einer Bestellung von 100 Serienlastenseglern **Me 321A-1** beauftragte man Messerschmitt mit der Entwicklung eines weiteren Prototypen **Me 323D,** ein eigenstartfähiges Segellastenflugzeug mit sechs Gnome-Rhône-Sternmotoren. Die seriengefertigte Me 323D konnte eine Nutzlast von 9750 kg oder 120 voll ausgerüstete Soldaten oder 60 Verwundetete auf Tragen samt Sanitätspersonal über Entfernungen bis zu 1000 km transportieren. Nach Auslieferungsbeginn im August 1942 nahmen Großraumlastensegler Transporteinsätze über das Mittelmeer hinweg zur Unterstützung der deutschen und italienischen Truppen in Nordafrika auf. Mitte April 1943 griffen R.A.F.-Jäger einen Verband von 16 Me 323 an und zerstörten 14 Maschinen.

Technische Daten: Spannweite 55 m; Länge 28,50 m; Höhe 9,60 m; Tragflügelfläche 300 m². **Gewicht:** Leergewicht 29.060 kg; max. Startgewicht 45.000 kg. **Triebwerk:** sechs Gnome-Rhône 14N-Sternmotoren mit je 839 kW (1140 PS). **Leistung:** Höchstgeschwindigkeit 240 km/h; Dienstgipfelhöhe 4500 m; Einsatzreichweite 1300 km. **Bewaffnung:** vier 13-mm-Maschinengewehre. **Besatzung:** 9. *Die Daten beziehen sich auf die Me 323E-2.*

Visitenkarte

Land
Deutschland

Typ
Großraumtransportflugzeug

Antrieb
sechs Sternmotoren

Jungfernflug
1942

Gebaute Exemplare
etwa 200

Gebaute Versionen
15

Einsatzländer
1

Messerschmitt Me 262

Visitenkarte

Land
Deutschland

Typ
Abfangjäger

Antrieb
zwei Strahlturbinen

Jungfernflug
18. April 1941

Gebaute Exemplare
1433

Gebaute Versionen
17

Einsatzländer
1

Die **Messerschmitt Me 262** war das erste einsatzfähige Düsenjagdflugzeug der Welt und ging als solches in die Luftfahrtgeschichte ein. Als im Herbst 1938 erste Daten der bei BMW und Junkers in der Entwicklung befindlichen neuartigen Luftstrahlturbinen zur Verfügung standen, wurde Messerschmitt vom RLM mit der Konstruktion eines Jagdflugzeugs beauftragt, das zwei solche Motoren als Antrieb erhalten sollte. Die Me 262 war ein freitragender Tiefdecker, dessen Triebwerke man in Gondeln bei etwa einem Drittel der Spannweite unter das Tragwerk gehängt hatte. Der BMW-Motor erbrachte nicht das gewünschte Ergebnis und so wurde der dritte Prototyp **Me 262 V-3,** der erstmals am 18. Juli 1942 flog, mit zwei Jumo 004A-Strahlturbinen mit je 840 kp Schub ausgestattet. Nach einer weiteren Verbesserung des Motors trafen die ersten Serienjäger **Me 262A-1a** im Juli 1944 bei der Luftwaffe ein. Insgesamt wurden 1433 Exemplare gebaut, und zweifellos hätte die Me 262 bei rechzeitigem Einsatz den Ausgang des Luftkrieges zugunsten Deutschlands beeinflussen können, da Bombenangriffe auf Deutschland bei Tage für die Alliierten zu riskant gewesen wären. Die Me 262 erwies sich als äußerst effektives Kampfflugzeug, das einen Bomberverband zunächst mit einer Salve von 24R4M (Rakete, 4 kg, Minengeschoss) eindeckte und ihm dann mit dem Feuer seiner 30-mm-Kanonen unerbittlich nachsetzte. Obwohl die Me 262 erheblich schneller waren als die alliierten Begleitjäger mit Kolbenmotorantrieb, wurden doch viele von ihnen im Luftgefecht abgeschossen, weil sie nicht die gleiche Manövrierfähigkeit besaßen. *Fotos: oben Me 262B-2, unten Me 262A.*
Technische Daten: Spannweite 12,50 m; Länge 10,58 m; Höhe 3,83 m; Tragflügelfläche 21,73 m². **Gewicht:** Leergewicht 3795 kg; max. Startgewicht 6387 kg. **Triebwerk:** zwei Junkers Jumo 004B-1-Strahlturbinen mit je 900 kp Schub. **Leistung:** Höchstgeschwindigkeit 870 km/h; Dienstgipfelhöhe 12.200 m; Einsatzreichweite 1050 km. **Bewaffnung:** vier 30-mm-Kanonen. **Besatzung:** 1. *Die Daten beziehen sich auf die Me 262A-1a.*
Gebaute Versionen: Me 262V-1, V-2, V-3, V-4, V-5, V-6, V-7, A-0, A-1a, A-2a, A-3a, A-5a, B-1a, B-1a/U1, B-2a, C-1a, C-2b.
Einsatzländer: Deutschland.

MBB HFB 320 Hansa

Visitenkarte

Land
Deutschland

Typ
Transport-/Ausbildungsflugzeug

Antrieb
zwei Strahltriebwerke

Jungfernflug
21. April 1964

Gebaute Exemplare
45

Gebaute Versionen
3

Die **HFB 320 Hansa,** die die Hamburger Flugzeugbau GmbH vor ihrer Verbindung mit Messerschmitt-Bölkow entwarf, war als Geschäftsreise- und Zubringerflugzeug mit zwei Strahltriebwerken in eigenwilliger Auslegung konzipiert. Dem freitragenden Mitteldecker gab man eine negative Pfeilung von 15°, außerdem zählten permanente Zusatztanks an den Flächenenden, ein T-Leitwerk, ein einziehbares Bugrad-Fahrwerk und zwei beidseitig am Hinterrumpf in Gondeln montierte Strahltriebwerke zu den weiteren spezifischen Konfigurationsmerkmalen. Die ersten Serien-Hansa flogen am 2. Februar 1966. Allerdings konnte sich das Flugzeug am Markt nicht behaupten. Die Bundeswehr erwarb 14 Exemplare. Die für den V.I.P.-Transport und zur Ausbildung eingesetzten Maschinen wurden im Juni 1994 ausgemustert.
Technische Daten: Spannweite 14,49 m; Länge 16,61 m; Höhe 4,94 m; Tragflügelfläche 30,14 m². **Gewicht:** Leergewicht 5425 kg; max. Startgewicht 9200 kg. **Triebwerk:** zwei General Electric CJ610-9-Strahltriebwerke mit je 1406 kp Schub. **Leistung:** Höchstgeschwindigkeit 825 km/h; Dienstgipfelhöhe 12.200 m; Einsatzreichweite 2370 km. **Besatzung:** 2. **Passagiere:** bis zu 8.

MBB BO 105

Visitenkarte

Land
Deutschland

Typ
Mehrzweckhubschrauber

Antrieb
zwei Wellenturbinen

Jungfernflug
16. Februar 1967

Gebaute Exemplare
über 1300 (noch in Produktion)

Gebaute Versionen
12

Der Entwurf des leichten Mehrzweckhubschraubers **MBB BO 105** begann im Jahr 1962, und ab 1964 fanden im Rahmen eines Auftrags der Bundesregierung Bodentests mit dem neuartigen gelenklosen Rotor, der im zweiten Prototyp verwendet wurde, statt. Die erste Serienausführung war der **BO 105 C,** der 1975 vom **BO 105CB,** der noch immer produziert wird, abgelöst wurde. Die Bundeswehr bestellte insgesamt 439 BO 105, davon 227 **BO 105M (VBH)** Verbindungs- und Beobachtungshubschrauber, und 212 **BO 105P (PAH-1)** zur Panzerabwehr mit sechs Euromissile-HOT-Lenkraketen. Weitere Abnehmer sind die mexikanische Marine und das spanische Heer. Weiters setzen diese Maschine u. a. Südafrika, Brunei, die Niederlande, Kanada und Schweden ein. Die aktuelle Serienversion ist der **BO 105CBS-5,** auch als **EC Super Five** bekannt. Die Produktion dieses Modells läuft zugunsten des **BO 108/EC 135** aus.
Technische Daten: Hauptrotordurchmesser 9,84 m; Länge 11,86 m; Höhe 3 m; Hauptrotorkreisfläche 76,05 m². **Gewicht:** Leergewicht 1301 kg; max. Startgewicht 2500 kg. **Triebwerk:** zwei Allison 250-C20B-Wellenturbinen mit je 309 kW (420 WPS). **Leistung:** Höchstgeschwindigkeit 242 km/h; Dienstgipfelhöhe 3050 m; Einsatzreichweite 555 km. **Besatzung:** 1. **Passagiere:** 4-5. *Die Daten beziehen sich auf die BO 105CBS.*

Mikojan-Gurewitsch MiG-15

Visitenkarte

Land
ehemalige UdSSR

Typ
Jagdbomber

Antrieb
Strahltriebwerk

Jungfernflug
30. Dezember 1947

Gebaute Exemplare
über 9000

Gebaute Versionen
16

Einsatzländer
36

Um den dringenden Bedarf der UdSSR an einem Hochleistungs-Strahljäger zu decken, befasste sich das MiG-Büro mit dem Entwurf eines Mitteldeckers, dessen freitragende Flügel um 35° zurückgepfeilt waren. Der Mangel an leistungsfähigen Strahltriebwerken wurde von der britischen Regierung gelöst, indem sie Rolls-Royce erlaubte, eine Reihe von Nene-Aggregaten in die UdSSR zu exportieren. Klimow beeilte sich, eine Kopie dieses Triebwerks zu entwickeln. Der erste Prototyp **I-310** flog Ende 1947. Nach weiterer Flugerprobung wurde das Modell 1948 zur Serienfertigung zugelassen. Anfang 1949 erfolgte die Indienststellung dieses Düsenjägers unter der Bezeichnung **Mikojan-Gurewitsch MiG-15** (NATO-Bezeichnung »Fagot«). Im selben Jahr starteten auch die verbesserte Ausgabe **MiG-15BIS** und der Doppelsitzer **MiG-15UTI** (»Midget«) zum Jungfernflug. Der erste Kampfeinsatz der MiG-15 im November 1950 während des Koreakrieges bedeutete für den Westen eine unangenehme Überraschung. Der einzige Konkurrent war die F-86 Sabre, doch die MiG-15 konnte schneller steigen und engere Kurven ziehen. Insgesamt wurden mehrere tausend Exemplare dieses Typs gebaut, der auch in Lizenz in der ehemaligen Tschechoslowakei als **A-102** und **S-102** und in Polen als **LIM-1** und **2 (3)** produziert wurde. Ersatzteile und Hauptbaugruppen wurden auch in China hergestellt. Nach der Verabschiedung aus den Einsatzverbänden baute man viele MiG-15-Einsitzer zu zweisitzigen Schulflugzeugen um. Bis in die Achtzigerjahre blieb dieses Flugzeug im Dienst vieler osteuropäischer Staaten. *Fotos: MiG-15UTI (oben), LIM-2 (unten).*

Technische Daten: Spannweite 10,08 m; Länge 10,86 m; Höhe 3,70 m; Tragflügelfläche 20,60 m². **Gewicht:** Leergewicht 3680 kg; max. Startgewicht 6045 kg; **Triebwerk:** Klimow VK-1-Strahltriebwerk mit 2700 kp Schub. **Leistung:** Höchstgeschwindigkeit 1075 km/h; Dienstgipfelhöhe 15.500 m; Einsatzreichweite 1860 km. **Bewaffnung:** eine 37-mm-Kanone, zwei 23-mm-Kanonen und eine Bombenlast bis zu 500 kg. **Besatzung:** 1. *Die Daten beziehen sich auf die MiG-15BIS.*

Gebaute Versionen: I-310, MiG-15, MiG-15BIS, MiG-15UTI, S-102, S-103, CS-102, LIM-1, LIM-2, LIM-3, MiG-15P, MiG-15SB, MiG-15SP-5, MiG-15T, MiG-15BIS-T, MiG-15R.

Einsatzländer: Afghanistan, Albanien, Algerien, Angola, Bangladesh, Bulgarien, Kambodscha, ehemalige Tschechoslowakei, China, Kongo, Nordkorea, Kuba, Ägypten, Finnland, ehemalige DDR, Guinea, Guinea-Bissau, Irak, ehemaliges Jugoslawien, Mali, Mongolei, Mosambik, Nigeria, Pakistan, Polen, Rumänien, Syrien, Somalia, Sri Lanka, Sudan, Tansania, Uganda, Ungarn, ehemalige UdSSR, Vietnam, Jemen.

Mikojan-Gurewitsch MiG-21

1953 wurde die Nachfrage stärker für ein noch leistungsfähigeres Kampfflugzeug mit einer kürzeren Einsatzreichweite. 1955 schuf das MiG-Büro die E-50, den ersten einer Reihe von Prototypen, bei denen man sich im Bereich der Zelle bemüht hatte. Für die erste **Je-50** verwendete man noch einen RD-9E-Motor, da das neue Strahltriebwerk R-11 von Tumanskij noch nicht fertig gestellt war. Im Juni 1956 war es so weit, dass die **Je-2A** und die **J-5** mit dem neuen Motor in die Luft stieg. Nach den Erprobungsflügen entschied man sich für die J-5, die mit dem neuen Deltatragwerk die besseren Leistungen aufwies. Die **MiG-21** wurde zur Serienfertigung freigegeben. Doch erst nach dem Test eines weiteren Prototyps **J-6** und einigen Verbesserungsarbeiten lief die Serienproduktion 1958 an. Die NATO-Bezeichnung für den Einsitzer war »Fishbed« und für den späteren Doppelsitzer »Mongol«. Bis heute hat die MiG-21 von ihrer weltweiten Anerkennung nichts verloren. Das liegt einmal daran, dass die MiG-21 in mehr Versionen und größerer Stückzahl gebaut wurde als jedes andere Jagdflugzeug nach dem Zweiten Weltkrieg. Ihre zahlreichen Versionen waren die Antwort der Konstrukteure auf anstehende Probleme in der Entwicklung dieses Jägers. Die MiG-21 erreichte die längste Einsatz- und Produktionsdauer in der Geschichte der militärischen Fliegerei, und es ist noch kein Ende abzusehen. Mit der MiG-21 waren Luftwaffen von 50 Ländern ausgerüstet. *Fotos: MiG-21BIS (oben), MiG-21UM (unten).*

Technische Daten: Spannweite 7,15 m; Länge 15,75 m; Höhe 4,10 m; Tragflügelfläche 23 m². **Gewicht:** Leergewicht 5843 kg; max. Startgewicht 10.400 kg; **Triebwerk:** Sojus-Gawrilow-R-25-300-Strahltriebwerk mit 7500 kp Schub mit Nachbrenner. **Leistung:** Höchstgeschwindigkeit 2175 km/h; Dienstgipfelhöhe 17.500 m; Einsatzreichweite 1470 km. **Bewaffnung:** eine 23-mm-Kanone GSch-23 mit zwei Rohren im Anbaubehälter unter dem Rumpf und eine Bombenlast bis zu 1200 kg. **Besatzung:** 1. *Die Daten beziehen sich auf die MiG-21BIS.*

Gebaute Versionen: E-5, E-6, MiG-21F, MiG-21F-13, MiG-21PF, MiG-21PFV, MiG-21PFS, MiG-21PFM, MiG-21FL, MiG-21R, MiG-21S, MiG-21SM, MiG-21M, MiG-21MF, MiG-21SMT, MiG-21ST, MiG-21MT, MiG-21BIS, MiG-21U, MiG-21US, MiG-21UM, MiG-21-93, MiG-21-2000, J-7 II, F-7A, J-7 II, F-7L, F-7M, F-7P, F-7MP, J-7 III, J-7E, JJ-7, FT-7.

Einsatzländer: Afghanistan, Albanien, Algerien, Angola, Aserbaidschan, Bangladesh, Bulgarien, Kambodscha, ehemalige Tschechoslowakei, China, Kongo, Nordkorea, Kroatien, Kuba, Ägypten, Äthiopien, Finnland, ehemalige DDR, Guinea, Indien, Iran, Irak, ehemaliges Jugoslawien, Laos, Libyen, Madagaskar, Mali, Mongolei, Montenegro, Mosambik, Nigeria, Pakistan, Polen, Tschechische Republik, Slowakische Republik, Rumänien, Syrien, Somalia, Sri Lanka, Vereinigte Staaten, Sudan, Tansania, Uganda, Ungarn, ehemalige UdSSR, Vietnam, Jemen, Sambia, Simbabwe.

Visitenkarte

Land
ehemalige UdSSR

Typ
Mehrzweckjäger

Antrieb
Strahltriebwerk

Jungfernflug
9. Januar 1956

Gebaute Exemplare
über 11.950

Gebaute Versionen
34

Einsatzländer
49

Mikojan-Gurewitsch MiG-29

Visitenkarte

Land
ehemalige UdSSR

Typ
Überschall-Jagdbomber

Antrieb
zwei Strahltriebwerke

Jungfernflug
6. Oktober 1977

Gebaute Exemplare
über 1450 (noch in Produktion)

Gebaute Versionen
13

Einsatzländer
25

Die **MiG-29,** die auf einer Forderung von 1972 nach einem Ersatz für die MiG-21, MiG-23, Su-15 und Su-17 der sowjetischen Luftstreitkräfte basierte, flog erstmals am 6. Oktober 1977. Die Mitte der Achtzigerjahre eingeführte MiG-29 zeigt zwar die für hohe Agilität erforderliche Vermischung von Rumpf und Tragwerk, besitzt aber keine elektronisch signalisierte Flugsteuerung (FBW). Der Pilot hat ein am Helm montiertes Visier neben dem Frontscheibe-Sichtgerät. Zur weiteren Sensorenausrüstung gehören das kohärente Impuls-Doppelradar NO-93 und ein kombiniertes Infrarotsystem für Zielsuche, Verfolgungs- und Entfernungsmessung. Diese Ausrüstung in Verbindung mit den modernsten sowjetischen Flugkörpern befähigt die »Fulcrum« (NATO-Bezeichnung) speziell zur Bekämpfung tief fliegender Ziele aus der Überhöhung. Es gab zwei Vorserien, bevor die derzeitige »Fulcrum-A« 1988 mit Düppel- und Fackelwerfern in verlängerten Rückenflossen vorgeführt wurde. Am 1. Juli 1986 wurde das Flugzeug bei der Basis von Kuopio in Finnland der Öffentlichkeit vorgeführt. Weitere Versionen sind die **MiG-29M** »Improved Fulcrum«, die erstmals 1989 flog: ausgerüstet mit schubstärkeren RD-33K, Quadruples-FBW-Flugsteuerung und einem EFIS-Cockpit. Die **MiG-33** »Fulcrum-Plus« ist angeblich die ultimative Weiterentwicklung dieses Modells und hätte Mitte der Neunzigerjahre in Dienst gehen sollen. *Fotos: MiG-29UB (oben), MiG-29 (unten).*

Technische Daten: Spannweite 11,36 m; Länge 17,37 m; Höhe 4,73 m; Tragflügelfläche 38,10 m^2. **Gewicht:** Leergewicht 11.900 kg; max. Startgewicht 22.000 kg. **Triebwerk:** zwei Klimow/Sarkisow RD-33-Strahltriebwerke mit je 8300 kp Schub mit Nachbrenner. **Leistung:** Höchstgeschwindigkeit 2450 km/h; Dienstgipfelhöhe 17.000 m; Einsatzreichweite 2200 km. **Bewaffnung:** eine 30-mm-Kanone und eine Bombenlast bis zu 2000 kg. **Besatzung:** 1. *Die Daten beziehen sich auf die MiG-29M.*

Gebaute Versionen: 9-01, MiG-29, I-5, MiG-29, I-7, MiG-29UB, MiG-29KVP, MiG-29S, MiG-29SD, MiG-29SE, MiG-29SM, MiG-29M, MiG-29EM, MiG-33, MiG-29K.

Einsatzländer: Bulgarien, Nordkorea, Kuba, Deutschland, Indien, Iran, Irak, ehemaliges Jugoslawien, Kasachstan, Malaysia, Moldawien, Polen, Tschechische Republik, Slowakische Republik, Rumänien, Russland, Syrien, Turkmenistan, Ukraine, Ungarn, ehemalige UdSSR, Usbekistan, Jemen.

Mikojan-Gurewitsch MiG-19

Um mit den Entwicklungen am Markt und vor allem um mit den USA zu konkurrieren, wurde vom MiG-Büro Anfang der Fünfzigerjahre um das Mikulin-Strahltriebwerk AM-5 eine verbesserte Ausgabe der MiG-15 entworfen. Die **MiG-19** (NATO-Bezeichnung »Farmer«) trat den Dienst als Abfangjäger **MiG-19P** an, musste ihn aber trotz ihrer Überschallgeschwindigkeit im Horizontalflug und wegen der hohen Flugunfallsrate schon bald wieder quittieren. Die wichtigsten Veränderungen der **MiG-19S** umfassten Höhenpendelruder, eine verbesserte Flugsteuerungsanlage und feinere Bordsysteme sowie die Einführung von Tumanskij-Strahltriebwerken des Typs RD-9B. Die Auslieferung der MiG-19S begann im Sommer 1955, und bei Produktionsende im Jahre 1959 waren rund 2500 Jagdflugzeuge gefertigt, größtenteils **MiG-19S** und **SF,** sowie eine kleine Zahl von **MiG-19PF** mit Bordradar und **MiG-19PM** mit Lenkraketen. In Lizenz wurden in China die **J-6** (Gegenstück zur **MiG-19S/SF**), die **J-6A** (MiG-19PF), die **J-6B** (MiG-19PM), die **J-6 III** (führte zum Nanchang-Kampfflugzeug **A-5/Q-6)** und noch einige andere Modelle.

Technische Daten: Spannweite 9,20 m; Länge 12,60 m; Höhe 3,88 m; Tragflügelfläche 25 m^2. **Gewicht:** Leergewicht 5760 kg; max. Startgewicht 9100 kg. **Triebwerk:** zwei Tumanskij RD-9BF-Strahltriebwerke mit je 3300 kp Schub mit Nachbrenner. **Leistung:** Höchstgeschwindigkeit 1450 km/h; Dienstgipfelhöhe 17.900 m; Einsatzreichweite 1200 km. **Bewaffnung:** drei 30-mm-Kanonen und eine Bombenlast bis zu 500 kg **Besatzung:** 1. *Die Daten beziehen sich auf die MiG-19SF.*

Visitenkarte

Land
ehemalige UdSSR

Typ
Abfangjäger

Antrieb
zwei Strahltriebwerke

Jungfernflug
18. September 1953

Gebaute Exemplare
über 7500

Gebaute Versionen
22

Einsatzländer
über 15

Mil Mi-10

Der erstmals 1960 geflogene **V-10** ging als **Mil Mi-10** in Serie und erhielt die NATO-Bezeichnung »Harke«. Dieser Hubschrauber war ein als fliegender Kran ausgelegter Schwerlasthelikopter, der den Rotor, das Getriebe und die Turbinen der **Mi-6** behielt, aber einen schlankeren Rumpf hatte. 1964 wurde diese Version vom **Mi-10K** abgelöst, der speziell zum Transport von Schlinglasten ausgelegt war. Der Unterschied lieg in einem um 2 m kürzeren Fahrgestell und ein Flugdeck für einen Piloten. Der zweite Hubschrauberführer ist in einer Gondel unter dem Rumpf mit Blickrichtung zum Heck untergebracht. Bei Auslauf der Produktion im Jahre 1971 waren insgesamt 55 Exemplare beider Versionen gebaut. Berichten zufolge nahm man die Produktion 1977 kurzzeitig wieder auf.

Technische Daten: Hauptrotordurchmesser 35 m; Länge 41,89 m; Höhe 7,80 m; Hauptrotorkreisfläche 962,11 m^2. **Gewicht:** Leergewicht 24.680 kg; max. Startgewicht 38.000 kg. **Triebwerk:** zwei Solowjew D-25V-Wellenturbinen mit je 4045 kW (5500 WPS). **Leistung:** Höchstgeschwindigkeit 250 km/h; Dienstgipfelhöhe 3000 m; Einsatzreichweite 795 km. **Besatzung:** 4. *Die Daten beziehen sich auf die Mil Mi-10K.*

Visitenkarte

Land
ehemalige UdSSR

Typ
fliegender Kran-/Schwerstlasthubschrauber

Antrieb
zwei Wellenturbinen

Jungfernflug
1960

Gebaute Exemplare
über 60

Gebaute Versionen
3

Einsatzländer
1

Mil Mi-1/Mi-2

Visitenkarte

Land
ehemalige UdSSR

Typ
leichter Mehrzweckhubschrauber

Antrieb
zwei Wellenturbinen

Jungfernflug
September 1948

Gebaute Exemplare
über 6500

Gebaute Versionen
14

Nachdem Michail Mil 1947 die Verantwortung für ein eigenes Konstruktionsbüro übertragen worden war, machte er sich an die Entwicklungsarbeit des **GM-1,** des ersten konventionellen Hubschraubers mit Haupt- und Heckrotor, der in der Sowjetunion in Serie gehen sollte. Das Modell flog erstmals im September 1948 und wurde 1951 bei der sowjetischen Luftwaffe als **Mil Mi-1** in Dienst gestellt. Die Produktion des sowohl für zivile als auch für militärische Nutzer bestimmten Drehflüglers (NATO-Bezeichnung »Hare«) lief 1956/57 aus, nachdem Polen die Fertigung der Zelle und des Motors zum SM-1 eingeleitet hatte. 1961 kündigte Mil die Entwicklung einer turbinengetriebenen Version des »Hare«, den **Mi-2** (»Hoplite«), an, der statt des bisherigen Kolbenmotors zwei über dem Kabinendach installierte Isotow-Wellenturbinen erhalten sollte. Vom **SM-2** mündete dieses Modell in die aktuelle Serienversion **Sokol** (Falke). *Foto: Mil Mi-2.*

Technische Daten: Hauptrotordurchmesser 14,50 m; Länge 17,42 m; Höhe 3,75 m; Hauptrotorkreisfläche 166,40 m^2. **Gewicht:** Leergewicht 2365 kg; max. Startgewicht 3700 kg. **Triebwerk:** zwei Isotow GTD-350P-Wellturbinen mit je 450 kW (612 WPS). **Leistung:** Höchstgeschwindigkeit 190 km/h; Dienstgipfelhöhe 4000 m; Einsatzreichweite 400 km. **Besatzung:** 1. *Die Daten beziehen sich auf die Mil Mi-2.*

Mil Mi-6

Visitenkarte

Land
ehemalige UdSSR

Typ
schwerer Transporthubschrauber

Antrieb
zwei Wellenturbinen

Jungfernflug
5. Juni 1957

Gebaute Exemplare
über 800

Gebaute Versionen
1

Einsatzländer
8

Bei seiner Ankündigung nach dem Erstflug im September 1957 war der **Mil Mi-6** (NATO-Bezeichnung »Hook«) der mit Abstand größte Hubschrauber der Welt. Der Mi-6 war auch der erste turbinengetriebene Helikopter, den die UdSSR in die Serienfertigung nahm. Die Produktion lief 1960 an. Mit dem Mi-6 wurden 1962 insgesamt 14 von der FAI anerkannte Geschwindigkeits- und Höhen-/Nutzlastrekorde aufgestellt. Die Hauptversion dieses Modells war der **Mi-6A,** von dem bis zum Produktionsende im Jahre 1981 mehr als 800 Exemplare gebaut wurden. Der »Hook« wurde in die verschiedensten Länder exportiert, er wurde sowohl bei der Luftwaffe als auch bei der Marine in Dienst gestellt. Den von einer fünfköpfigen Crew geflogenen Mi-6 setzte die Aeroflot umfassend als Schwerstlasttransporter bei Hoch- und Tiefbauprojekten ein. Ein weiteres Modell war der zum fliegenden Kran entwickelte **Mil Mi-10** »Harke«.

Technische Daten: Hauptrotordurchmesser 35 m; Länge 41,74 m; Höhe 9,86 m; Hauptrotorkreisfläche 962,11 m^2. **Gewicht:** Leergewicht 27.240 kg; max. Startgewicht 42.500 kg. **Triebwerk:** zwei Solowjew D-25V-Wellenturbinen mit 4045 kW (5500 WPS). **Leistung:** Höchstgeschwindigkeit 300 km/h; Dienstgipfelhöhe 4500 m; Einsatzreichweite 620 km. **Besatzung:** 5. *Die Daten beziehen sich auf die Mil Mi-6A.*

Mil Mi-8/Mi-17

Der ursprünglich 1960 konstruierte Versuchshubschrauber V-8 »Hip-A« stellte im Grunde eine turbinengetriebene Ausführung des Mi-4 dar, welche beim Erstflug im Juni 1961 mit einer großen Solowjew-Turbine angetrieben wurde. Der zweite Prototyp wie auch die ersten Serienhubschrauber **Mil Mi-8** (NATO-Bezeichnung »Hip«) wurde bereits mit den Isotow-Motoren ausgestattet. Die seitdem einzige weitere wichtige Änderung ergab sich durch Probleme mit dem vom Mi-4 übernommenen Hauptrotor. Er wurde 1964 beim Prototyp »Hip-B« durch einen Fünfblatt-Rotor fortschrittlicher Konstruktion ersetzt. Außerdem erhielt der neue Hubschrauber eine größere Kabine, die zwei bis drei Besatzungsmitglieder und 28 Passagieren bei standardmäßiger Fluglinienausstattung Platz bot. Der Mi-8 ist in großer Zahl bei der Aeroflot im Passagierdienst eingesetzt, dient aber auch zur Eisbeobachtung, für Rettungseinsätze, in der Logistik und zur Panzerabwehr. Einige Exemplare wurden als **Mi-8T** und **Mi-8TB** dem Nachfolgehubschrauber **Mi-17** angepasst. Weitere Modelle sind der **Mil Mi-14** (»Haze«) für die U-Boot- und Minenabwehr und der **Mil-Mi-17** (»Hip-H«), die Neuausgabe des Mi-8 mit backbordseitigem Heckrotor. Seit Beginn der Serienproduktion wurden rund 10.000 solcher Drehflügler für zivile und militärische Zwecke gebaut. Einige Komponenten entstanden in China. *Fotos: Mil Mi-8 (oben), Mil Mi-17 (unten).*

Technische Daten: Hauptrotordurchmesser 21,29 m; Länge 25,31 m; Höhe 5,65 m; Hauptrotorkreisfläche 356 m^2. **Gewicht:** Leergewicht 7200 kg; max. Startgewicht 13.000 kg. **Triebwerk:** zwei Klimow/Isotow TV3-117MT-Wellenturbinen mit je 1397 kW (1900 WPS). **Leistung:** Höchstgeschwindigkeit 250 km/h; Dienstgipfelhöhe 5000 m; Einsatzreichweite 1100 km. **Bewaffnung:** abhängig vom Verwendungszweck. **Besatzung:** 2. **Passagiere:** bis zu 28. *Die Daten beziehen sich auf den Mil Mi-8MT.*

Gebaute Versionen: V-8, V-8A, Mi-8AT, Mi-8FT, Mi-8MT, Mi-8P, Mi-8PA, Mi-8PD, Mi-8R, Mi-8S, Mi-8T, Mi-8TB, Mi-8TBK, Mi-8TG, Mi-8TP, Mi-8TS, Mi-8TV, Mi-8VKP, Mi-8SMV, Mi-8PPA, Mi-9, Mi-19, Mi-18, Mi-8MA, Mi-8MB, Mi-8MTV, Mi-8AMT, Mi-17, Mi-17M, Mi-17MD, Mi-17P, Mi-17Z-2, Mi-171, Mi-172, Mi-17PI, Mi-17PG.

Einsatzländer: Afghanistan, Algerien, Angola, Bangladesh, Bulgarien, ehemalige Tschechoslowakei, China, Nordkorea, Kroatien, Kuba, Ägypten, Äthiopien, Finnland, Deutschland, Guinea, Guyana, Indien, Irak, Israel, ehemaliges Jugoslawien, Kasachstan, Laos, Libyen, Madagaskar, Mali, Moldawien, Mongolei, Mosambik, Nicaragua, Pakistan, Peru, Polen, Tschechische Republik, Slowakische Republik, Rumänien, Russland, Syrien, Somalia, Sri Lanka, Vereinigte Staaten, Sudan, Turkmenistan, Ukraine, Uganda, Ungarn, ehemalige UdSSR, Usbekistan, Vietnam, Jemen, Sambia und andere.

Visitenkarte

Land
ehemalige UdSSR

Typ
Mehrzweckhubschrauber

Antrieb
zwei Wellenturbinen

Jungfernflug
24. Juni 1961

Gebaute Exemplare
über 10.000 (noch in Produktion)

Gebaute Versionen
36

Einsatzländer
57

Mil Mi-24

Visitenkarte

Land
ehemalige UdSSR

Typ
Kampfhelikopter

Antrieb
zwei Wellenturbinen

Jungfernflug
19. September 1969

Gebaute Exemplare
über 2300

Gebaute Versionen
23

Einsatzländer
33

Der **Mil Mi-24** (NATO-Bezeichnung »Hind«) wurde Mitte der Sechzigerjahre als Mehrzweck-Militärhubschrauber von höchster Qualität gebaut. Dieser Hubschrauber hat die gleiche Grundauslegung wie die Vorgängermodelle und ein dynamisches System, das auf dem des Mi-8 basiert, aber einen viel schlankeren Rumpf, der einer vierköpfigen Besatzung sowie einer acht Mann starken Gefechtsgruppe Platz bietet. Der Mi-24 wurde in den Jahren 1973/74 in Dienst gestellt und zunächst in der ehemaligen DDR stationiert. Das Fahrwerk besteht aus gänzlich einziehbaren Haupträdern und einem teilweise einfahrbaren Bugrad. Auffällig sind die freitragenden Stummelflächen mit ausgeprägt negativer V-Stellung, an die sich vielfältige Waffentypen montieren lassen. Bei Großübungen erprobte man den Mi-24 in Varianten als Transportmittel für Sturmtrupps, zur Panzerabwehr und als Begleithubschrauber. Der **Mi-24D** (»Hind-D«) ist die erste Schlachthubschraubervariante, die 1977 erstmals einsatzbereit war. Das Folgemodell der **Mi-24W** (»Hind-E«) ist die verbesserte Version der »Hind-D«, vor allem in der Bestückung der Waffen. Der **Mi-24R** (»Hind-G-1«) wurde das erste Mal bei der Tschernobyl-Katastrophe eingesetzt. Der **Mi-35** und **Mi-35P** sind die Exportversionen der **Mi-24V** und **P.** *Fotos: Mi-24V (oben), Mi-24D (unten).*
Technische Daten: Hauptrotordurchmesser 17,30 m; Länge 21,35 m; Höhe 5,47 m; Hauptrotorkreisfläche 235,06 m². **Gewicht:** Leergewicht 8340 kg; max. Startgewicht 11.500 kg. **Triebwerk:** zwei Klimow/Isotow TV3-117VM-Wellenturbinen mit je 1636 kW (2225 WPS). **Leistung:** Höchstgeschwindigkeit 335 km/h; Dienstgipfelhöhe 4600 m; Einsatzreichweite 1120 km. **Bewaffnung:** ein 12,7-mm-Maschinengewehr und eine Bombenlast bis zu 1200 kg. **Besatzung:** 2-3. **Passagiere:** bis zu 8 Soldaten. *Die Daten beziehen sich auf die Mil Mi-24V.*
Gebaute Versionen: V-24, Mi-24, Mi-24A, Mi-24U, Mi-24B, Mi-24D, Mi-24DU, Mi-24V, Mi-24VP, Mi-24P, Mi-24R, Mi-24RR, Mi-24RKh, Mi-24K, Mi-25, Mi-35, Mi-35P, Mi-35M, Mi-35M1, Mi-35M2, Mi-35M3, Mi-24 Ecology, Mi-24 Security.
Einsatzländer: Afghanistan, Algerien, Angola, Bulgarien, Kambodscha, ehemalige Tschechoslowakei, Tschad, Nordkorea, Kroatien, Kuba, Äthiopien, Deutschland, Indien, Iran, Irak, Libyen, Moldawien, Mosambik, Nicaragua, Peru, Polen, Tschechische Republik, Slowakische Republik, Russland, Sri Lanka, Vereinigte Staaten, Turkmenistan, Ukraine, Ungarn, ehemalige UdSSR, Usbekistan, Vietnam, Jemen.

Mitsubishi A6M Zero-Sen

Visitenkarte

Land
Japan

Typ
Jagdbomber

Antrieb
Sternmotor

Jungfernflug
1. April 1939

Gebaute Exemplare
10.499

Gebaute Versionen
15

Einsatzländer
1

Der berühmteste Jagdeinsitzer aller Zeiten war die, die in einer Ausschreibung der Kaiserlich Japanischen Marine als Sieger hervorging und das Modell A5M ersetzen sollte. Der Prototyp **A6M1** war ein freitragender Tiefdecker mit einem starken Mitsubishi-Sternmotor, der erstmals am 1. April 1939 flog. Erfolgreich war jedoch erst der zweite Prototyp **A6M2,** durch den Mitsubishi im Juli 1940 einen Auftrag über 15 Vorserienjäger erhielt. Die Hauptserienversion war die **ALM5 Modell 52,** die eingeführt wurde, um der zunehmenden Kampfart der Alliierten zu begegnen. Verschiedene Versionen wurden entworfen, unter anderem ein unmotorisiertes Modell **A6M5c,** die Ende 1944 als **A6M6c Modell 53c** in Serie ging. Ab Sommer 1945 wurde außerdem der Sturzkampfbomber **A6M7 Modell 63** gebaut. Von diesem Jäger, dem die Alliierten die Bezeichnung »Zeke« gaben, wimmelte es 1942 geradezu am Himmel über dem Pazifik. Nach der Schlacht von Midway gewannen die alliierten Jäger jedoch wieder die Oberhand. *Fotos: A6M2 (oben), A6M3 Mod. 32 (unten).*

Technische Daten: Spannweite 11 m; Länge 9,12 m; Höhe 3,50 m; Tragflügelfläche 21,30 m². **Gewicht:** Leergewicht 1875 kg; max. Startgewicht 2733 kg; **Triebwerk:** Nakajima NK1F Sakae 21-Sternmotor mit 830 kW (1130 PS). **Leistung:** Höchstgeschwindigkeit 565 km/h; Dienstgipfelhöhe 11.750 m; Einsatzreichweite 1922 km. **Bewaffnung:** zwei 20-mm-Kanonen, drei 13,2-mm-Maschinengewehre und eine Bombenlast bis zu 120 kg. **Besatzung:** 1. *Die Daten beziehen sich auf die A6M5c.*

Gebaute Versionen: A6M1, A6M2, A6M3 Mod.22, A6M3 Mod.32, A6M4, A6M5, A6M5a, A6M5b, A6M5c, A6M6c, A6M7, A6M8, A6M2-K, A6M5-K, A6M2-N.

Einsatzländer: Japan.

Mitsubishi G4M

Visitenkarte

Land
Japan

Typ
Bombenflugzeug

Antrieb
zwei Sternmotoren

Jungfernflug
23. Oktober 1939

Gebaute Exemplare
2446

Gebaute Versionen
17

Einsatzländer
1

Die Kaiserlich Japanische Marine gab 1937 eine Ausschreibung für einen Bomber aus, die von Mitsubishi mit dem **G4M,** einem geräumigen Mitteldecker, gewonnen wurde. Er ging 1940 als **Marinetyp 1 Angriffsbomber Modell 11** in die Serienfertigung. Gegenüber dem Vorgängermodell hatte die G4M einen leistungsstärkeren Motor, konnte daher mit einer höheren Bombenlast eine größere Reichweite erzielen. Die »Betty«, die Bezeichnung, die die Alliierten dem Flugzeug gaben, wurde ständig verbessert, jedoch mangelte es bis zuletzt an der notwendigen Panzerung und den Tanks. Die »Betty« war das meistgebaute japanische Bombenflugzeug. Die Produktion wurde mit Kriegsende eingestellt.
Technische Daten: Spannweite 25 m; Länge 19,50 m; Höhe 6 m; Tragflügelfläche 78,13 m². **Gewicht:** Leergewicht 8350 kg; max. Startgewicht 12.500 kg. **Triebwerk:** zwei Mitsubishi MK4T Kasei 25-Sternmotoren mit je 1343 kW (1825 PS). **Leistung:** Höchstgeschwindigkeit 470 km/h; Dienstgipfelhöhe 9200 m; Einsatzreichweite 4335 km. **Bewaffnung:** vier 20-mm-Kanonen, zwei 7,7-mm-Maschinengewehre, eine Bombenlast bis zu 1000 kg oder ein Torpedo. **Besatzung:** 7. *Die Daten beziehen sich auf die G4M3 Mod. 34.*

Morane-Saulnier M.S.230

Visitenkarte

Land
Frankreich

Typ
Schulungsflugzeug

Antrieb
Sternmotor

Jungfernflug
Februar 1929

Gebaute Exemplare
über 1060

Gebaute Versionen
12

Die **Morane-Saulnier M.S.230,** ein zweisitziges Zwischenstufen-Schulflugzeug, stellte das wichtigste französische Modell der Kategorie Et.2 zwischen den beiden Weltkriegen dar. Der im Februar 1929 erstmals geflogene Prototyp, ein abgestrebter Schirmeindecker mit einem Rumpf runden Querschnitts und einem Fahrwerk mit großer Spurbreite, war das Ergebnis einer Entwicklung des Eindeckers **Typ AR** aus dem Ersten Weltkrieg. An eine Erstbestellung der französischen Aéronautique Militaire über 500 M.S.230 schlossen sich weitere militärische Aufträge an, auch von der französischen Marine, zivilen Flugschulen und Privatpiloten. Andere Exemplare wie die **M.S.233** und die **M.S.236** wurden von OGMA (Portugal) und SABCA (Belgien) gebaut und exportiert. Neben der reinen Schulung diente das Modell auch für zahlreiche andere Aufgaben, wie für den Verbindungs- und Beobachtungsdienst, zur Ausbildung von Bordschützen, als Zieldarstellungs- und Segelschleppflugzeug sowie zum Kunstflug.
Technische Daten: Spannweite 10,70 m; Länge 6,98 m; Höhe 2,80 m; Tragflügelfläche 19,70 m². **Gewicht:** Leergewicht 829 kg; max. Startgewicht 1150 kg. **Triebwerk:** Salmson 9Ab-Sternmotor mit 169 kW (230 PS). **Leistung:** Höchstgeschwindigkeit 205 km/h; Dienstgipfelhöhe 5000 m. **Besatzung:** 1-2. *Die Daten beziehen sich auf die M.S.230.*

Nakajima Ki-43 Hayabusa

Im Dezember 1937 begann das Unternehmen mit der Konstruktion eines Jägers, der die **Nakajima Ki-27** ablösen sollte. Der freitragende Tiefdecker mit Einziehfahrwerk nahm seinen Piloten in einem geschlossenen Cockpit auf, und für den Antrieb sorgte ein Nakajima-Sternmotor. Die Erprobung der Prototypen deckte Schwächen in der Manövrierbarkeit auf. Durch eine niedrigere Gesamtmasse und größeren Spannweite der Tragflächen ging das Muster als **Heerestyp 1 Jäger Modell 1A (Ki-43-Ia)** in Serie. In der ersten Phase des Pazifikkrieges erwies sich dieser Typ als recht erfolgreich. Mit dem Aufkommen leistungsstärkerer Jäger der Alliierten baute man den nachverbesserten Prototypen einen stärkeren Motor ein. Diese Version führte nicht nur Panzerschutz und selbstdichtende Kraftstofftanks ein, sondern auch eine reduzierte Spannweite, und ging als **Ki-43-IIa** in Serie. Die Schlussvariante der **Hayabusa** (Wanderfalke) war die **Ki-43-III,** von der jedoch nur noch Versuchsjäger fertig gestellt wurden. Bis dahin waren insgesamt 5919 Exemplare bei Nakajima (3239), Tachikawa (2631) und dem 1. Heeresflieger-Arsenal (49) entstanden, die alle die Bezeichnung »Oscar« erhielten. Die Hayabusa kam während des Pazifikkrieges zum Einsatz und diente zur Verteidigung Tokios sowie zu Kamikaze-Angriffen auf die alliierten Streitkräfte. *Fotos: Ki-43-IIb (oben), Ki-43-Ia (unten).*

Technische Daten: Spannweite 10,84 m; Länge 8,92 m; Höhe 3,27 m; Tragflügelfläche 21,40 m². **Gewicht:** Leergewicht 1910 kg; max. Startgewicht 2590 kg. **Triebwerk:** Nakajima Ha-115-Sternmotor mit 846 kW (1150 PS). **Leistung:** Höchstgeschwindigkeit 530 km/h; Dienstgipfelhöhe 11.200 m; Einsatzreichweite 1760 km. **Bewaffnung:** zwei 12,7-mm-Maschinengewehre und eine Bombenlast bis zu 500 kg. **Besatzung:** 1. *Die Daten beziehen sich auf die Ki-43-IIb.*

Gebaute Versionen: Ki-43, Ki-43-Ia, Ib, Ic, Ki-43-II, IIa, IIb, II Kai, Ki-43-IIIa, IIIb.
Einsatzländer: Japan.

Visitenkarte

Land
Japan

Typ
Abfangjäger

Antrieb
Sternmotor

Jungfernflug
Januar 1939

Gebaute Exemplare
5919

Gebaute Versionen
10

Einsatzländer
1

NH Industries NH-90

Visitenkarte

Land
Frankreich, Deutschland, Italien, Niederlande

Typ
Mehrzweck-hubschrauber

Antrieb
zwei Wellenturbinen

Jungfernflug
18. Dezember 1995

Gebaute Exemplare
726
in Produktion

Gebaute Versionen
2

Zwischen 1983 und 1984 führte die Industrial Advisory Group der NATO Studien zum Bau eines neuen europäischen Mehrzweckhubschraubers durch. 1985 verabschiedeten die Regierungen der fünf teilnehmenden Länder ein Memorandum über die Entwicklung dieses Hubschraubers. Im April 1987 schied Großbritannien aus dem Programm aus, alle übrigen Länder führten es weiter. Es waren fünf Prototypen geplant, der erste davon erhob sich im Dezember 1995 in der Nähe des Firmensitzes von Eurocopter France in Marignane zum ersten Mal in die Lüfte. Es sollen zwei Grundversionen, der **TTH** (Tactical Transport Helicopter) zum Einsatz von Landstützpunkten aus und der **NFH** (NATO Frigate Helicopter) für den Einsatz von Schiffen aus, gebaut werden. Beide Versionen verfügen über eine Ausstattung auf dem neuesten Stand der Technik. Der TTH kann für taktische Transportaufgaben, SAR und Combat-SAR, Flugrettungsdienst, Fallschirmabsprung, als fliegende Einsatzzentrale und bei der elektronischen Kriegführung eingesetzt werden. Der NFH hingegen ist für den Kampf gegen U-Boote, Luftangriff auf Schiffe, Bombenabwurf und Raketenabschuss, Transporte und SAR geeignet. Vom Modell TTH wurden bereits 554 Exemplare bestellt, vom NFH sind es bisher erst 182 Exemplare. 272 Maschinen gehen nach Deutschland, 220 nach Frankreich, 214 nach Italien und 20 in die Niederlande, weitere Exporte sind geplant. Die ersten Modelle sollen voraussichtlich 2001/02 in Betrieb genommen werden. *Fotos: NH-90.*

Technische Daten: Hauptrotordurchmesser 16,30 m; Länge 19,56 m; Höhe 5,44 m; Hauptrotorkreisfläche 208,67 m². **Gewicht:** Leergewicht 6428 kg; max. Startgewicht 8700 kg. **Triebwerk:** zwei Rolls-Royce Turboméca RTM322-01/9-Wellenturbinen mit je 1544 kW (2100 WPS) oder zwei General Electric/FIAT Avio T700/T6E mit je 1765 kW (2400 WPS). **Leistung:** Höchstgeschwindigkeit 300 km/h; Dienstgipfelhöhe 6000 m; Einsatzreichweite 1000 km. **Bewaffnung:** eine Bombenlast bis zu 4600 kg. **Besatzung:** 2. **Passagiere:** bis zu 20 Soldaten. **Gebaute Versionen:** TTH, NFH.

North American B-25 Mitchell

Das Projekt NA-40, das von North American auf eigene Rechnung entwickelt worden war, erwies sich 1938 als erfolgreich, als die USAAC ein Expansions- und Modernisierungsprogramm in Angriff nahm. Es handelte sich um einen zweimotorigen Bomber mit hohem Flügelansatz und dreirädrigem vorderen Bugrad-Fahrwerk. Das Konzept wurde bei der Ausschreibung der Armee im Januar 1939 eingereicht. Die **NA-40** konnte die militärische Fachkommission für sich einnehmen, und nach einigen Anpassungen wurde eine erste Lieferung von 184 Exemplaren der Version **NA-40B** am 10. August 1939 bestellt. Ein Jahr später flog die erste serienmäßige **B-25,** im Frühjahr 1941 wurde sie bei der 17. Bombardament Group in Betrieb genommen. 1942 wurden die ersten Exemplare nach England und in die UdSSR geliefert, am 18. April 1942 wurde die B-25 (die nach dem Offizier, der sich erfolgreich für die Unabhängigkeit der Luftstreitkräfte eingesetzt hatte, auf den Namen **»Mitchell«** getauft wurde) zum Hauptdarsteller einer historischen Mission, als 16 Flugzeuge vom Flugzeugträger *»Hornet«* aus starteten und Tokio bombardierten, ein Angriff, der ganz Amerika tief beeindruckte. Die B-25 wurde im Laufe des Krieges ständig weiterentwickelt, es entstand schließlich das Modell **B-25H,** ein mit einem 75-mm-Geschütz und 14 Maschinengewehren bestückter Bomber. Die Mitchell wurde bis in die Sechzigerjahre von der US Navy und den Luftstreitkräften zahlreicher anderer Länder in aller Welt eingesetzt. *Fotos: B-25J (oben), B-25H (unten).*

Technische Daten: Spannweite 20,60 m; Länge 15,54 m; Höhe 4,80 m; Tragflügelfläche 56,67 m². **Gewicht:** Leergewicht 8835 kg; max. Startgewicht 15.876 kg. **Triebwerk:** zwei Wright R-2600-29 Cyclone-Sternmotoren mit je 1268 kW (1724 PS). **Leistung:** Höchstgeschwindigkeit 443 km/h; Dienstgipfelhöhe 7255 m; Einsatzreichweite 2173 km. **Bewaffnung:** zwölf 12,7-mm-Maschinengewehre, acht Raketen und eine Bombenlast bis zu 1360 kg. **Besatzung:** 5. *Die Daten beziehen sich auf die B-25J.*

Gebaute Versionen: NA-40, B-25, B-25A, B-25B, B-25C, B-25D, XB-25E, XB-25F, XB-25G, B-25G, B-25H, B-25J, PBJ-1C, PBJ-1D, PBJ-1G, PBJ-1H, PBJ-1J, F-10, AT-24A, AT-24B, AT-24C, AT-24D, TB-25K, TB-25M, TB-25L, TB-25N, ZB-25C, ZB-25D, ZXB-25E, CB-25J, VB-25J.

Einsatzländer: Australien, Bolivien, Brasilien, Kanada, Chile, Kolumbien, Kuba, Frankreich, Großbritannien, Indonesien, Mexiko, Peru, Vereinigte Staaten, ehemalige UdSSR, Uruguay, Venezuela.

Visitenkarte

Land
Vereinigte Staaten

Typ
Bombenflugzeug

Antrieb
zwei Sternmotoren

Jungfernflug
Januar 1939

Gebaute Exemplare
10.596

Gebaute Versionen
31

Einsatzländer
16

North American T-6 Texan

Visitenkarte

Land
Vereinigte Staaten

Typ
Schulungsflugzeug

Antrieb
Sternmotor

Jungfernflug
April 1935

Gebaute Exemplare
über 21.340

Gebaute Versionen
über 260

Einsatzländer
über 60

Die Geburtsstunde dieses wohl berühmtesten aller Aufklärer der Luftfahrtgeschichte reicht in die Zeiten der General Aviation zurück, die kurz darauf - Ende 1934 - zu North American werden sollte. Das Modell **NA-16** wurde von der Armee der Vereinigten Staaten positiv bewertet und 1935 als **BT-9** eingeführt. Vor dem Zweiten Weltkrieg erhielt die Firma zahlreiche Bestellungen aus verschiedenen Ländern, die alle die Originalversion der BT-9 mit kleineren Abänderungen und Anpassungen wünschten. Die Serienproduktion in großem Stil begann 1937, als die **NA-26** (eine Variante der NA-16) die Ausschreibung der USAAC für einen »Basic Combat«-Aufklärer gewann; das ursprünglich als **BC-1** bezeichnete Flugzeug wurde 1940 in **AT-6** umbenannt. Die im Commonwealth als »Harvard« bekannte AT-6 erhielt den Beinamen **»Texan«** von den Amerikanern, da eine neue Produktionsstätte in Dallas, Texas, eröffnet wurde. Während des Krieges wurden hauptsächlich die Versionen **AT-6A, C** und **D** gebaut, die den Modellen **SNJ-3, 4** und **5** der US Navy entsprechen. Das später auch in Lizenz in Kanada hergestellte Flugzeug erhielt in der Nachkriegszeit die Bezeichnung **T-6,** das Standardmodell **T-6G** ging aus einer Neugestaltung mehrerer Versionen der vorhergehenden Serien hervor. Die Erfolgskarriere der Texan, die bei den Australiern als **Wirraway,** bei den Schweden als **Sk.14,** bei den Spaniern als **C6** und bei den Japanern als **K5Y** bekannt ist, setzte sich auch nach dem Krieg fort, sie wurde von den Luftstreitkräften zahlreicher Länder zur Aufklärung und für Bodenangriffe eingesetzt, speziell auch im Kampf gegen die Guerilla. Die letzten Exemplare wurden in den Achtzigerjahren ausgemustert, viele davon sind jedoch heute noch bei privaten Betreibern im Einsatz. *Fotos: Harvard H4M (oben), T-6G (unten).*

Technische Daten: Spannweite 12,81 m; Länge 8,09 m; Höhe 3,57 m; Tragflügelfläche 23,57 m^2. **Gewicht**: Leergewicht 1885 kg; max. Startgewicht 2404 kg. **Triebwerk:** Pratt & Whitney R-1340-AN-1-Sternmotor mit 410 kW (558 PS). **Leistung:** Höchstgeschwindigkeit 330 km/h; Dienstgipfelhöhe 6550 m; Einsatzreichweite 1200 km. **Bewaffnung:** zwei 7,62-mm-Maschinengewehre. **Besatzung:** 1-2. *Die Daten beziehen sich auf die AT-6D.*

North American F-86 Sabre

Der Vertrag, der die North American damit betraute, zwei Prototypen eines neuen Abfangjägers mit der Bezeichnung **XP-86** zu entwickeln, wurde am 30. August 1944 unterzeichnet. Das Flugzeug glich dem Rivalen Republic XP-84 und hatte gerade Flügel, außen liegende Tanks, Lufteinlass für das Kerntriebwerk in der Nase und ein weit vorne sitzendes Flugdeck. Im Juni 1945, nach Bekanntwerden der Ergebnisse deutscher Studien zu pfeilförmigen Flügeln, schlug die Firma dem Auftraggeber einige Änderungen vor. Die Entscheidungsträger willigten ein und genehmigten weiterführende Untersuchungen. Damit geriet das Projekt im Vergleich zur XP-84 weiter in Rückstand. Die erste serienreife Version **P-86A** flog am 20. Mai 1948, im darauf folgenden Monat wurde sie umbenannt und als **F-86A** bezeichnet. In den folgenden Jahren wurden die Versionen **F-86E** und **F** konstruiert, Letztere war mit dem neuen »6-3«-Flügel ausgestattet und wurde auch in Kanada als **Sabre Mk.2-6** in Lizenz hergestellt, ebenso wie in Australien und Japan. Die **F-86D** dagegen, die am 22. Dezember 1949 ihren Jungfernflug absolvierte, war von Grund auf überarbeitet worden und hatte eine entsprechend lange Entwicklungszeit benötigt. Das Flugzeug war mit Radar und Feuerleitsystem ausgestattet und mit einem einfahrbaren, mit 24 ungelenkten Raketen bestückten Magazin bewaffnet. Auf der Basis der F-86D wurde eine Version für den Export entwickelt, die **F-86K** mit einer weniger anspruchsvollen Avionik und mit vier 20-mm-Geschützen anstelle des Raketenmagazins; sie wurde von FIAT in Lizenz hergestellt. Die für den Einsatz zur See adaptierte Version der Sabre war die **FJ-2 Fury,** es gab mehrere Modelle, die besonders von der US Navy eingesetzt waren. Nach ihrem erfolgreichen Einsatz im Koreakrieg wurde die Sabre in die ganze Welt exportiert, in einigen Ländern stand sie bis Anfang der Achtzigerjahre in Betrieb. *Foto: F-86E(M).*

Technische Daten: Spannweite 11,31 m; Länge 11,44 m; Höhe 4,47 m; Tragflügelfläche 26,76 m². **Gewicht:** Leergewicht 4940 kg; max. Startgewicht 9234 kg. **Triebwerk:** General Electric J47-GE-27-Strahltriebwerk mit 2681 kp Schub. **Leistung:** Höchstgeschwindigkeit 1118 km/h; Dienstgipfelhöhe 14.630 m; Einsatzreichweite 2044 km. **Bewaffnung:** sechs 12,7-mm-Maschinengewehre und eine Bombenlast bis zu 907 kg. **Besatzung:** 1. *Die Daten beziehen sich auf die F-86F.*

Gebaute Versionen: XP-86, YP-86A, P-86A, F-86E, F-86F, F-86D, F-86H, F-86K, Sabre Mk.2, Mk.3, Mk.4, Mk.5, Mk.6, Mk.30, Mk.31, Mk.32, XFJ-2, FJ-2, FJ-3, FJ-4, FJ-4B.

Einsatzländer: Argentinien, Australien, Kanada, Kolumbien, Südkorea, Dänemark, Frankreich, Deutschland, Japan, Großbritannien, Griechenland, Italien, Jugoslawien, Malaysia, Norwegen, Neuseeland, Pakistan, Portugal, Spanien, Vereinigte Staaten, Südafrika, Thailand, Türkei und andere.

Visitenkarte

Land
Vereinigte Staaten

Typ
Abfangjäger

Antrieb
Strahltriebwerk

Jungfernflug
1. Oktober 1947

Gebaute Exemplare
9793

Gebaute Versionen
21

Einsatzländer
über 30

North American P-51 Mustang

Visitenkarte

Land
Vereinigte Staaten

Typ
Abfangjäger

Antrieb
Reihenmotor

Jungfernflug
26. Oktober 1940

Gebaute Exemplare
15.466

Gebaute Versionen
26

Einsatzländer
über 50

Der bekannteste US-amerikanische Jäger des Zweiten Weltkrieges wurde aufgrund einer englischen Ausschreibung im April 1940 entwickelt. Das Projekt NA73X war bereits nach weniger als 120 Tagen abgeschlossen, doch das Allison-Triebwerk wurde verspätet geliefert, so flog der Prototyp erst etwa zwei Monate nach dem vorgesehenen Termin. Die Begutachtung verlief problemlos, so flog das erste serienmäßige Exemplar, der **Mustang Mk.I,** bereits am 1. Mai 1941. Das Ursprungsmodell erwies sich bei niedriger Flughöhe als besonders effizient, doch die Leistung der Triebwerke fiel ab 3600 m rapide, und so setzten es die Engländer hauptsächlich als Aufklärer und für Bodenangriffe ein. Der auch bei der USAAC geschätzte und als **XP-51** bekannte Mustang wurde mit einem Rolls-Royce-Merlin-Triebwerk ausgestattet. Dieser Schachzug erhöhte die Leistungsfähigkeit so dramatisch, dass bald darauf die Versionen **P-51A, B** und **C** in großem Stil produziert wurden. Die **P-51D** mit tropfenförmigem Dach und sechs Maschinengewehren setzte dabei den Tenor für die endgültige Formgebung und Ausstattung. Der Mustang war bei der USAF bis 1957 und in vielen anderen Ländern bis in die Sechzigerjahre und darüber hinaus in Betrieb. Aus der **P-51** wurde die **P-82** entwickelt. Dabei entstand aus zwei Mustang-Rümpfen ein schwerer Jäger mit großer Reichweite, der in Korea vor allem für den Nachtangriff eingesetzt wurde. Als letztes Modell der Mustang-Serie gilt die **PA-38 Enforcer,** die Anfang der Achtzigerjahre vorgestellt wurde. *Fotos: P-51D.*

Technische Daten: Spannweite 11,29 m; Länge 9,83 m; Höhe 4,16 m; Tragflügelfläche 21,65 m^2. **Gewicht:** Leergewicht 3230 kg; max. Startgewicht 5262 kg. **Triebwerk:** Packard Merlin V-1650-7 mit 1185 kW (1612 PS). **Leistung:** Höchstgeschwindigkeit 703 km/h; Dienstgipfelhöhe 12.770 m; Einsatzreichweite 3347 km. **Bewaffnung:** sechs 12,7-mm-Maschinengewehre und eine Bombenlast bis zu 454 kg. **Besatzung:** 1. *Die Daten beziehen sich auf die P-51D.*

Gebaute Versionen: NA73X, Mustang I, XP-51, IA, A-36, P-51A, XP-51B, P-51B, P-51C, NA105, P-51D, P-51H, F-6B, F-6C, F-6K, XP-82, P-82B, P-82C, P-82E, P-82F, P-82G, F-51K, TRF-51D, Cavalier, Cavalier Turbo Mustang III, Piper Enforcer.

North American F-100 Super Sabre

1949 begann North American mit einer Fortentwicklung der F-86 Sabre, die die Bezeichnung Sabre 45 erhielt, da die Tragflächen um 45° zurückgepfeilt waren. Dieses Modell sollte Überschallgeschwindigkeit im Horizontalflug erreichen können. Nach erfolgreichen Testflügen erteilte die USAF am 1. November 1951 eine Auftrag über zwei Prototypen des Typs **YF-100** (später **TF-100A)** und 110 Serienjäger **F-100A Super Sabre.** Bereits beim Jungfernflug des ersten Prototyps wurde die Schallmauer durchbrochen, und als der erste Serienjäger 1953 in Dienst gestellt wurde, gab es einen neuen Weltrekord über 1215,04 km/h. Eine Weiterentwicklung war das Modell **F-100C.** Diese Serie zeichnete sich durch eine Luftbetankungsanlage und acht Außenlastträger unter den Tragflächen aus. Die meistgebaute Version war die Jagdbomberversion **F-100D,** die unter anderem mit einer LABS-Anlage ausgestattet war, für den Einsatz nuklearer Bordwaffen im Schleuderwurfverfahren. Insgesamt 1274 F-100D wurden gebaut, gefolgt von 229 Doppelsitzern der Schlussversion **F-100F.** Die USAF setzte die Super Sabre im Vietnamkrieg ein. *Fotos: F-100D (oben), F-100A (unten).*

Technische Daten: Spannweite 11,82 m; Länge 14,36 m; Höhe 4,95 m; Tragflügelfläche 35,77 m². **Gewicht:** Leergewicht 9525 kg; max. Startgewicht 15.800 kg. **Triebwerk:** Pratt & Whitney J57-P-21A-Strahltriebwerk mit 7690 kp Schub. **Leistung:** Höchstgeschwindigkeit 1390 km/h; Dienstgipfelhöhe 14.020 m; Einsatzreichweite 2400 km. **Bewaffnung:** vier 20-mm-Kanonen und eine Bombenlast bis zu 3400 kg. **Besatzung:** 1. *Die Daten beziehen sich auf die F-100D.*
Gebaute Versionen: YF-100, F-100A, F-100C, F-100D, F-100F, QF-100D/F.
Einsatzländer: Dänemark, Frankreich, Vereinigte Staaten, Taiwan, Türkei.

Visitenkarte

Land
Vereinigte Staaten

Typ
Jagdbomber

Antrieb
Strahltriebwerk

Jungfernflug
24. April 1953

Gebaute Exemplare
2294

Gebaute Versionen
6

Einsatzländer
5

Nieuport 11 Bébé

Visitenkarte

Land
Frankreich

Typ
Jagdeinsitzer

Antrieb
Umlaufmotor

Jungfernflug
1914

Gebaute Exemplare
über 2000

Gebaute Versionen
1

Einsatzländer
über 5

Nieuports Entschluss, eine Maschine für das Rennen um die Gordon-Bennett-Trophäe von 1914 zu konstruieren, führte zu einer Reihe schmucker Jagdeinsitzer, angefangen vom **Nieuport Typ 11,** der in nur vier Monaten fertig gestellt wurde. Der Kriegausbruch verhinderte das Rennen, aber das Potenzial des neuen Modells war offensichtlich, und sowohl Großbritannien als auch Frankreich reichten Bestellungen ein. Wegen ihrer Größe wurden diese Flugzeuge **Nieuport Bébé** oder auch **Nieuport Scout** genannt. Die hohe Steiggeschwindigkeit und die gute Manövrierbarkeit verschafften den Alliierten eine vorübergehende Luftüberlegenheit. Mehrere hundert Exemplare wurden von Macchi in Italien (als **Nieuport 11000)** gebaut, und der Typ 11 flog auch bei der belgischen Aviation Militaire sowie beim RFC. Eine verbesserte Version, die **Nieuport 16,** erschien 1916 mit einem stärkeren Motor. Dieses Modell lieferte außerdem Pionierarbeit bei der Verwendung von Le Prieur-Raketen.

Technische Daten: Spannweite 7,55 m; Länge 5,80 m; Höhe 2,45 m; Tragflügelfläche 13 m². **Gewicht:** Leergewicht 350 kg; max. Startgewicht 480 kg. **Triebwerk:** Le Rhône-Umlaufmotor mit 59 kW (80 PS). **Leistung:** Höchstgeschwindigkeit 155 km/h; Dienstgipfelhöhe 4500 m; max. Einsatzreichweite 350 km. **Bewaffnung:** ein 7,7-mm-Maschinengewehr. **Besatzung:** 2. *Die Daten beziehen sich auf die Nieuport 11.*

Northrop-Grumman B-2 Spirit

Visitenkarte

Land
Vereinigte Staaten

Typ
strategischer Tarnkappenbomber

Antrieb
vier nachbrennerlose Mantelstromtriebwerke

Jungfernflug
17. Juli 1989

Gebaute Exemplare
20

Gebaute Versionen
1

Einsatzländer
1

Die Entwürfe für einen »Stealth Bomber« liefen im Jahr 1978 an, und 1981 erteilte die USAF den formalen Auftrag zur Entwicklung des **AT-Bombers** (Advanced Technology Bomber). Die vereinbarte Bestellung von 133 ATB wurde bald wegen der hohen Kosten auf 76 Exemplare reduziert. 1987 wurde die Existenz des Nurflügler-Tarnkappenbombers öffentlich bestätigt, und im November 1988 folgte die Präsentation des ersten Prototyps. Die Nutzlastzelle des Flugzeugs beginnt hinter dem Apex des Tragwerks, endet kurz vor der gezackten Hinterkante und ist weich in die obere Struktur des Nurflüglertragwerks eingeblendet. Der Einsatz von besonderen Materialien und einer speziellen Lackierung ermöglicht es der Maschine, von Radaranlagen nicht geortet zu werden. Der erste Serien-Nurflügler wurde der USAF am 17. Dezember 1993 zur Basis Whiteman geliefert. Die erste Squadron war ab 1997 einsatzfähig. Nach jahrelangem Streit scheint nunmehr festzustehen, dass die Produktion der **B-2** nach 20 Flugzeugen auslaufen wird. Das genehmigte Kontingent an »Silver Bullet« wird sich aus 19 »Stealth«-Bombern zusammensetzen.

Technische Daten: Spannweite 52,43 m; Länge 21,03 m; Höhe 5,18 m; Tragflügelfläche 477,52 m². **Gewicht:** Leergewicht ca. 50.000 kg; max. Startgewicht 152.633 kg. **Triebwerk:** vier nachbrennerlose General Electric F118-GE-100-Mantelstromtriebwerke mit je 8620 kp Schub. **Leistung:** Höchstgeschwindigkeit 850 km/h; Dienstgipfelhöhe 15.000 m; Einsatzreichweite 11.110 km. **Bewaffnung:** eine Bombenlast bis zu 18.145 kg. **Besatzung:** 2.

Northrop T-38/F-5

Mitte der Fünfzigerjahre gab die Regierung der USA die Spezifikationen für einen leichten Jäger heraus, der an die alliierten Nationen geliefert werden sollte. Bei Northrop arbeitete man am Projekt **N-156,** einer Familie von Flugzeugen, zu der auch ein Zweisitzer (die **N-156T)** gehörte, der als Erster der Reihe seinen Jungfernflug absolvierte. Die einfache, aerodynamische Linienführung erwies sich als äußerst effizient, darin unterschied sich auch die einsitzige Version **N-156F,** die weniger als vier Monate später, am 30. Juli 1959, bereits flog, nicht wesentlich vom Vorgänger. Die zweisitzige Version **T-38A Talon** wurde als Ausbilder für die USAF adaptiert und bereits im März 1961 in Betrieb genommen. Insgesamt wurden 1187 Exemplare geliefert. Der Jäger **F-5A** (und die **F-5B,** eine zweisitzige bewaffnete Version) wurden der USAF 1964 geliefert. Sie haben sich in mehreren Testreihen und auch im Kampf im Vietnamkrieg bewährt. Doch die meisten der produzierten Exemplare gingen ins Ausland, während man bei Northrop bereits an einer verbesserten Version, der **F-5E Tiger II,** mit stärkeren Triebwerken, verbesserter Aerodynamik, größerer Einsatzreichweite und integriertem Feuerleitsystem arbeitete. Auch die **F-5E** (und die zweisitzige **F-5F)** erwiesen sich als erfolgreich, es konnten über 1500 Exemplare gebaut werden. Die **F-5** wurde in Kanada, Spanien, den Niederlanden, Südkorea und Taiwan in Lizenz hergestellt. 1982 flog der erste der drei Prototypen, der **F-5G,** gefolgt von der **F-20 Tigershark,** einer noch stärkeren Weiterentwicklung der Familie, die jedoch keine Käufer fand. *Fotos: T-38A (oben), CF-5A (unten).*

Technische Daten: Spannweite 8,13 m; Länge 14,68 m; Höhe 4,06 m; Tragflügelfläche 17,28 m². **Gewicht:** Leergewicht 4347 kg; max. Startgewicht 11.192 kg. **Triebwerk:** zwei General Electric J85-GE-21B-Strahltriebwerke mit je 2268 kp Schub. **Leistung:** Höchstgeschwindigkeit 1740 km/h; Dienstgipfelhöhe 15.800 m; Einsatzreichweite 2860 km. **Bewaffnung:** zwei 20-mm-Kanonen und eine Bombenlast bis zu 3175 kg. **Besatzung:** 1. *Die Daten beziehen sich auf die F-5E.*

Gebaute Versionen: N-156T, YT-38, T-38A, AT-38A, AT-38B, N-156F, F-5A, RF-5A, CF-5A, CF-5D, NF-5A, SR-5A, SR-5B, SRF-5A, F-5B, F-5E, RF-5E, F-5F, F-5G, F-20.

Einsatzländer: Saudi-Arabien, Bahrein, Brasilien, Kanada, Chile, Südkorea, Äthiopien, Philippinen, Jordanien, Griechenland, Honduras, Indonesien, Iran, Kenia, Libyen, Malaysia, Marokko, Mexiko, Norwegen, Niederlande, Singapur, Spanien, Vereinigte Staaten, Sudan, Schweiz, Taiwan, Thailand, Tunesien, Türkei, Uruguay, Venezuela, Vietnam, Jemen.

Visitenkarte

Land
Vereinigte Staaten

Typ
taktisches Jagdflugzeug

Antrieb
zwei Strahltriebwerke

Jungfernflug
10. April 1959

Gebaute Exemplare
über 3787 (1187 T-38 und ca. 2600 F-5)

Gebaute Versionen
20

Einsatzländer
33

Panavia Tornado

Visitenkarte

Land
Deutschland, Großbritannien, Italien

Typ
Jagdflugzeug

Antrieb
zwei Strahltriebwerke mit Nachbrenner

Jungfernflug
14. August 1974

Gebaute Exemplare
978

Gebaute Versionen
20

Einsatzländer
4

Das Programm **Tornado** zielte auf die Entwicklung eines vielseitigen Kampfflugzeugs (MRCA) für die Luftstreitkräfte von Großbritannien, Deutschland und Italien ab und wurde 1969, zusammen mit dem eigens dafür geschaffenen Konsortium Panavia, einer Tochtergesellschaft von BAC, MBB und Aeritalia, aus der Taufe gehoben. Die Anforderungen sahen ein zweisitziges Modell mit hohem Flügelansatz und variabler Geometrie vor. Auch die beiden Turbo Union RB.199 waren neu und Ergebnis der Arbeit eines eigenen Konsortiums. Nach der Abnahmeprüfung der neun Prototypen konnte am 5. Juni 1979 das erste Flugzeug an die R.A.F. geliefert werden. Die Maschinen entsprachen nun nicht mehr der Bezeichnung MRCA, sie waren als Bomber **(IDS** = Interdiction-Strike) mit niedriger Flughöhe ausgelegt und auch für den Angriff auf Schiffe und Aufklärungszwecke geeignet. Die R.A.F. interessierte sich für eine Version für die Luftraumverteidigung. Daraus entstand die **ADV** (Air Defence Variant), der erste Prototyp flog 1979. Ende der Achtzigerjahre wurde ein spezielles Antiradar-Modell für den Kampfeinsatz und Aufklärungszwecke namens **ECR** (Electronic Combat Reconnaissance) entwickelt und in verschiedenen Formen für Deutschland und Italien gebaut. Die deutsche Luftwaffe nahm sie 1990 in Betrieb, die Aeronautica Italiana 1998. Insgesamt wurden nach Deutschland 322 IDS- und 35 ECR-Modelle geliefert, Italien erhielt 100 IDS und Großbritannien 229 IDS und 173 ADV. Italien ließ 15 IDS in ECR auswechseln und erhielt von 1995-97 24 ADV-Modelle **Mk.3** per Leasingvertrag von der R.A.F. Die einzigen Exporte gingen nach Saudi-Arabien, 96 IDS- und 24 ADV-Modelle wurden geliefert. *Fotos: ADV (oben), IDS (unten).*

Technische Daten: Spannweite 13,91-8,60 m; Länge 16,70 m; Höhe 5,95 m; Tragflügelfläche 26,60 m². **Gewicht:** Leergewicht 14.500 kg; max. Startgewicht 28.000 kg. **Triebwerk:** zwei Turbo Union RB.199 Mk.103 mit je 7620 kp Schub mit Nachbrenner. **Leistung:** Höchstgeschwindigkeit 1480 km/h; Dienstgipfelhöhe 15.200 m; Einsatzreichweite 1482 km. **Bewaffnung:** zwei 27-mm-Kanonen und eine Bombenlast bis zu 9000 kg. **Besatzung:** 2. *Die Daten beziehen sich auf die Tornados IDS.*

Gebaute Versionen: Tornado IDS BT, BS: GR Mk.1, Mk.1A, Mk.1B, Mk.4, Mk.4A, Tornado IDS GT, GS, Tornado IDS IT, IS, Tornado ECR-G, ECR-I, Tornado ADV F Mk.2, F Mk.2T, F Mk.3, F Mk.3T.

Einsatzländer: Saudi-Arabien, Deutschland, Großbritannien, Italien.

Piaggio P.148/149

Die Bezeichnung **Piaggio P.148** vergab der Hersteller an ein leichtes Schulflugzeug, das sich sowohl zur fliegerischen Grundausbildung als auch zur Kunstflugeinweisung eignete. Der Mustertyp, der erstmals am 12. Februar 1951 flog, war ein freitragender Tiefdecker in Ganzmetallbauweise mit starrem Spornrad-Fahrwerk und einem Sechszylinder-Boxermotor. Auf die amtliche Erprobung hin führte die Aeronautica Militare Italiana diesen Typ bei den für die Grundausbildung zuständigen Flugschulen ein und beschaffte insgesamt 100 Exemplare. 1962 wurde eine kleine Zahl von **P.148** der italienischen Luftwaffe an das somalische Fliegerkorps übergeben. Am 19. Juni 1953 flog erstmals die verbesserte Version Piaggio **P.149,** mit einziehbarem Fahrwerk und einem stärkeren Motor. Dieses Modell erzielte nur einen bescheidenen Absatz, bis die ehemalige BRD beschloss, die Piaggio P.149 als Standard-Grundschulungs- und Verbindungsflugzeug für die Luftwaffe zu erwerben. Dieses Modell nutzten auch die Luftstreitkräfte Nigerias, Tansanias und Ugandas, doch nur im letztgenannten Land leistet eine kleine Zahl weiterhin Dienst. *Foto: P.149.*

Technische Daten: Spannweite 11,12 m; Länge 8,80 m; Höhe 2,90 m; Tragflügelfläche 18,85 m². **Gewicht:** Leergewicht 1160 kg; max. Startgewicht 1680 kg. **Triebwerk:** Avco Lycoming GO-480-Boxermotor mit 202 kW (274 PS). **Leistung:** Höchstgeschwindigkeit 305 km/h; Dienstgipfelhöhe 6050 m; Einsatzreichweite 1090 km. **Besatzung:** 1. **Passagiere:** bis zu 4. *Die Daten beziehen sich auf die P.149D.*

Visitenkarte

Land
Italien

Typ
Schulungsflugzeug

Antrieb
Boxermotor

Jungfernflug
12. Februar 1951

Gebaute Exemplare
332

Gebaute Versionen
3

Piaggio P.180 Avanti

Die Arbeiten am Entwurf der **P.180 Avanti** hatten 1979 in der Hauptniederlassung Piaggios in Genua begonnen. Das wichtigste Auslegungsmerkmal dieses Typs besteht in der Verwendung von drei Auftriebsflächen. Das Cockpit weist ein EFIS-System von Collins auf, das drei CRT-Bildschirmanzeigen umfasst. Die Avanti wurde für den Betrieb mit nur einem Flugzeugführer zugelassen. Die Endmontage der ersten P.180 in Piaggios Finale-Ligne-Werk begann 1986, und der Erstflug **(I-PJAV)** fand am 23. September 1986 statt. Im März 1990 stellte die italienische Luftfahrtbehörde die Zulassung aus, und im Mai desselben Jahres rollte die erste Serienmaschine vom Band. Piaggio begleitete das Erscheinen der P.180 Avanti mit einer aufwendigen Werbekampagne, die sie um den ganzen Erdball herum und vor allem auf den amerikanischen Markt führte.

Technische Daten: Spannweite 14,03 m; Länge 14,41 m; Höhe 3,97 m; Tragflügelfläche 16 m². **Gewicht:** Leergewicht 3402 kg; max. Startgewicht 5239 kg. **Triebwerk:** zwei Pratt & Whitney Canada PT6A-66-Propellerturbinen mit je 1108 kW (1505 WPS). **Leistung:** Höchstgeschwindigkeit 730 km/h; Dienstgipfelhöhe 12.500 m; Einsatzreichweite 2590 km. **Besatzung:** 1-2. **Passagiere:** bis zu 9.

Visitenkarte

Land
Italien

Typ
Geschäfts-Verkehrsflugzeug

Antrieb
zwei Propellerturbinen

Jungfernflug
23. September 1986

Gebaute Exemplare
etwa 45 (noch in Produktion)

Gebaute Versionen
1

Pilatus PC-6

Visitenkarte

Land
Schweiz

Typ
Transportflugzeug

Antrieb
Propellerturbine

Jungfernflug
4. Mai 1959

Gebaute Exemplare
über 500 (noch in Produktion)

Gebaute Versionen
15

Mit dem Jungfernflug des ersten von fünf Prototypen des Mehrzweck-Transportflugzeugs **Pilatus PC-6 Porter** am 4. Mai 1959 begann für die Firma eine Erfolgsgeschichte, deren Schlusskapitel noch nicht geschrieben ist. Der abgestrebte Ganzmetall-Hochdecker mit für den Kurzpistenbetrieb konzipierten Tragflächen, konventionellem Leitwerk und starrem Spornrad-Fahrwerk wird von nur einem Motor angetrieben. Die wichtige Fähigkeit, überall starten und landen zu können, gewährleistet ein Fahrwerk, das sich mit Rädern, Schneekufen und Schwimmern ausrüsten lässt. An die Erstserie PC-6 Porter schloss sich die **PC-6/350 Porter** an, die den 261 kW (350 HP/355 PS) starken Avco Lycoming IGO-540-A1A einführte und im September 1962 die Zulassung erhielt. Außer an zivile Betreiber ging die Porter auch an die Luftstreitkräfte verschiedener Länder. Unter der Bezeichnung **UV-20A Chiricahua** hatte zudem die US Army zwei **Turbo-Porter** in Berlin stationiert. Bis Ende 1993 waren rund 450 PC-6 aller Versionen an Abnehmer in mehr als 50 Länder ausgeliefert.

Technische Daten: Spannweite 15,87 m; Länge 10,90 m; Höhe 3,20 m; Tragflügelfläche 30,15 m². **Gewicht:** Leergewicht 1270 kg; max. Startgewicht 2800 kg. **Triebwerk:** Pratt & Whitney Kanada PT6A-27-Propellerturbine mit 404 kW (550 WPS). **Leistung:** Höchstgeschwindigkeit 279 km/h; Dienstgipfelhöhe 8840 m; Einsatzreichweite 1611 km. **Besatzung:** 1. **Passagiere:** bis zu 10 oder eine Ladung bis zu 945 kg. *Die Daten beziehen sich auf die PC-6B2-H4.*

Pilatus PC-12

Visitenkarte

Land
Schweiz

Typ
Transportflugzeug

Antrieb
Propellerturbine

Jungfernflug
31. Mai 1991

Gebaute Exemplare
über 45 (noch in Produktion)

Gebaute Versionen
3

Die gegen Ende der Achtzigerjahre entworfene **Pilatus PC-12** ist ein einzigartiger Versuch, ein einzelnes leistungsstarkes Turboprop-Triebwerk mit einer geräumigen Zelle moderner Konstruktion zu kombinieren. Von Anfang an war die PC-12 auf Schnelligkeit und Reichweite hin ausgerichtet. Das für Geschäfts- und V.I.P.-Flüge konzipierte Flugzeug kann 6 bis 10 Passagiere transportieren. Bei der **PC-12F** legte man großen Wert auf die Vielseitigkeit eines Frachtflugzeugs. Eine weitere Version ist die **PC-12P,** von der eine militärische Version zum Truppentransport und Absetzen von Fallschirmjägern in Planung steht. Diese letzte Version hat den Beinamen **Eagle** und kann mit einem Radar, elektronischen Apparaturen und einem Infrarot-System ausgerüstet sowie für strategisch-taktische Überwachungsflüge eingesetzt werden.

Technische Daten: Spannweite 16,23 m; Länge 14,40 m; Höhe 4,26 m; Tragflügelfläche 25,81 m². **Gewicht:** Leergewicht 2386 kg; max. Startgewicht 4100 kg. **Triebwerk:** Pratt & Whitney Kanada PT6A-67B-Propellerturbine mit 1327 kW (1800 WPS). **Leistung:** Höchstgeschwindigkeit 500 km/h; Dienstgipfelhöhe 10.670 m; Einsatzreichweite 3800 km. **Besatzung:** 1-2. **Passagiere:** 9-10. *Die Daten beziehen sich auf die PC-12.*

Pilatus PC-9 (Beech Mk.II)

Im Mai 1982 begann die Konstruktion der **Pilatus PC-9** als Nachfolgerin der PC-7 im Ausbildungsdienst für Anfänger und Fortgeschrittene. Den Hauptunterschied zwischen der PC-7 und der PC-9 bilden ein kräftigeres Triebwerk, ein »gestuftes« Cockpit, eine Luftbremse unter dem Rumpf, modifizierte Tragflächen, ein geändertes Seitenleitwerk und größere Räder mit Hochdruckreifen. Der zweite Prototyp **PC-9 (HB-HPB)** entsprach schon weitgehend dem Serienstandard und wurde am 19. September 1985 von den Schweizer Behörden zugelassen. Erstkäufer war die Union of Burma Air Force. 1985 folgte die Royal Saudi Air Force.1986 kam es ferner zu einem Lizenzvertrag mit der australischen Firma Hawker de Havilland über 67 Flugzeuge für die Royal Australian Air Force. Für den Wettbewerb um das Joint Primary Aircraft Training System (J/PATS) der USAF/USN hatte sich Beechcraft (jetzt Raytheon) mit Pilatus für das gemeinsame Angebot **Beech Mk.II** zusammengetan. Der erste Prototyp **T-37** flog im Dezember 1992. Am 22. Juni 1995 erhält dieses Flugzeug die offizielle Zusage, als Serienflugzeug Beech Mk.II in Produktion zu gehen. 711 Exemplare stehen im Auftragsbuch bei Raytheon, mit vorgesehenen Lieferungen zwischen 1999 und 2017. Der Mk.II verfügt über den leistungsstarken PT6A-68-Motor mit 920 kW (1250 WPS), eine verstärkte Cockpithaube, neue Schleudersitze, modernisierte Avionik und einen Druckbetankungsanschluss. *Fotos: Beech Mk.II (oben), PC-9 (unten).*

Technische Daten: Spannweite 10,12 m; Länge 10,17 m; Höhe 3,26 m; Tragflügelfläche 16,28 m². **Gewicht:** Leergewicht 1685 kg; max. Startgewicht 3200 kg. **Triebwerk:** Pratt & Whitney Canada PT6A-62-Propellerturbine mit 857 kW (1165 WPS). **Leistung:** Höchstgeschwindigkeit 666 km/h; Dienstgipfelhöhe 11.600 m; Einsatzreichweite 1570 km. **Bewaffnung:** eine Bombenlast bis zu 1040 kg. **Besatzung:** 1-2. *Die Daten beziehen sich auf die PC-9.*
Gebaute Versionen: PC-9, PC-9B, PC-9 Mk.II (Beech Mk.II).
Einsatzländer: Angola, Saudi-Arabien, Australien, Birma, Deutschland, Vereinigte Staaten, Schweiz, Thailand.

Visitenkarte

Land
Schweiz

Typ
Schulungsflugzeug

Antrieb
Propellerturbine

Jungfernflug
7. Mai 1984

Gebaute Exemplare
über 160 (noch in Produktion)

Gebaute Versionen
3

Einsatzländer
8

Piper J-3 Cub

Visitenkarte

Land
Vereinigte Staaten

Typ
zweisitziges Leichtflugzeug

Antrieb
Kolbenmotor

Jungfernflug
September 1930

Gebaute Exemplare
über 19.825

Gebaute Versionen
19

C. Gilbert Taylor und sein Bruder gründeten 1929 eine Firma, um das Leichtflugzeug Taylor Chummy zu vermarkten. 1931 erfolgte die Umorganisation zur Taylor Aircraft Company mit W.T. Piper Sr. als Geschäftsführer. Als die Firma in finanzielle Schwierigkeiten geriet, erwarb Piper das Recht zur Herstellung und zum Vertrieb der **Taylor Cub,** die im September 1930 zum ersten Mal geflogen wurde, und gründete 1937 die Piper Aircraft Corporation. Die Cub war ein abgestrebter Hochdecker in Mischbauweise mit Stoffbespannung, hatte ein konventionelles Leitwerk, ein starres Spornrad-Fahrwerk und eine geschlossene Kabine mit zwei Sitzen hintereinander. Die ersten **J-3** waren mit einem Continental-Motor von zuerst 30 kW (41 PS) und später 38 kW (51 PS) ausgestattet. Dieses Modell wurde zum Verkaufsschlager, sodass die Firma 1938, in ihrem ersten Produktionsjahr, nicht weniger als 737 Cub baute. Doch die Konkurrenz schlief nicht und Piper musste nachziehen. 1940 erschien die **J-3C-65 Cub** mit dem Continental A65. Wenig später wurden 40 Exemplare mit der Dienstbezeichnung **O-59** (später **L-4)** bestellt. In der Folge wurden über 5700 Exemplare gebaut und als Beobachtungs-, Verbindungs- und Ausbildungsflugzeug sowohl bei der US Army als auch bei der Navy eingesetzt. Als Piper die Produktion nach dem Zweiten Weltkrieg auf die nochmals verbesserte **Cub J-4 Coupe** umstellte, waren über 14.000 zivile und ca. 5700 militärische Cub-Flugzeuge gebaut worden. *Fotos: J-3.*

Technische Daten: Spannweite 10,73 m; Länge 6,78 m; Höhe 2,03 m; Tragflügelfläche 16,54 m². **Gewicht:** Leergewicht 290 kg; max. Startgewicht 499 kg. **Triebwerk:** Continental A65-Kolbenmotor mit 59 kW (66 PS). **Leistung:** Höchstgeschwindigkeit 148 km/h; Dienstgipfelhöhe 3660 m; Einsatzreichweite 400 km. **Besatzung:** 1. **Passagiere:** 1. *Die Daten beziehen sich auf die J-3C-65.*
Gebaute Versionen: J-3, J-3C-50, J-3C-65, J-3F-50, J-3F-65, J-3L-50, J-3L-65, J-3P-50, YO-59, L-4, L-4A, L-4B, L-4C, L-4D, L-4H, L-4J, TG-8, NE-1, NE-2.

Piper PA-34 Seneca

1972 führte Piper die sechs-/siebensitzige **Piper PA-34 Seneca** ein, die über einen neu konstruierten Rumpf und zwei 150 kW (203 PS) starke Vierzylinder-Boxermotoren von Avco Lycoming verfügte. Die **Seneca II** erschien 1975. Dieses Modell hatte gegenläufige Turboladermotoren und ein verstärktes Fahrwerk für eine höhere Betriebsmasse. Die verbesserte Version **PA-34-220T Seneca III** kam 1982 auf den Markt. Diese aktuelle Serienversion unterscheidet sich vor allem durch den leistungsstärkeren, turbogeladenen und gegenläufigen Sechszylinder-Boxermotor Continental TSIO-360-KB. 1976/77 unterzeichnete Piper ein Abkommen mit der polnischen Außenhandelsgesellschaft Pezetel, das P/Z.L. Mielec zur Endmontage bzw. Fertigung der Seneca für den Verkauf in Osteuropa berechtigt. Der erste Prototyp **P.Z.L. Mielec M-20 Mewa** (Möwe) flog am 25. Juli 1979. *Foto: Seneca III.*

Technische Daten: Spannweite 11,86 m; Länge 8,71 m; Höhe 3,02 m; Tragflügelfläche 19,39 m². **Gewicht:** Leergewicht 1294 kg; max. Startgewicht 2154 kg. **Triebwerk:** zwei Teledyne Continental LTSIO-360-KB mit je 162 kW (220 PS). **Leistung:** Höchstgeschwindigkeit 363 km/h; Dienstgipfelhöhe 7620 m; Einsatzreichweite 1830 km. **Besatzung:** 1. **Passagiere:** bis zu 6. *Die Daten beziehen sich auf die PA-34-220T Seneca IV.*

Visitenkarte

Land
Vereinigte Staaten

Typ
leichtes Verkehrsflugzeug

Antrieb
zwei Boxermotoren

Jungfernflug
1972

Gebaute Exemplare
über 4600 (noch in Produktion)

Gebaute Versionen
über 10

Piper PA-38 Tomahawk

Mit der Modellzulassung am 20. Dezember 1977 führte Piper 1978 ein völlig neues zweisitziges Schul- und Reiseflugzeug unter dem Namen **Piper PA-38-112-Tomahawk** ein. Der freitagende Tiefdecker mit starrem Dreibein-Fahrwerk, T-Leitwerk und einer geschlossenen Kabine für zwei Personen wurde von einem Avco Lycoming O-235-L2C angetrieben. Verbesserungen, die in das Modell einflossen, führten zur Neubezeichnung **PA-38-112 Tomahawk II,** doch 1982 wurde die Produktion aus wirtschaftlichen Gründen gestoppt. Die speziell zur Pilotenschulung entwickelte **Piper Tomahawk** ist ein sicherer Zweisitzer, der nicht nur bei Piper-Flugschulen großen Anklang fand. Es wurden 2497 Exemplare insgesamt gebaut.

Technische Daten: Spannweite 10,36 m; Länge 7,04 m; Höhe 2,76 m; Tragflügelfläche 11,58 m². **Gewicht:** Leergewicht 512 kg; max. Startgewicht 757 kg. **Triebwerk:** Avco Lycoming O-235-L2C mit 838 kW (114 PS). **Leistung:** Höchstgeschwindigkeit 203 km/h; Dienstgipfelhöhe 3960 m; Einsatzreichweite 870 km. **Besatzung:** 1-2. *Die Daten beziehen sich auf die PA-38-112 Tomahawk II.*

Visitenkarte

Land
Vereinigte Staaten

Typ
Schulflugzeug

Antrieb
Boxermotor

Jungfernflug
Oktober 1977

Gebaute Exemplare
2497

Gebaute Versionen
2

Piper PA-28 Cherokee

Visitenkarte

Land
Vereinigte Staaten

Typ
leichtes Passagierflugzeug

Antrieb
Boxermotor

Jungfernflug
14. Januar 1960

Gebaute Exemplare
über 19.000 (noch in Produktion)

Gebaute Versionen
über 30

Als die **Piper PA-28-150 Cherokee** 1960 erstmals flog, ahnte Piper noch nichts von der fast unendlichen Vielfalt dieses Grundmodells oder einer Produktionsdauer bis in die Neunzigerjahre. Die Produktion läuft 1961 an und wird in vier verschiedenen Versionen **(Warrior III, Archer III, Arrow IV** und **Dakota)** am Markt angeboten. Die Cherokee erschien als freitragender Ganzmetall-Tiefdecker mit starrem Bugrad-Fahrwerk, einer geschlossenen Kabine für vier Personen und einem Avco-Lycoming-Boxermotor mit 110 kW (150 PS). 1963 folgte die strukturell verstärkte **PA-28-235** mit 175 kW (238 PS). Die Einführung der **Cherokee Arrow 1967** stellte einen bedeutenden Wechsel dar, denn die neue Maschine hatte ein Einziehfahrwerk, einen Einspritzmotor und einen Propeller mit konstanter Drehzahl.

Technische Daten: Spannweite 10,80 m; Länge 8,33 m; Höhe 2,52 m; Tragflügelfläche 15,79 m². **Gewicht:** Leergewicht 767 kg; max. Startgewicht 1315 kg. **Triebwerk:** Teledyne Continental TSIO-360-FB-Boxermotor mit 150 kW (203 PS). **Leistung:** Höchstgeschwindigkeit 330 km/h; Dienstgipfelhöhe 6100 m; Einsatzreichweite 1660 km. **Besatzung:** 1. **Passagiere:** 3. *Die Daten beziehen sich auf die PA-28RT-201T Turbo Arrow IV.*

Piper PA-31/PA-42

Visitenkarte

Land
Vereinigte Staaten

Typ
leichtes Verkehrsflugzeug

Antrieb
zwei Propellerturbinen

Jungfernflug
30. September 1964

Gebaute Exemplare
über 1500

Gebaute Versionen
über 20

Die Bezeichnung lautete zunächst **Piper PA-31 Inca,** änderte sich bis zur Auslieferung der ersten Serienmaschine am 17. April 1967 aber in **PA-31 Navajo.** Ein sechs- bis achtsitziges Geschäfts- und Zubringerflugzeug in freitragender Tiefdecker-Auslegung mit Einziehfahrwerk wurde mit unterschiedlicher Inneneinrichtung angeboten. Die Fertigung der PA-31 Navajo lief 1972 aus. Das Nachfolgemodell **PA-31T Cheyenne** hatte einen längeren Rumpf und zwei gegenläufige Propellerturbinen. Die Produktion der Navajo wurde 1972 für die **Navajo Chieftain** unterbrochen. Die Auslieferung der **Cheyenne I,** die sich in erster Linie durch eine PT6A-Propellerturbine auszeichnete, begann Ende April 1978. Im Juni 1980 erschien der **PA-42 Cheyenne III.** Der Prototyp hatte eine größere Spannweite, einen längeren Rumpf (11 Plätze), ein T-Leitwerk und einen stärkeren Antrieb. Die 1984 fertig gestellte **Cheyenne IV** wurde mit einem Turboprop-Triebwerk Garrett ausgeliefert. Mit einer Geschwindigkeit von 644 km/h gehörte sie zu den schnellsten aller zweimotorigen Propellerleichtflugzeuge. Die **PA-31P-350 Mojave** wurde 1983 eingeführt. Dieses Flugzeug verband den Antrieb der Chieftain mit der Zelle der Cheyenne II. *Foto: Navajo.*

Technische Daten: Spannweite 14,53 m; Länge 13,23 m; Höhe 4,50 m; Tragflügelfläche 27,22 m². **Gewicht:** Leergewicht 2900 kg; max. Startgewicht 5080 kg. **Triebwerk:** zwei Pratt & Whitney Canada PT6A-41-Propellerturbinen mit je 537 kW (730 WPS). **Leistung:** Höchstgeschwindigkeit 550 km/h; Dienstgipfelhöhe 9750 m; Einsatzreichweite 4150 km. **Besatzung:** 1. **Passagiere:** bis zu 10. *Die Daten beziehen sich auf die PA-42 Cheyenne III.*

Piper PA-18 Super Cub

Das bekannteste Flugzeug der Firma war sicher die **Piper PA-18 Super Cub.** Sie kam Ende 1949 auf den Markt. Die letzte Piper-Serienausführung **PA-18-150** wies wieder die gleiche Grundauslegung wie die **J-3** auf und blieb mit einigen Unterbrechungen bis Mitte der Neunzigerjahre in Produktion. Der Antrieb wechselte vom anfänglichen Vierzylinder-Boxermotor Continental C90-12F mit 67 kW (91 PS) zum leistungsstärkeren Avco Lycoming O-320-Boxer, dessen vier Zylinder 112 kW (152 PS) erzeugten. Eingesetzt wurde diese Maschine im Tourismusbereich, in der Landwirtschaft, zu Ausbildungszwecken und als leichtes Transportflugzeug. Die Super Cub gab es auch mit Kufen und Schwimmern. Auch heute noch findet man diese Maschine im zivilen Bereich. Die militärischen Versionen **L-18** und **L-21** standen im Dienst der amerikanischen Luftstreitkräfte und kamen auch in einigen anderen Ländern zum Einsatz. *Foto: PA-18.*

Technische Daten: Spannweite 10,72 m; Länge 6,88 m; Höhe 1,75 m; Tragflügelfläche 16,58 m^2. **Gewicht:** Leergewicht 482 kg; max. Startgewicht 793 kg. **Triebwerk:** Textron Lycoming O-320-A2B-Boxermotor mit 110 kW (150 PS). **Leistung:** Höchstgeschwindigkeit 209 km/h; Dienstgipfelhöhe 5790 m; Einsatzreichweite 740 km. **Besatzung:** 1. **Passagiere:** 1. *Die Daten beziehen sich auf die PA-18-150.*

Visitenkarte

Land
Vereinigte Staaten

Typ
zweisitziges Leichtflugzeug

Antrieb
Boxermotor

Jungfernflug
August 1949

Gebaute Exemplare
etwa 6300

Gebaute Versionen
über 20

Pitts S-1/S-2

Die erste **Pitts 190 Special** wurde 1947 für die US-Kunstflugpilotin Betty Skelton konstruiert, aber nach der Herstellung relativ weniger Maschinen machte Curtis Pitts die Baupläne Amateuren zugänglich. Zu den aktuellen Serienversionen zählt die **Pitts S-1S Special,** ein einsitziger Doppeldecker mit starrem Spornrad-Fahrwerk und 134 kW (182 PS) starkem Vierzylinder-Boxermotor. Seit 1981 wurde sie durch die einsitzige **S-1T Special** ergänzt, für deren Antrieb ein Avco Lycoming AEIO-360-A1E mit 150 kW (203 PS) und ein Propeller mit gleichbleibender Drehzahl sorgen. Weitere Modelle sind die **S-2A Special** und die **S-2B Special** mit Sechszylinder-Boxermotor mit 194 kW (264 PS). Das heutige Unternehmen Pitts Aerobactics fertigt auch weiterhin Pläne und Bausätze für Amateur-Flugzeugbauer, die über die Fähigkeit, die Geduld und die Zeit verfügen, sich ein Flugzeug nach eigenen Vorstellungen zu bauen. *Foto: S-1.*

Technische Daten: Spannweite 6,10 m; Länge 5,41 m; Höhe 1,94 m; Tragflügelfläche 11,61 m^2. **Gewicht:** Leergewicht 454 kg; max. Startgewicht 680 kg. **Triebwerk:** Avco Lycoming IO-360-A1A mit 150 kW (203 PS). **Leistung:** Höchstgeschwindigkeit 253 km/h; Dienstgipfelhöhe 6125 m; Einsatzreichweite 550 km. **Besatzung:** 1-2. *Die Daten beziehen sich auf die S-2A Special.*

Visitenkarte

Land
Vereinigte Staaten

Typ
Kunstflug-Doppeldecker

Antrieb
Boxermotor

Jungfernflug
September 1944

Gebaute Exemplare
in Produktion

Gebaute Versionen
10

Polikarpow I-15/I-153

Visitenkarte

Land
ehemalige UdSSR

Typ
Jagdeinsitzer

Antrieb
Sternmotor

Jungfernflug
Oktober 1933

Gebaute Exemplare
6660 (3223 I-15, 3437 I-153)

Gebaute Versionen
14

Einsatzländer
6

Den von der **I-5** abgeleiteten Prototyp-Doppeldecker **ZKB-3** konstruierte Polikarpow. Der neue Entwurf zeichnete sich durch Oberflügel aus, die zum Rumpf geknickt waren, Flügelstiele in I-Form und freitragende Fahrwerkseinzelbeine, deren Räder sich mit windschnittigen Kappen versehen ließen. Der Antrieb kam von einem Wright-Sternmotor mit 522 kW (710 PS). 1934 lief die Produktion des Serienjägers **I-15 Tschaika** (Möwe) an. Diese Maschine bewies nicht nur außerordentliche Manövrierqualitäten, sondern gab zudem eine effektive MG-Plattform ab. 287 Exemplare wurden in Lizenz in den spanischen Staatswerken gebaut. Ein verbessertes Exemplar der **I-152** wurde 1937 fertig gestellt. Den Hauptunterschied machte der neue Oberflügel aus, dessen herkömmliches Mittelstück mit einem schrägen N-Strebenpaar zum Rumpf hin abgefangen war. Die Produktion der I-152 endete Anfang 1939. Dieser Typ war an Luftoperationen gegen die Japaner in der Mandschurei beteiligt und spielte auch im Winterkrieg gegen Finnland (1939/40) eine bedeutende Rolle. Im Mai 1939 lieferten die Werke GAZ-1 und GAZ-15 (beide in Moskau) die ersten neuen Serienjäger **Polikarpow I-153 Tschaika** an die sowjetischen Luftstreitkräfte. Rumpf und Leitwerk wurden von der **I-15bis** übernommen und mit einem gestaffelten, einstieligen Doppeldecker-Tragwerk gepaart, dessen Oberflügel wie bei der I-15 zur Rumpfmitte hin einen Knick bildete. Bei Produktionsende im Herbst 1940 waren insgesamt 3437 Exemplare gebaut. *Fotos: I-15 (oben), I-153 (unten).*

Technische Daten: Spannweite 10 m; Länge 6,17 m; Höhe 2,80 m; Tragflügelfläche 22,14 m². **Gewicht:** Leergewicht 1450 kg; max. Startgewicht 2110 kg. **Triebwerk:** M-62-Sternmotor mit 735 kW (1000 PS). **Leistung:** Höchstgeschwindigkeit 444 km/h; Dienstgipfelhöhe 10.700 m; Einsatzreichweite 800 km. **Bewaffnung:** vier 7,62-mm-Maschinengewehre und eine Bombenlast bis zu 200 kg. **Besatzung:** 1. *Die Daten beziehen sich auf die I-153.*

Gebaute Versionen: TsKB-3, I-15, TsKB-3bis, TsKB-3ter, I-152 (I-15bis), I-152TK, I-152GK, I-153, I-153BS, I-153DM, I-153P, I-153V, I-153TKGK, I-190.

Einsatzländer: China, Finnland, Deutschland, Mongolei, Spanien, ehemalige UdSSR.

Polikarpow I-16

Die Polikarpow-Gruppe beim ZKB begann im Frühjahr 1933 mit dem Entwurf des Jagdeinsitzer-Prototyps Polikarpow **ZKB-12.** Der stämmige Tiefdecker mit Einziehfahrwerk und Sternmotor hatte einen hölzernen Schalenrumpf und freitragende Metallflügel mit weit gespannten Querrudern, die zugleich als Spreizklappen zur Minderung der Landegeschwindigkeit dienten. Die **I-16** stellte hohe Ansprüche an ihre Piloten, doch ihre Geschwindigkeit und ausgezeichnete Steigleistung sicherten ihr die amtliche Unterstützung in Form einer Prüfserie von 30 I-16 mit M-22-Motor. Das Modell wurde ständig verbessert und die letzte Ausführung erhielt den M-63 mit 810 kW (1100 PS). Insgesamt 7005 solcher Jäger aller Versionen wurden gebaut, darunter auch Schulflugzeuge mit Doppelsteuerung. Wie die I-15 wurde auch die I-16 während des Krieges in Spanien eingesetzt, außerdem in China und auch in der ersten Phase des Zweiten Weltkrieges. 1941 war das Flugzeug nunmehr endgültig überholt.
Technische Daten: Spannweite 8,88 m; Länge 6,04 m; Höhe 2,41 m; Tragflügelfläche 14,87 m². **Gewicht:** Leergewicht 1475 kg; max. Startgewicht 2060 kg. **Triebwerk:** M-63-Sternmotor mit 810 kW (1100 PS). **Leistung:** Höchstgeschwindigkeit 500 km/h; Dienstgipfelhöhe 9470 m; Einsatzreichweite 600 km. **Bewaffnung:** vier 7,62-mm-Maschinengewehre und eine Bombenlast bis zu 200 kg. **Besatzung:** 1. *Die Daten beziehen sich auf die I-16 Typ 24.*

Visitenkarte

Land
ehemalige UdSSR

Typ
Jagdeinsitzer

Antrieb
Sternmotor

Jungfernflug
31. Dezember 1933

Gebaute Exemplare
7005

Gebaute Versionen
18

Einsatzländer
3

RAF S.E.5

Durch viele erfolgreiche Kampfeinsätze sicherte sich die **Royal Aircraft Factory S.E.5** einen festen Platz in der Luftfahrtgeschichte. Dieser einsitzige Doppeldecker gleicher Spannweite war zweifellos das beste Produkt der königlichen Flugzeugfabrik. Die leichte Manövrierbarkeit wurde vor allem durch den Einbau eines statischen Flugmotors erreicht. Als Standardantrieb wählte man den neuentwickelten Hispano-Suiza-V-Motor mit 112 kW (152 PS), und im April 1917 nahm das Modell den Gefechtsdienst in Frankreich auf. Das Folgemodell hatte den bereits leistungsstärkeren Motor von 150 kW (203 PS) und erhielt die Bezeichnung **S.E.5a.** Die ersten Maschinen dieser Version gelangten im Sommer 1917 an die Front und ersetzten nach und nach die S.E.5. Nachdem noch einige Mängel am Getriebe beseitigt wurden, erwies sich das Flugzeug als ausgezeichneter Luftkampfjäger. Das amerikanische Expeditionskorps flog ebenfalls die S.E.5a.
Technische Daten: Spannweite 8,12 m; Länge 6,38 m; Höhe 2,90 m; Tragflügelfläche 22,67 m². **Gewicht:** Leergewicht 635 kg; max. Startgewicht 887 kg; **Triebwerk:** Hispano-Suiza-Reihenmotor mit 150 kW (203 PS). **Leistung:** Höchstgeschwindigkeit 220 km/h; Dienstgipfelhöhe 6700 m; Einsatzreichweite 500 km. **Bewaffnung:** zwei 7,7-mm-Maschinengewehre und vier Bomben von insgesamt 18 kg. **Besatzung:** 1. *Die Daten beziehen sich auf die S.E.5a.*

Visitenkarte

Land
Großbritannien

Typ
Jagdeinsitzer

Antrieb
Reihenmotor

Jungfernflug
1916

Gebaute Exemplare
5205

Gebaute Versionen
2

Einsatzländer
2

Republic P-47 Thunderbolt

Visitenkarte

Land
Vereinigte Staaten

Typ
Jagdbomber

Antrieb
Sternmotor

Jungfernflug
6. Mai 1941

Gebaute Exemplare
15.677

Gebaute Versionen
15

Einsatzländer
19

Das berühmteste aller Republic-Modelle, die von Alexander Kartveli konstruierte **Republic P-47 Thunderbolt,** spielte eine herausragende Rolle im Zweiten Weltkrieg. Die anfängliche Planung sah vor, die Jäger Republic **AP-4** und **AP-10** unter den Projektnamen **XP-47** und **XP-47A** zu bestellen, wurde aber nach dem Eintreffen erster Kriegsberichte aus Europa aufgegeben. Kartvelis Modell, das auf der Verwendung des Einspritzer-Sternmotors Pratt & Whitney R-2800 Double Wasp basierte, fand Zustimmung, und es folgte der Auftrag zum Bau des Prototyps **XP-47B.** Dieser Versuchsjäger war ein freitragender, bis auf stoffbespannte Kontrollflächen vollständig aus Metall konstruierter Tiefdecker mit einziehbarem Spornrad-Fahrwerk und Jägercockpit mit oben angeschlagener Haube. Nach einigen Problemen lief die Serienproduktion der **P-47B** im März 1942 an und drei Monate später wurde sie bereits bei drei Jagdstaffeln der 56. Fighter Group bei der USAAF in Dienst gestellt. Bis Januar 1943 hatte man diese Jagdgruppe der 8. Air Force in Großbritannien angegliedert. Die wichtigste Version dieser Reihe war aber die **P-47D** mit einem Motor von 1890 kW (2570 PS). Die 12.602 Exemplare hatten den leistungsstärkeren Motor mit Wassereinspritzung. Die **P-47 Thunderbolt** war jedoch ein wahrer Riese, robust, zuverlässig und fähig, erhebliche Schläge zu verkraften, wie die beispiellos niedrige Verlustquote beweist. Allein in Europa brachte es dieses Flugzeug auf 3752 in der Luft und 3315 am Boden zerstörte Feindflugzeuge. Zum Vergleich wurden von den 20 besten Jägerpiloten Deutschlands im Luftkampf 4385 Flugzeuge der Aliierten abgeschossen, von den 30 besten 5985 Flugzeuge. *Fotos: P-47D.*

Technische Daten: Spannweite 12,43 m; Länge 11,02 m; Höhe 4,47 m; Tragflügelfläche 27,87 m². **Gewicht:** Leergewicht 4510 kg; max. Startgewicht 7940 kg. **Triebwerk:** Pratt & Whitney R-2800-59W Double Wasp-Sternmotor mit 1890 kW (2570 PS). **Leistung:** Höchstgeschwindigkeit 690 km/h; Dienstgipfelhöhe 12.500 m; Einsatzreichweite 3060 km. **Bewaffnung:** acht Maschinengewehre 12,7 mm, bis zu 1134 kg Bomben und Raketen. **Besatzung:** 1. *Die Daten beziehen sich auf die P-47D.*

Gebaute Versionen: XP-47B, P-47B, P-47C, P-47D, XP-47D, XP-47F, P-47G, XP-47H, XP-47J, XP-47K, XP-47L, YP-47M, P-47M, XP-47N, P-47N.

Einsatzländer: Bolivien, Brasilien, Chile, Kolumbien, Ecuador, Frankreich, Großbritannien, Guatemala, Honduras, Iran, Italien, ehemaliges Jugoslawien, Mexiko, Peru, Dominikanische Republik, Vereinigte Staaten, Taiwan, Türkei, ehemalige UdSSR.

Republic F-84

Die **Republic F-84 Thunderjet** ist der strahlgetriebene Nachfolger der P-47. Der Typ war als einsitziger Tief-/Mitteldecker in Ganzmetallbauweise mit einziehbarem Bugrad-Fahrwerk konzipiert. Im März 1945 erging ein Auftrag über drei Musterjäger **XP-84.** Nach einigen Produktionsschwierigkeiten zeigte sich nach dem Jungfernflug der Prototypen, dass Republic wiederum ein Hochleistungsflugzeug gelungen war. So stellte am 26. September 1946 einer dieser Versuchsjäger mit 983 km/h einen neuen US-Geschwindigkeitsrekord auf. Als letzte F-84-Ausführung mit »geraden« Tragflächen erschien die **F-84G.** Von den insgesamt 3025 Exemplaren gingen 1936 an NATO-Luftstreitkräfte. Dies war übrigens der erste Jagdeinsitzer, der atomare Waffen zum Einsatz bringen konnte. Durch die Fähigkeit, größere Außenlasten aufnehmen zu können, wurde das Modell **EF-84E** aus der **F-84E** und **G** entwickelt, das mit einem Luftbetankungssystem ausgestattet wurde. Die Einführung von Pfeilflügeln erfolgte erstmals mit der Zelle einer F-84E. Dieser Versuchsjäger **YF-84F** wurde nach einigen Verbesserungen mit einem Wright J65 (ein in Lizenz gebautes Armstrong-Siddeley-Sapphire-Strahltriebwerk) ausgestattet. Nach kleinen Mängeln wurden schließlich alle 2713 gebauten **F-84F Thunderstreak** mit dem 14,6 kN Schub starken Wright J65-W-3 gefertigt. NATO-Luftstreitkräfte übernahmen 1301 Exemplare. Die letzte Entwicklung des Grundentwurfs ergab eine Aufklärungsversion, die **RF-84F Thunderflash.** *Fotos: F-84G (oben), F-84F (unten).*

Technische Daten: Spannweite 10,24 m; Länge 13,23 m; Höhe 4,39 m; Tragflügelfläche 30,19 m². **Gewicht:** Leergewicht 6273 kg; max. Startgewicht 12.700 kg. **Triebwerk:** Wright J65-W-3-Strahltriebwerk mit 3275 kp Schub. **Leistung:** Höchstgeschwindigkeit 1118 km/h; Dienstgipfelhöhe 14.000 m; Einsatzreichweite 3220 km. **Bewaffnung:** sechs 12,7-mm-Maschinengewehre und eine Bombenlast bis zu 2720 kg. **Besatzung:** 1. *Die Daten beziehen sich auf die F-84F.*

Gebaute Versionen: XP-84, YP-84A, P-84B, P-84C, F-84D, F-84E, F-84G, RF-84G, EF-84E, XF-84H, YF-96A, YF-84F, F-84F, RF-84F, RF-84K, YF-84J, F-84KX.

Einsatzländer: Belgien, Dänemark, Frankreich, ehemalige BRD, Griechenland, Italien, Norwegen, Niederlande, Portugal, Vereinigte Staaten, Türkei.

Visitenkarte

Land
Vereinigte Staaten

Typ
Jagdbomber

Antrieb
Strahltriebwerk

Jungfernflug
28. Februar 1946

Gebaute Exemplare
7885

Gebaute Versionen
17

Einsatzländer
11

Republic F-105 Thunderchief

Visitenkarte

Land
Vereinigte Staaten

Typ
Jagdbomber

Antrieb
Strahltriebwerk mit Nachbrenner

Jungfernflug
22. Oktober 1955

Gebaute Exemplare
830

Gebaute Versionen
7

Einsatzländer
1

Während das Modell F-84F in Dienst gestellt wurde, befasste sich Republic bereits seit einigen Jahren mit der Entwicklung eines Hochleistungs-Jagdbombers, der die Nachfolge der Thunderstreak antreten konnte. Zwei Versuchsjäger vom Typ **YF-105A** wurden konzipiert, jedoch erst als das leistungsstarke P&W-Strahltriebwerk J75 mit Nachbrenner einsatzfähig war, baute man die vier Prototypen **YF-105B,** die einen nach der »Flächenregel« eingeschnürten Rumpf, vorgereckte Triebwerkslufteinlässe und das 7484 kp Schub starke YJ75-P-3 hatten. Die 71 seriengefertigten **F-105B** wurden ab August 1958 in den Dienst der USAF gestellt. Das Folgemodell **F-105D** verfügte über eine bessere Avionik, einen leistungsstärkeren Motor und einer Allwettertauglichkeit. Das letzte Modell war die **F-105F.** Ein zweisitziges Schulungsflugzeug mit verlängertem Rumpf. 86 Exemplare dieses Modells wurden in weiterer Folge für »Wild-Weasel«-Einsätze umgerüstet. Die F-105F wurde mit Radarwarnempfängern, Störgondeln, Spezialempfängern zur Erfassung der Startsignale von Boden-Luft-Flugkörpern ausgestattet und im Vietnamkrieg eingesetzt. Von diesen 86 wurden 60 nochmals modifiziert, zunächst in **EF-105F** und später in **F-105G** umbenannt. *Fotos: F-105G (oben), F-105B (unten).*

Technische Daten: Spannweite 10,59 m; Länge 19,61 m; Höhe 5,97 m; Tragflügelfläche 35,77 m². **Gewicht:** Leergewicht 12.474 kg; max. Startgewicht 23.967 kg. **Triebwerk:** Pratt & Whitney J75-P-19W-Strahltriebwerk mit 12.020 kp Schub mit Nachbrenner und Wassereinspritzung. **Leistung:** Höchstgeschwindigkeit 2235 km/h; Dienstgipfelhöhe 12.560 m; Einsatzreichweite 3846 km. **Bewaffnung:** eine 20-mm-Kanone und eine Bombenlast bis zu 6350 kg. **Besatzung**: 1. *Die Daten beziehen sich auf die F-105D.*

Gebaute Versionen: YF-105A, YF-105B, F-105B, F-105D, F-105F, EF-105F, F-105G.

Einsatzländer: Vereinigte Staaten.

Robin DR.400

1969 kehrte das Unternehmen Centre Est zu seinen Wurzeln zurück und änderte seinen Namen wieder in Société des Avions Pierre Robin. Eine neue Serie von Flugzeugen wurde in Angriff genommen, die ebenso erfolgreich sein sollte wie die viersitzige **DR.253** und **DR.315.** Als erster Vertreter einer neuen Serie kam die **DR.400/125 Petit Prince** mit einem 92 kW (127 PS) starken Avco Lycoming aus der Produktionsstätte. Diese Maschine erhielt 1972 die Zulassung als Drei-/Viersitzer. Weitere Modelle waren die **DR.400/180 Regent,** die **DR.400/160 Chevalier,** die **DR.400/140 Major,** die **DR.400/180R Remorqueur** und die kleinste Version, die **DR.400/2+2.** Diese genannten Modelle unterschieden sich vor allem in der Motorleistung. Alle sechs Modelle hatten eine Cockpithaube, die sich anstelle der bisherigen Klapphauben nach vorn über die Motorhaube hinweg aufschieben ließ. 1975 wurde die Petit Prince durch die **DR.400/120 Dauphin 80** ersetzt, 1980 lief die Produktion der DR.400/2+2 aus. Zur Zeit gibt es sieben verschiedene Modelle der DR.400 in Produktion.

Technische Daten: Spannweite 8,72 m; Länge 6,96 m; Höhe 2,23 m; Tragflügelfläche 13,60 m². **Gewicht:** Leergewicht 580 kg; max. Startgewicht 1000 kg. **Triebwerk:** Textron Lycoming O-320-Boxermotor mit 114 kW (155 PS). **Leistung:** Höchstgeschwindigkeit 265 km/h; Dienstgipfelhöhe 4265 m; Einsatzreichweite 860 km. **Besatzung:** 1. **Passagiere:** bis zu 3. *Die Daten beziehen sich auf die DR.400/140B Dauphin 4.*

Visitenkarte

Land
Frankreich

Typ
Leicht-Verkehrsflugzeug

Antrieb
Boxermotor

Jungfernflug
Mai 1972

Gebaute Exemplare
über 1300 (noch in Produktion)

Gebaute Versionen
9

Robinson R22

Der Entwurf für den Prototyp **Robinson R22** wurde in der ersten Hälfte der Siebzigerjahre entwickelt. Die Robinson Helicopter Company arbeitete speziell an der Konstruktion und Vermarktung eines leichten Drehflüglers für die zivile Luftfahrt, der vom Kaufpreis her mit den verfügbaren zweisitzigen Starrflüglern konkurrieren konnte. Im März 1979 wird dem Modell das CAA-Luftfahrttüchtigkeitszeugnis ausgestellt. Vom Grundmodell, das als **R22 Alpha** bekannt wurde, entstanden 500 Exemplare, bis sich 1985 der antriebsstärkere **R22 Beta** anschloss. Der **R22 Mariner** ist mit Schwimmern ausgestattet, der **R22 Police** wird mit einem spezifischen Funksystem ausgeliefert. Weitere Modelle sind der **R22 IFR** (Ausbilder), der **Exernal load R22** und der **R22 Agricultural** (Landwirtschaft). Der Robinson-Bestseller R22 ist in 25 Ländern im EInsatz und in 30 Ländern zugelassen, da dies praktisch der erste Helikopter ist, den sich Privatleute leisten können. *Foto: R22A.*

Technische Daten: Hauptrotordurchmesser 7,67 m; Länge 6,30 m; Höhe 2,72 m; Hauptrotorkreisfläche 46,21 m². **Gewicht:** Leergewicht 379 kg; max. Startgewicht 621 kg. **Triebwerk:** Textron Lycoming O-320-B2C-Kolbenmotor mit 118 kW (160 PS). **Leistung:** Höchstgeschwindigkeit 190 km/h; Dienstgipfelhöhe 4265 m; Einsatzreichweite 322 km. **Besatzung:** 1-2. *Die Daten beziehen sich auf die R22B.*

Visitenkarte

Land
Vereinigte Staaten

Typ
Leicht-hubschrauber

Antrieb
Kolbenmotor

Jungfernflug
28. August 1975

Gebaute Exemplare
über 2500 (noch in Produktion)

Gebaute Versionen
6

Saab-35 Draken

Visitenkarte

Land
Schweden

Typ
Abfangjäger

Antrieb
Strahltriebwerk mit Nachbrenner

Jungfernflug
25. Oktober 1955

Gebaute Exemplare
606

Gebaute Versionen
15

Einsatzländer
4

Schon bald nachdem die schwedische Luftwaffe der Entwicklung und Produktion der Saab-32 zugestimmt hatte, stellte sie einen Anforderungskatalog für ein neues einsitziges Jagdflugzeug auf, das in der Lage sein sollte, Bomber im Überschallbereich abzufangen. Die erstmals am 21. Februar 1952 geflogene Saab-210 lieferte den Nachweis, dass das Doppel-Delta-Tragwerk keinerlei Probleme aufwarf. Es wurden drei Prototypen **Saab-35 i**n Auftrag gegeben. Die Musterflugzeuge erhielten eine kraftverstärkte Flugsteuerung, eine Kombination von Gummi- und Integraltank, sowie ein einziehbares Bugrad-Fahrwerk. Dieses Konzept gestattete einen Landeanflug mit steilem Anstellwinkel, um die aerodynamische Bremswirkung der Deltaflügel auch nach dem Aufsetzen noch voll zur Wirkung kommen zu lassen. Der Typ ging 1956 in Serie, und der erste Serienjäger **J35A Draken** (Drache) startete am 15. Februar 1958 zum Jungfernflug. Die Indienststellung begann im März 1960 bei der Flygflottilj 13 in Norrköping. Für die Flygvapen wurden insgesamt 525 Draken aller Versionen gebaut, von denen sich derzeit noch 60 **J35J** und zwölf **Sk35C** bei vier Staffeln von F10 im Dienst befinden. Saab entwickelte zudem eine Exportversion der Draken mit der Bezeichnung **Saab-35X,** die eine größere Treibstoffkapazität bot. Abnehmer waren Dänemark, Finnland und Österreich, das Mitte der Achtzigerjahre 23 **Saab-J35Oe** als primäre Abfangjäger einkaufte. Der Draken wurde in Dänemark 1994 zurückgezogen, während die letzten finnischen Flugzeuge bis in das Jahr 2000 fliegen sollten. *Fotos: Sk35C (oben), J35J (unten).*

Technische Daten: Spannweite 9,42 m; Länge 15,34 m; Höhe 3,89 m; Tragflügelfläche 49,20 m². **Gewicht:** Leergewicht 7420 kg; max. Startgewicht 12.500 kg. **Triebwerk:** Volvo RM6C-Strahltriebwerk mit 7830 kp Schub mit Nachbrenner. **Leistung:** Höchstgeschwindigkeit 2125 km/h; Dienstgipfelhöhe 16.000 m; Einsatzreichweite 2750 km. **Bewaffnung:** eine 30-mm-Kanone und bis zu sechs Luft-Luft-Raketen. **Besatzung:** 1. *Die Daten beziehen sich auf die J35J.*

Gebaute Versionen: Saab-35, J35A, J35B, Sk35C, S35E, J35F, J35J, 35S, 35FS, 35BS, 35CS, F-35, RF-35, TF-35, 35Oe.

Einsatzländer: Österreich, Dänemark, Finnland, Schweden.

Saab-37 Viggen

Die Entwicklung der Saab-37 wurde eingeleitet, um der schwedischen Luftwaffe ein vollkommen integriertes Waffensystem zur Verfügung zu stellen. Die Auslegung umfasste ein großes Deltatragwerk am Hinterrumpf, kombiniert mit Delta-Vorflügeln samt Klappen an der Hinterkante. Die Canardflügel-Baugruppe sollte für eine bessere STOL-Leistung sorgen, damit die **Saab-37** von Kurzpisten aus operieren konnte. Die Saab 37 wurde zum Landeanflug mit einer Sinkgeschwindigkeit von 5 m/s entworfen und mit einem besonderen Fahrwerk versehen, das derart heftige Landestöße auffangen konnte. Sobald die Maschine aufsetzt, greift die Schubumkehr ein und sorgt zusammen mit der Antiblockier-Bremsanlage für eine minimale Ausrollstrecke. Zum hohen Kampfwert dieses Modells trägt der Einbau modernster Avioniksysteme bei. Der erste einsitzige Jäger **AJ37 Viggen** (Donnerschlag) flog am 23. Februar 1971. Vier Monate später wurden die ersten Maschinen ausgeliefert. Dieser Version folgten die **SF37,** ein Aufklärer mit Bordradar, die **SH37 Viggen,** ausgerüstet zur Seeraumüberwachung, und die zweisitzige **SK37 Viggen,** die zur Ausbildung der Piloten dient. Bevor die **JAS39 Gripen** einsatzbereit war, wurden 115 **AJ, SR** und **SH37** nachgerüstet. Daraus entstand 1993 die **AJS37 Viggen,** die einen digitalen Datenbus, der ihr zur echten Mehrfach-Rollenfähigkeit verhilft, ein Geländefolge-Bordradar und andere technische Komponenten enthielt. *Fotos: JA37 (oben), SH37 (unten).*

Technische Daten: Spannweite 10,60 m; Länge 16,40 m; Höhe 5,90 m; Tragflügelfläche 46 m². **Gewicht:** max. Startgewicht 20.000 kg. **Triebwerk:** Volvo RM8B-Strahltriebwerk mit 12.750 kp Schub mit Nachbrenner. **Leistung:** Höchstgeschwindigkeit 2200 km/h; Dienstgipfelhöhe 18.000 m; Einsatzreichweite 2000 km. **Bewaffnung:** eine 30-mm-Kanone und bis zu sechs Luft-Luft-, oder Luft-Boden-Raketen. **Besatzung:** 1. *Die Daten beziehen sich auf die JA37.*
Gebaute Versionen: Saab-37, AJ37, SF37, SH37, SK37, JA37, AJS37.
Einsatzländer: Schweden.

Visitenkarte

Land
Schweden

Typ
Jagdbomber, Aufklärer

Antrieb
Strahltriebwerk mit Nachbrenner

Jungfernflug
8. Februar 1967

Gebaute Exemplare
329

Gebaute Versionen
7

Einsatzländer
1

Saab-39 Gripen

Visitenkarte

Land
Schweden

Typ
Mehrzweck-Leichtjäger

Antrieb
Strahltriebwerk mit Nachbrenner

Jungfernflug
9. Dezember 1988

Gebaute Exemplare
204 (in Bestellung von Schweden)

Gebaute Versionen
2

Einsatzländer
1

Anfang der Achtzigerjahre begann man am Entwurf eines Nachfolgemodells für die Draken und Viggen zu arbeiten. Strikte Regierungsvorgaben bestimmten, dass das neue Flugzeug nur max. 65 Prozent mehr kosten und nur halb so viel wiegen dürfte wie eine Saab-37. Gefordert war ein echtes Mehrzweck-Kampfflugzeug. Die Entwürfe zielten auf einen einsitzigen einmotorigen Deltaflügler mit einer »Fly-by-Wire«-Flugsteuerung und beweglichen Canardflügeln. Saab, Volvo Flygmotor, Ericsson und FFV gründeten die Industriegruppe JAS. 1982 kommt es zur Entwicklung von fünf Prototypen der **JAS39 Gripen** (Greif). Der schwedische Bedarf wurde mit 350 Flugzeugen beziffert. Bei den zahlreichen Testflügen ereignete sich am 2. Februar 1989 ein gravierender Rückschlag. Aufgrund eines Fehlers der Flugsteuerungsanlage stürzte ein Prototyp ab. Nach weiteren Verbesserungen flog das zweite Modell am 4. Mai 1990. Am 8. Juni 1993 übernahmen die Flygvapen in Linköping die ersten Gripen und überstellten sie noch am selben Tag an F7 in Satenäs. Saab plant die Auslieferung von 140 **JAS39** und 14 **JAS39B** (kampftaugliche Doppelsitzer) zwischen 1993 und 2002. Am 29. September 1995 wurde das erste Exemplar der zweisitzigen JAS39B vorgestellt, das Modell, das vor allem der Pilotenausbildung dient. Von den insgesamt 176 Einsitzern, die die schwedische Luftwaffe bestellte, wurden bereits 28 geliefert. Bis 2007 sollte der Auftrag erfüllt sein. Saab bemüht sich auch um Exportaufträge und setzt auch weiterhin große Hoffnungen auf die JAS39. *Fotos: JAS39.*

Technische Daten: Spannweite 8,40 m; Länge 14,10 m; Höhe 4,50. **Gewicht:** Leergewicht 6620 kg; max. Startgewicht 12.500 kg. **Triebwerk:** Volvo RM12-Strahltriebwerk mit 8220 kp Schub mit Nachbrenner. **Leistung:** Höchstgeschwindigkeit 2000 km/h; Dienstgipfelhöhe 18.000 m; Einsatzreichweite 1800 km. **Bewaffnung:** eine 27-mm-Kanone, bis zu sechs Luft-Luft- oder Luft-Boden-Raketen. **Besatzung:** 1. *Die Daten beziehen sich auf die JAS39A.*
Gebaute Versionen: JAS39A, JAS39B.
Einsatzländer: Schweden.

Saab-105

Mit der in Eigeninitiative entwickelten **Saab-105** wollte der Hersteller seine Produktlinie durch ein leichtes, strahlgetriebenes Modell bereichern, das vielfältige Verwendungen im zivilen und militärischen Bereich finden konnte. Der freitragende Schulterdecker, leicht erkennbar an der ausgeprägt negativen V-Stellung seiner Tragflügel und an seinem hohen T-Leitwerk, ist mit einem einziehbaren Bugrad-Fahrwerk und zwei beidseitig am Rumpf in Gondeln montierten Turbofan-Triebwerken ausgestattet. 1964 vergab die Flygvapen einen Auftrag über 130 Serienflugzeuge, der später noch auf 150 Exemplare erhöht wurde. Als Erstes kam am 29. August 1965 das Schul-/Verbindungsflugzeug **Sk60A** in die Luft, das sich in Zweitfunktion als leichtes Kampfflugzeug einsetzen ließ. Die **Sk60B** war ein reines Kampfflugzeug. Das Modell **Sk60C** fiel einer Reihe von Kampf- und Aufklärungsflugzeugen zu, die durch Umrüstung der Sk60B mit eingebauter Luftbildkamera entstanden. Überdies fertigte Saab 40 **Saab-105Oe** für die österreichischen Luftstreitkräfte. *Foto: Sk60B.*

Technische Daten: Spannweite 9,50 m; Länge 10,80 m; Höhe 2,70 m; Tragflügelfläche 16,30 m². **Gewicht:** Leergewicht 2565 kg; max. Startgewicht 6500 kg. **Triebwerk:** zwei Turbojet-Triebwerke General Electric J85-17B mit je 1290 kp Schub. **Leistung:** Höchstgeschwindigkeit 970 km/h; Dienstgipfelhöhe 12.000 m; Einsatzreichweite 1800 km. **Bewaffnung:** eine 30-mm-Kanone und eine Bombenlast bis zu 2000 kg. **Besatzung:** 1-2. *Die Daten beziehen sich auf die Saab-105Oe.*

Visitenkarte

Land
Schweden

Typ
leichtes Mehrzweck-Düsenflugzeug

Antrieb
zwei Strahltriebwerke

Jungfernflug
29. Juni 1963

Gebaute Exemplare
190

Gebaute Versionen
6

Einsatzländer
2

Saab-2000

Die Erfahrungen mit dem Regionalflugzeug **S340** diente als Basis zur Entwicklung eines neuen schnellen Turboprop-Airliners mit 50 Sitzplätzen: die **Saab-2000.** Den Startschuss erteilte der Saab-Stammkunde Moritz Suter am 15. Dezember 1988 mit einer Festbestellung für Crossair über 25 Flugzeuge und weitere 25 Exemplare als Option. Ende 1989 hatte man das Projekt Saab-2000 endgültig definiert und wesentliche Konstruktionsanteile an andere Hersteller wie CASA in Spanien, die für die Tragflächen verantwortlich zeichnet, Valmet in Finnland, die das Leitwerk bauten, und Westland in England, die den Hinterrumpf konzipierten, vergeben. Im Februar 1990 lief die Fertigung der Saab-2000 in Linköping an, und am 26. März 1992 startete der Prototyp zum Jungfernflug. Saab hatte insgesamt einen Bedarf von 1400 neuen 40- bis 50-sitzigen Regionalflugzeugen. Dem Hersteller liegen über 100 bezahlte Optionen vor, doch bis März 1995 waren nur 42 Festbestellungen eingegangen. Die Auslieferung an Crossair setzte am 30. August 1994 ein.

Technische Daten: Spannweite 24,76 m; Länge 27,03 m; Höhe 7,73 m; Tragflügelfläche 55,70 m². **Gewicht:** Leergewicht 13.500 kg; max. Startgewicht 22.000 kg. **Triebwerk:** zwei Propellerturbinen Allison GMA 2100 mit je 3096 kW (4210 WPS). **Leistung:** Höchstgeschwindigkeit 680 km/h; Dienstgipfelhöhe 9450 m; Einsatzreichweite 2640 km. **Besatzung:** 2, mehrere Flugbegleiter. **Passagiere:** bis zu 58.

Visitenkarte

Land
Schweden

Typ
schnelles Regionalflugzeug

Antrieb
zwei Propellerturbinen

Jungfernflug
26. März 1992

Gebaute Exemplare
über 45
(in Produktion)

Gebaute Versionen
1

Saab-32 Lansen

Visitenkarte

Land
Schweden

Typ
Allwetterjäger, -aufklärer

Antrieb
Strahltriebwerk mit Nachbrenner

Jungfernflug
3. November 1952

Gebaute Exemplare
450

Gebaute Versionen
5

Einsatzländer
1

Der Entwurf der **Saab 32-Lansen** wurde Ende der Vierzigerjahre eingeleitet, um der schwedischen Luftwaffe ein allwettertaugliches Kampfflugzeug zur Verfügung zu stellen. Nach einigen Verzögerungen wurden vier Prototypen der Saab-32 in Auftrag gegeben. Der zweisitzige Tiefdecker war mit kraftverstärkter Flugsteuerung, einziehbarem Bugrad-Fahrwerk und druckbelüfteter Kabine mit zwei hintereinander angeordneten Schleudersitzen für die Besatzung ausgestattet. Die Tragflächen waren um 35° zurückgepfeilt. 1953 lief die Produktion der **A32A Lansen** (Lanze) an. Weitere Modelle waren der **J32B,** ein Allwetter-/Nachtjäger, die Aufklärungsvariante **S32C** und die **J32E,** die als elektronisches Angriffsflugzeug modifiziert wurde. Als die Auslieferung der letzten J32B am 2. Mai 1960 endete, waren insgesamt 450 Exemplare aller Versionen der Saab-32 für die Flygvapen gebaut worden. 1993 befanden sich nur noch wenige Lansen im Dienst. *Foto: J32E.*

Technische Daten: Spannweite 13 m; Länge 14,50 m; Höhe 4,65 m; Tragflügelfläche 37,40 m². **Gewicht:** Leergewicht 7000 kg; max. Startgewicht 13.500 kg. **Triebwerk:** Strahltriebwerk Flygmotor RM6B mit 6900 kp Schub mit Nachbrenner. **Leistung:** Höchstgeschwindigkeit 1145 km/h; Dienstgipfelhöhe 16.000 m; Einsatzreichweite 3200 km. **Bewaffnung:** vier 30-mm-Kanonen und bis zu vier Luft-Luft-Raketen. **Besatzung:** 2. *Die Daten beziehen sich auf die J32B.*

Short S.C.7 Skyvan

Visitenkarte

Land
Großbritannien

Typ
Mehrzwecktransportflugzeug

Antrieb
zwei Propellerturbinen

Jungfernflug
17. Januar 1963

Gebaute Exemplare
153

Gebaute Versionen
8

Die Entwicklung der **Short S.C.7 Skyvan** begann 1959 in privater Initiative, und der Prototyp **Skyvan Serie 1** flog erstmals am 27. Januar 1963. Bestimmende Merkmale dieses Typs waren Tragflächen hoher Streckung nach dem Vorbild der Hurel-Dubois-Flugzeuge und ein Rumpf mit quadratischem Querschnitt für maximales Raumvolumen, konstruiert aus leichten, doppellagigen Schalen und mit einer angelenkten Ladetür als Heckunterseite. Als **Skyvan Serie 1A** flog die Maschine im Mai 1963. Die nachfolgenden Versionen wurden vor allem im Antrieb verbessert. In der Auslegung eines Passagierflugzeugs konnte die Skyvan 19 Personen aufnehmen, ebenso wie die Luxusausführung **Skyliner** von 1970. Andere Serienversionen waren die militärische **Skyvan Mk.3M** und die für ein höheres Betriebsgewicht zugelassene **Skyvan Serie 3M-200.** Bis zur Einstellung der Produktion im Jahre 1986 wurden 153 Skyvan aller Versionen gefertigt. Skyvan dienten in 47 Ländern unter 15 militärischen Organisationen und bei über 70 zivilen Betreibern.

Technische Daten: Spannweite 19,79 m; Länge 12,22 m; Höhe 4,60 m; Tragflügelfläche 34,65 m². **Gewicht:** Leergewicht 3330 kg; max. Startgewicht 5670 kg. **Triebwerk:** zwei Garrett TPE331-201-Propellerturbinen mit je 533 kW (725 PS). **Leistung:** Höchstgeschwindigkeit 330 km/h; Dienstgipfelhöhe 6860 m; Einsatzreichweite 1120 km. **Besatzung:** 2. **Passagiere:** bis zu 19. *Die Daten beziehen sich auf die Skyvan Serie 3.*

Short S.29 Stirling

Visitenkarte

Land
Großbritannien

Typ
Bombenflugzeug

Antrieb
vier
Sternmotoren

Jungfernflug
14. Mai 1939

Gebaute Exemplare
2359

Gebaute Versionen
5

Einsatzländer
1

Die Spezifikation B.12/36, die das Air Ministry 1936 veröffentlichte, bezog sich auf einen schweren Bomber für eine sieben- bis achtköpfige Mannschaft. Das Versuchflugzeug **Short S.31,** das erstmals im September 1938 flog, war eine im halben Maßstab gebaute **Short S.29 Stirling,** dessen Prototyp am 14. Mai 1939 zum Jungfernflug startete. Seinen Antrieb lieferten vier 1025 kW (1394 PS) starke Bristol Hercules II. Die Auslieferung dieses Modells begann im August 1940, und in der Nacht des 10./11. Februar 1941 griff die Stirling zum ersten Mal in das Kampfgeschehen ein. Weitere Verbesserungen führten zum Modell **Stirling Mk.III,** mit vier Hercules-Sternmotoren der Bauart XVI anstelle der älteren Hercules-Marke XI. Als das Bomber Command über genügend Avro Lancaster und Handley Page Halifax verfügte, wurde die Stirling 1944 von ihrer Bomberfunktion entbunden, denn das Flugzeug hatte eine unzureichende Dienstgipfelhöhe. Ab 1944 diente die Stirling als Truppentransporter und Schleppflugzeug für Lastensegler unter der Bezeichnung **Stirling Mk.IV.** So konnten sie eine General Aircraft Hamilcar oder zwei Airspeed Horsa zum Sturmangriff oder bis zu fünf General Aircraft Hotspur bei Überführungsflügen und zu Übungszwecken schleppen. Das Folgemodell **Stirling Mk.V** konnte 40 Soldaten oder 20 voll ausgerüstete Fallschirmjäger transportieren. Die Mk.V war das letzte Stirling-Flugzeug im Dienst. *Fotos: Mk.V (oben), Mk.I (unten).*

Technische Daten: Spannweite 30,20 m; Länge 26,59 m; Höhe 6,93 m; Tragflügelfläche 135,63 m². **Gewicht:** Leergewicht 19.595 kg; max. Startgewicht 31.750 kg. **Triebwerk:** vier Bristol Hercules XVI-Sternmotoren mit je 1230 kW (1673 PS). **Leistung:** Höchstgeschwindigkeit 435 km/h; Dienstgipfelhöhe 5180 m; Einsatzreichweite 3100 km. **Bewaffnung:** acht 7,7-mm-Maschinengewehre und eine Bombenlast bis zu 6350 kg. **Besatzung:** 8. *Die Daten beziehen sich auf die Stirling Mk.III.*

Gebaute Versionen: Short S.29, Stirling Mk.I, Mk.III, Mk.IV, Mk.V.

Einsatzländer: Großbritannien.

SEPECAT Jaguar

Visitenkarte

Land
Frankreich, Großbritannien

Typ
Jagdflugzeug

Antrieb
zwei Strahltriebwerke mit Nachbrenner

Jungfernflug
23. März 1969

Gebaute Exemplare
588

Gebaute Versionen
12

Einsatzländer
6

Mitte der Sechzigerjahre beschlossen Frankreich und Großbritannien, gemeinsam einen neuen Ausbilder, der auch für Bodenangriffe genutzt werden sollte zu konstruieren. Im Mai 1965 konnte das ausgewählte Programm Breguet 121 starten. Frankreich und Großbritannien gründeten eine gemeinsame Gesellschaft mit Beteiligung der Firmen BAC und Breguet; sie wurde als SEPECAT (Société Européenne de Production de l'Avion d'Ecole de Combat et d'Appui Tactique) bezeichnet. Der Entwurf sah einen zweistrahligen Jäger mit hoch angesetzten Deltaflügeln und hohem, robustem Fahrwerk vor. Die für Frankreich vorgesehenen Versionen **(A** und die zweisitzige Version **E)** unterschieden sich von den für Großbritannien entworfenen Modellen **(GR Mk.1** und **T Mk.2)** zunächst nur geringfügig, doch im Laufe der Jahre ergaben sich wesentliche Änderungen, vor allem im Bereich der Avionik, wodurch sich die einzelnen Modelle für verschiedene Einsatzmöglichkeiten spezialisierten. 1972 fanden die ersten Lieferungen an die französischen Luftstreitkräfte statt, zwei Jahre später gingen die ersten Exemplare an die R.A.F. 1976 absolvierte die für den Export vorgesehene **Jaguar International** ihren Jungfernflug, unter den Interessenten war auch Indien, wo 91 Exemplare unter dem Namen **Shamsher** in Lizenz produziert wurden. Erst im Laufe der ersten Jahre des 21. Jahrhunderts soll der Jaguar in Frankreich von der Rafale und in Großbritannien von der EF.2000 ersetzt werden. *Fotos: GR Mk.3 (oben), Jaguar E (unten).*

Technische Daten: Spannweite 8,69 m; Länge 15,52 m; Höhe 4,89 m; Tragflügelfläche 24 m². **Gewicht:** Leergewicht 6985 kg; max. Startgewicht 15.700 kg. **Triebwerk:** zwei Rolls-Royce/Turboméca Adour Mk.104-Strahltriebwerke mit je 3650 kp Schub mit Nachbrenner. **Leistung:** Höchstgeschwindigkeit 1700 km/h; Dienstgipfelhöhe 12.000 m; Einsatzreichweite 2900 km. **Bewaffnung:** zwei 30-mm-Kanonen und eine Bombenlast bis zu 4536 kg. **Besatzung:** 1. *Die Daten beziehen sich auf die GR Mk.1.*

Gebaute Versionen: Jaguar A, E, GR Mk.1, GR Mk.1A, GR Mk.1B, T Mk.2, T Mk.2A, T Mk.2B, GR Mk.3, T Mk.4, International, Shamsher.

Einsatzländer: Ecuador, Frankreich, Großbritannien, Indien, Nigeria, Oman.

SIAI S.205/208

Der Prototyp **SIAI-Marchetti S.205** startete am 4. Mai 1965 zum Erstflug und wurde wenig später auf dem Pariser Salon de l'Aéronautique vorgestellt. Das viersitzige Kabinenreiseflugzeug war als freitragender Tiefdecker mit wahlweise einziehbarem oder starrem Bugrad-Fahrwerk ausgelegt. Das Modell sollte von Motoren der Leistungsklasse 132 kW (180 PS) bis 220 kW (300 PS) angetrieben werden. Das leistungsstärkere Modell **S.208** flog erstmals am 22. Mai 1967 mit einem 192 kW (260 PS) starken Motor. Die Produktion aller Versionen der S.205 und S.208 ergab in vier Jahren knapp 400 Flugzeuge, darunter 44 **S.205M** für den Verbindungs- und Ausbildungsdienst bei der Aeronautica Militare Italiana. Diese Variante unterscheidet sich von der zivilen S.208 durch eine Kabinentür auf der rechten Seite, die im Notfall abgeworfen werden kann, und durch eine zweite Kabinentür backbord. Die Militärflugzeuge sind standardmäßig mit einer kompletten Blindflug- und Navigationsausrüstung versehen. Die S.205 wurde doch mehr als Vorläuferin der S.208 gesehen, die sich durch eine Rundsichtkabine und einen stärkeren Antrieb zur Beförderung von fünf Personen eignete. *Foto: S.208.*

Technische Daten: Spannweite 10,86 m; Länge 8,10 m; Höhe 2,89 m; Tragflügelfläche 16,09 m². **Gewicht:** Leergewicht 780 kg; max. Startgewicht 1500 kg.

Triebwerk: Lycoming O-540-E4A5 mit 192 kW (260 PS). **Leistung:** Höchstgeschwindigkeit 285 km/h; Dienstgipfelhöhe 5400 m; Einsatzreichweite 1200 km. **Besatzung:** 1. **Passagiere:** bis zu 4. *Die Daten beziehen sich auf die S.208.*

Visitenkarte

Land
Italien

Typ
Kabineneindecker

Antrieb
Boxermotor

Jungfernflug
4. Mai 1965

Gebaute Exemplare
etwa 520

Gebaute Versionen
10

SIAI S.211

Der Hersteller hatte das Modell in Privatinitiative entwickelt, wohl wissend, dass Bestellungen von der Aeronautica Militare Italiana kaum zu erwarten waren. Die **S.211** ist ein kompakter zweisitziger Schulterdecker mit einziehbarem Bugrad-Fahrwerk, der in Zweitfunktion auch als leichtes Kampfflugzeug eingesetzt werden kann. Die Auslieferung begann erst 1984, und bislang hielt sich der Beschaffungsumfang in Grenzen. Vier nach Haiti gelieferte Maschinen wurden retourniert, sodass die S.211 nur mehr bei zwei Nationen Dienst leistet. Der Hauptnutzer ist Singapur mit 30 Flugzeugen, die bei zwei Staffeln zur Grundausbildung von Strahlflugzeugführern eingesetzt sind. 1988 bestellten die Philippinen 14 Exemplare zur Lizenzfertigung durch die Philippine Aircraft Development Co. (PADCO). Die Version **S.211 JPATS** wurde speziell für das von der USAF/USN ausgeschriebene Joint Primary Aircraft Training System (JPATS) eingereicht, mit Grumman Aircraft Systems als US-Partner. Obwohl das Flugzeug den Anforderungen entsprach, wurde es nicht ausgewählt.

Technische Daten: Spannweite 8,47 m; Länge 9,50 m; Höhe 3,80 m; Tragflügelfläche 12,66 m². **Gewicht:** Leergewicht 2020 kg; max. Startgewicht 3500 kg. **Triebwerk:** Pratt & Whitney Canada JT15D-5C-Strahltriebwerk mit 1450 kp Schub. **Leistung:** Höchstgeschwindigkeit 760 km/h; Dienstgipfelhöhe 12.800 m; Einsatzreichweite 1800 km. **Bewaffnung:** eine Bombenlast bis zu 660 kg. **Besatzung:** 1-2. *Die Daten beziehen sich auf die S.211A.*

Visitenkarte

Land
Italien

Typ
Schulungsflugzeug

Antrieb
Strahltriebwerk

Jungfernflug
10. April 1981

Gebaute Exemplare
63

Gebaute Versionen
2

Einsatzländer
3

SOKO G-4 Super Galeb

Visitenkarte

Land
Jugoslawien

Typ
Ausbilder, leichtes Kampfflugzeug

Antrieb
Strahltriebwerk

Jungfernflug
17. Juli 1978

Gebaute Exemplare
etwa 90

Gebaute Versionen
1

Einsatzländer
2

Das zweisitzige Grundschul- und leichte Kampfflugzeug **SOKO G-4 Super Galeb** unterschied sich dabei erheblich von seinem Namensvetter **G-2A Galeb,** den es bei den Ausbildungseinheiten der jugoslawischen Luftstreitkräfte ablösen sollte. Ins Auge fällt vor allem das gepfeilte Trag- und Leitwerk mit deutlich negativer V-Stellung der Höhenflossen. Die erste von sechs Vorserienmaschinen **G-4 PPP** flog am 17. Dezember 1980. Die Serienflugzeuge erhielten die Bezeichnung **G-4** und waren durch abgewinkelte Pendelhöhenruder sowie umfangreiche Avionikverbesserungen gekennzeichnet. Die G-4 flog ab 1983 und wurde in großer Stückzahl für die jugoslawische Luftwaffe beschafft. Unter der Bezeichnung **G-4M** wurde ein moderner Erdkampftrainer mit fortschrittlicher Avionik, einem besseren Navigations- und Waffeneinsatzsystem sowie Lenkwaffenstartschienen an den Flächenenden entwickelt. Ein Prototyp ist allerdings bislang nicht in die Luft gestiegen. Ein entsprechender Einsitzer befindet sich als **G-5** in der Entwicklung.

Technische Daten: Spannweite 9,88 m; Länge 11,86 m; Höhe 4,28 m; Tragflügelfläche 19,50 m^2. **Gewicht:** Leergewicht 3250 kg; max. Startgewicht 6330 kg. **Triebwerk:** Rolls-Royce Viper 632-Strahltriebwerk mit 1814 kp Schub. **Leistung:** Höchstgeschwindigkeit 910 km/h; Dienstgipfelhöhe 12.000 m; Einsatzreichweite 1200 km. **Bewaffnung:** eine 23-mm-Kanone und eine Bombenlast bis zu 1200 kg. **Besatzung:** 1-2.

Sikorsky S-55

Visitenkarte

Land
Vereinigte Staaten

Typ
Transporthubschrauber

Antrieb
Sternmotor

Jungfernflug
10. November 1949

Gebaute Exemplare
1278

Gebaute Versionen
11

1948 erhielt Sikorsky einen Auftrag über fünf **Sikorsky S-55** für die USAF zur Auswahl als Nutzhubschrauber YH-19. Der Prototyp **YH-19** flog erstmals im November 1949. Die Maschine wurde von einem Sternmotor angetrieben, der im Bug montiert war und seine Leistung von 410 kW (558 PS) über eine lange Fernwelle an das Hauptrotorgetriebe abgab. Die Versionen **H-19A** und **H-19B,** die sich in der Leistung des Motors unterschieden, waren im Dienst der USAF. Die analogen **H-19C** und **D** hatte die US Army für ihre Zwecke umgerüstet. Sie waren mit stärkeren Motoren ausgestattet und konnten außer den zwei Piloten auch bis zu zehn Soldaten oder sechs Tragbahren transportieren. Weitere Versionen des Flugzeugs wurden von der US Navy, den Marines und noch einigen anderen Luftstreitkräften eingesetzt. Der **H-19** wurde in Lizenz sowohl in Japan von Mitsubishi als auch in Großbritannien als **»Whirlwind«** von Westland gebaut. Die Sikorsky-Serie S-55 ist inzwischen Geschichte. *Foto: H-19D.*

Technische Daten: Hauptrotordurchmesser 16,16 m; Länge 12,88 m; Höhe 4,07 m. **Gewicht:** Leergewicht 2380 kg; max. Startgewicht 3580 kg. **Triebwerk:** Wright R-1300-3-Sternmotor mit 588 kW (800 PS). **Leistung:** Höchstgeschwindigkeit 180 km/h; Dienstgipfelhöhe 1770 m; Einsatzreichweite 578 km. **Besatzung:** 2. **Passagiere:** bis zu 10 Soldaten. *Die Daten beziehen sich auf die H-19B/D.*

Sikorsky S-61

Der **Sikorsky HSS-2,** der die Funktionen Ortung und Bekämpfung von U-Booten in einem Flugwerk vereinen sollte, war Planungsziel eines Auftrages der US Navy. Gefordert wurde ein allwettertauglicher U-Boot-Jagdhubschrauber mit »Tauchsonar« und einer offensiven Waffenlast von 381 kg. Der Entwurf **S-61** sah ein seetüchtiges, mit Stabilisierungsschwimmern am Bootsrumpf einziehbares Fahrwerk und einen Fünfblatthauptrotor vor, angetrieben von zwei Wellenturbinen. Der Prototyp flog erstmals am 11. März 1959, und es folgten sieben Erprobungshubschrauber **YHSS-2.** Die erste Serienversion **SH-3A Sea King** wurde an die Flottenstaffeln ab September 1961 ausgeliefert. Die im Kern ähnlichen **CH-124,** die United Aircraft of Canada herstellte, gingen an die kanadische Marine. Dieses Modell wurde in den unterschiedlichsten Versionen von vielen Luftstreitkräften rund um den Erdball eingesetzt. Die im Vietnamkrieg berühmt gewordene **»Jolly Green Giant«** war ein auf den Standard HH-3E umgerüsteter Rettungshubschrauber mit Panzerschutz, selbstversiegelnden Tanks, einer einziehbaren Rettungswinde und einem 12,7-mm-Maschinengewehr für Verteidigungszwecke. Zivile Versionen für Passagierdienste begannen mit dem nicht amphibientauglichen **S-61L,** der am 6. Dezember 1960 seinen Jungfernflug absolvierte. In seinem gestrecktem Rumpf fanden bis zu 30 Passagiere Platz. Ihm folgte der amphibientaugliche **S-61N** mit versiegeltem Rumpf und Stabilisierungsschwimmern, die das Einziehfahrwerk aufnahmen. *Fotos: SH-3D (oben), HH-3F (unten).*

Technische Daten: Hauptrotordurchmesser 18,90 m; Länge 16,69 m; Höhe 5,13 m; Hauptrotorkreisfläche 280,50 m². **Gewicht:** Leergewicht 5380 kg; max. Startgewicht 9750 kg. **Triebwerk:** zwei General Electric T58-GE-10-Wellenturbinen mit je 1044 kW (1420 WPS). **Leistung:** Höchstgeschwindigkeit 267 km/h; Einsatzreichweite 1000 km. **Bewaffnung:** eine Bombenlast bis zu 380 kg, Torpedos oder Luft-Luft-Raketen. **Besatzung:** 3-4. *Die Daten beziehen sich auf die SH-3D.*

Gebaute Versionen: S-61, XHSS-2, YHSS-2, HSS-2, SH-3A, S-61A, CH-124, S-61A-4 Nuri, HH-3A, RH-3A, VH-3A, CH-3B, SH-3D, S-61D, VH-3D, SH-3G, SH-3H, S-61L, S-61N, S-61R, CH-3C, CH-3E, HH-3E, HH-3F, Sea King HAS 1, HAS 2, HAR 3, HC 4, HAS 5 Sea King Mk.41, Mk.42, Mk.43, Mk.45, Mk.47, Mk.48, Mk.50, Commando 1, Commando 2, Commando 3.

Einsatzländer: Saudi-Arabien, Argentinien, Australien, Belgien, Brasilien, Kanada, Dänemark, Ägypten, Deutschland, Japan, Großbritannien, Indien, Indonesien, Iran, Irak, Italien, Libyen, Malaysia, Norwegen, Pakistan, Peru, Katar, Spanien, Vereinigte Staaten.

Visitenkarte

Land
Vereinigte Staaten

Typ
Mehrzweckhubschrauber

Antrieb
zwei Wellenturbinen

Jungfernflug
11. März 1959

Gebaute Exemplare
über 1300

Gebaute Versionen
39

Einsatzländer
24

Sikorsky S-65

Visitenkarte

Land
Vereinigte Staaten

Typ
schwerer Transporthubschrauber

Antrieb
drei Wellenturbinen

Jungfernflug
14. Oktober 1964

Gebaute Exemplare
737

Gebaute Versionen
20

Einsatzländer
6

Für den Dienst beim US Marine Corps entwickelte Sikorsky den schweren Sturmtruppen-Transporthubschrauber **Sikorsky S-65,** der als **CH-53 Sea Stallion** am 14. Oktober 1964 zum ersten Mal in die Luft stieg. Er enthielt einige Baugruppen des S-64 Skycrane, hatte aber einen wasserdichten Bootsrumpf und zwei Wellenturbinen. Der S-65 wies Heckladetüren auf, da die Spezifikation Lasten wie eine 105-mm-Feldhaubitze oder 38 Soldaten mit Kampfgepäck aufnehmen konnte. Weitere Versionen waren der **CH-53D,** der einen stärkeren Turbinenantrieb aufwies, und der **RH-53D,** der auf das Räumen von Minen spezialisiert war. Für die US Air Force entstanden die SAR-Varianten **HH-53B** und **HH-53C.** Zwei Rettungshubschrauber **S-65Oe** gingen 1970 an Österreich. 1971 liefen die Arbeiten an einer vergrößerten Version mit gestrecktem Rumpf, einem neuen Rotorsystem und drei T64-GE-416 mit je 3266 kW (4441 PS) an. Der Auftrag der US Navy über zwei Versuchshubschrauber und deren Flugerprobung wurde 1973 vergeben. Gleichzeitig wurde die Version **CH-53G** von VFW-Fokker für das österr. Bundesheer in Lizenz gefertigt und am 11. Oktober 1973 in Dienst gestellt. Am 1. März 1974 startete der **YCH-53E** zum Jungfernflug, und den ersten **CH-53E Super Stallion** übernahm das US Marine Corps am 16. Juni 1981. Ab 1982 entwickelte Sikorsky den Minenabwehrhubschrauber **MH-53E Sea Dragon,** der sich durch wesentliche Änderungen der Bordausrüstung und größere Tanks an den Rumpfflanken für zusätzliche 3785 Liter Treibstoff auszeichnet. *Fotos: MH-53J (oben), CH-53E (unten).*

Technische Daten: Hauptrotordurchmesser 24,08 m; Länge 30,18 m; Höhe 8,64 m; Hauptrotorkreisfläche 455,38 m². **Gewicht:** Leergewicht 15.140 kg; max. Startgewicht 33.340 kg. **Triebwerk:** drei General Electric T64-GE-416-Wellenturbinen mit je 3266 kW (4441 WPS). **Leistung:** Höchstgeschwindigkeit 315 km/h; Dienstgipfelhöhe 5660 m; Einsatzreichweite 2075 km. **Besatzung:** 3. **Passagiere:** bis zu 55 voll ausgerüstete Soldaten. *Die Daten beziehen sich auf die CH-53E.*

Gebaute Versionen: YCH-53A, S-65, CH-53A, RH-53A, MH-3A, HH-53B, HH-53C, CH-53C, CH-53D, S-650E, MH-53D, VH-53D, YCH-53E, CH-53E, MH-53E, CH-53G, HH-53H, MH-53J, S-80E, S-80M.

Einsatzländer: Österreich, Deutschland, Japan, Iran, Israel, Vereinigte Staaten.

Sikorsky S-70

Das Modell **S-70** wurde für das UTTAS-Programm (Utility Tactical Transport Aircraft System) der US Army entworfen. Er war als Nachfolger des Bell UH-1 gedacht und musste daher in der Lage sein, eine elfköpfige Infanteriegruppe samt Kampfgepäck und Waffen zu transportieren. Der Auftrag war entscheidend für den Fortbestand des Unternehmens, da Aufträge über 1107 UTTAS-Hubschrauber zu erwarten waren, die den rückgehenden Absatz der Hubschrauber ab 1978 wiederbeleben sollten. Der erste Serienauftrag beinhaltete 15 **UH-60A Black Hawk** und eine Festpreisoption für weitere 353 Exemplare. Im April 1982 erging ein Anschlussauftrag über 294 Exemplare zur Auslieferung bis 1985. Der erste Serienhubschrauber **UH-60A** flog am 17. Oktober 1978, angetrieben von zwei Wellenturbinen. Es zeigte sich schnell, dass der Black Hawk dem UH-1H weit überlegen war. Am 12. Dezember 1979 flog erstmals das Modell **SH-60B Seahawk.** Diese Version ist mit einem Suchradar, ESM-Geräten (für elektronische Unterstützung), Magnetortungsgerät (MAD) und einem modifizierten Fahrwerk ausgerüstet. Dieser Hubschrauber dient auf Fregatten und Zerstörern, während der von ihm abgeleitete **SH-60F** die Stelle des **SH-3H Sea King** einnimmt. Bis Ende 1995 hatte Sikorsky 2013 **H-60/S-70** für Luftstreitkräfte in 20 Nationen gebaut. *Fotos: UH-60B (oben), SH-60F (unten).*

Technische Daten: Hauptrotordurchmesser 16,36 m; Länge 15,26 m; Höhe 5,13 m; Hauptrotorkreisfläche 210,14 m^2. **Gewicht:** Leergewicht 5225 kg; max. Startgewicht 10.659 kg. **Triebwerk:** zwei General Electric T700-GE-701C-Wellenturbinen mit je 1375 kW (1870 WPS). **Leistung:** Höchstgeschwindigkeit 361 km/h; Dienstgipfelhöhe 5835 m; Einsatzreichweite 2130 km. **Bewaffnung:** zwei 12,7-mm- oder 7,62-mm-Maschinengewehre und eine Bombenlast bis zu 4536 kg (ausgerüstet für die verschiedenen Dienststellen). **Besatzung:** 2. **Passagiere:** 14 Soldaten. *Die Daten beziehen sich auf die UH-60L.*

Gebaute Versionen: S-70, UH-60A, HE-60A, HE-60B, HH-60A, HE-60C, HH-60G, MH-60G, MH-60K, MH-60L, UH-60J, UH-60L, UH-60P, UH-60Q, VH-60N, S-70A, S-70B, S-70C, HH-60H, HH-60J, SH-60B, SH-60F, SH-60J, SH-60R.

Einsatzländer: Saudi-Arabien, Argentinien, Australien, Bahrein, Brunei, Kolumbien, Südkorea, Ägypten, Philippinen, Japan, Jordanien, Griechenland, Hongkong, Israel, Marokko, Mexiko, Spanien, Vereinigte Staaten, Taiwan, Thailand, Türkei.

Visitenkarte

Land
Vereinigte Staaten

Typ
Mehrzweck-Hubschrauber

Antrieb
zwei Wellenturbinen

Jungfernflug
17. Oktober 1974

Gebaute Exemplare
über 2200 (noch in Produktion)

Gebaute Versionen
24

Einsatzländer
21

SPAD Serie S.VII und XIII

Visitenkarte

Land
Frankreich

Typ
Jagdeinsitzer

Antrieb
Reihenmotor

Jungfernflug
April 1916

Gebaute Exemplare
über 15.300

Gebaute Versionen
6

Die **SPAD S.VII** (Société Pour l'Aviation et ses Dérivées) war das erste wirklich erfolgreiche Militärflugzeug des Unternehmens. Die fast komplett aus Holz konstruierte S.VII hatte ein starres Schleifsporn-Fahrwerk und einen Ringkühler an der Stirn des Achtzylinder-V-Motors der Marke Hispano-Suiza. Die Auslieferung der ersten Version begann im September 1916, und im ersten Jahr wurden mehr als 500 Maschinen gebaut. 1917 flogen zwei Versuchsmodelle, eine davon mit einem 174 kW (200 PS) starken Hispano-Suiza 8Bc. Nachdem diese neben dem Vickers Standard-Maschinengewehr noch mit einer 37-mm-Kanone bewaffnet wurde, erhielt sie die Bezeichnung **S.XII.** Kurz vor deren Einführung hatte das Unternehmen die S.VII als Grundlage für einen zweisitzigen Leichtbomber/Aufklärer **S.XI** verwendet. Durch die Unzuverlässigkeit des Triebwerks wurde diese Maschine Mitte 1918 vom Fronteinsatz abgezogen. Im Gegensatz dazu brachte es die **S.XIII** auf die hohe Produktionszahl von 8500 Exemplaren. Sie hatte eine etwas größere Spannweite, verbesserte Querruder und weitere aerodynamische Verfeinerungen. Diese Maschine wurde von den Luftstreitkräften in Frankreich, Großbritannien, den Vereinigten Staaten, Belgien und Italien eingesetzt. Kurz vor Kriegsende baute man noch die verbesserte Version **S.XVII.** Diese war mit zwei Kameras bestückt, doch nur noch mit einem einzelnen Maschinengewehr bewaffnet. Die Schulungsflugzeuge **SPAD 62** und **72** flogen noch bis 1923. *Fotos: S.VII (oben), S.XIII (unten).*

Technische Daten: Spannweite 8,20 m; Länge 6,25 m; Höhe 2,60 m; Tragflügelfläche 20,20 m². **Gewicht:** Leergewicht 570 kg; max. Startgewicht 825 kg. **Triebwerk:** Hispano-Suiza 8Be-Reihenmotor mit 162 kW (220 PS). **Leistung:** Höchstgeschwindigkeit 224 km/h; Dienstgipfelhöhe 6650 m; Einsatzreichweite 380 km. **Bewaffnung:** zwei 7,7-mm-Maschinengewehre. **Besatzung:** 1. *Die Daten beziehen sich auf die S.XIII.*

Gebaute Versionen: S.VII, S.VII 2a Serie, S.XI, S.XII, S.XIII, S.XVII.

Sud-Aviation SA 316 Alouette III

Der (ab 1970 Aérospatiale) **Alouette III** ist das Nachfolgemodell der Alouette II und bietet eine größere Kabine, eine bessere Ausrüstung, eine stärkere Turbine und insgesamt bessere Flugleistungen. Der Prototyp mit der Bezeichnung **SE 3160** erhob sich am 28. Februar 1959 zum ersten Mal in die Luft, bald gefolgt vom ersten Serienhubschrauber, dem **SA 316A.** Dieses Modell wurde sowohl für den Binnen- als auch für den Exportmarkt produziert. Im Juni 1962 erwarb das indische Unternehmen HAL die Lizenzrechte an diesem Modell. Das Folgemodell **SA 316B** kam 1968 auf den Markt. Der Hubschrauber konnte bis zu sieben Passagiere oder eine Ladung von über 700 kg transportieren. Versuche zur Verbesserung des thermischen Wirkungsgrades und Reduzierung des Treibstoffverbrauchs der Astazou-Wellenturbine führten schließlich zum **SA 319B Alouete III Astazou,** direkt abgeleitet vom SA 316B. Die Serienproduktion lief erst 1973 an. Ein Volltreffer auf weltweiter Ebene, die Varianten des Alouette III heimsten noch größere Erfolge auf dem internationalen Markt als die Vorgängermodelle ein. Bis 1984 waren nicht weniger als 1453 Exemplare an 190 zivile und militärische Nutzer in 92 Ländern verkauft. Neben HAL in Bangalore, wo bis 1992 300 schon geliefert waren, fertigten ICA-Brasov in Rumänien 230 Exemplare und die Schweiz 60 dieses Modells in Lizenz. *Fotos: SA 319B.*

Technische Daten: Hauptrotordurchmesser 11,02 m; Länge 10,03 m; Höhe 3 m; Hauptrotorkreisfläche 95,38 m^2. **Gewicht:** Leergewicht 1145 kg; max. Startgewicht 2250 kg. **Triebwerk:** Turboméca Astazou XIV-Wellenturbine mit 485 kW (600 WPS). **Leistung:** Höchstgeschwindigkeit 220 km/h; Dienstgipfelhöhe 6000 m; Einsatzreichweite 600 km. **Bewaffnung:** (entsprechend des Verwendungszwecks) 4 Raketen, 2 Torpedos und Maschinengewehre. **Besatzung:** 1-2. **Passagiere:** bis zu 6. *Die Daten beziehen sich auf den SA 319B.*

Gebaute Versionen: SE 3160, SA 316A, SA 316B, SA 316C, SA 319B.

Visitenkarte

Land
Frankreich

Typ
Mehrzweck-Hubschrauber

Antrieb
Wellenturbine

Jungfernflug
28. Februar 1959

Gebaute Exemplare
über 1800

Gebaute Versionen
5

Sud-Est Caravelle

Visitenkarte

Land
Frankreich

Typ
Kurz- und Mittelstrecken-Verkehrsflugzeug

Antrieb
zwei Turbofan-Triebwerke

Jungfernflug
27. Mai 1955

Gebaute Exemplare
281

Gebaute Versionen
10

Die vom französischen Luftfahrtministerium im November 1951 veröffentlichte Leistungsbeschreibung beinhaltete einen turbinengetriebenen Airliner, der auf dem internationalen Markt gegen britische und amerikanische Modelle dieser Kategorie bestehen konnte. Unter den sechs nationalen Teilnehmern gewann die Firma Sud-Est die Ausschreibung. Sud-Est wurde nach einigen Fusionen mit anderen nationalen Unternehmen 1970 die Société Nationale Industrielle Aérospatiale. Nach Verbesserungen am ersten Prototyp hatte die erste Serienmaschine einen um 141 cm gestreckten Rumpf, sodass 64 Passagiere Platz fanden. Die **Caravelle I** war eine Ganzmetallkonstruktion in der Auslegung eines Tiefdeckers. Vom Folgemodell **Caravelle III** wurden 78 Flugzeuge mit einer stärkeren Motorleistung gebaut. Zu den weiteren Verbesserungen zählten eine erweiterte Cockpitverglasung, stärkere Bremsen und Störklappen zur Auftriebsminderung. Die Anschlussbaureihe brachte die **Super Caravelle,** die am 3. März 1964 zum ersten Mal vom Boden abhob, hervor. Dies war eine gründlich überarbeitete Version des Grundmodells Caravelle mit einer Vielzahl aerodynamischer Verfeinerungen und einer höheren Antriebsleistung. Dieses Modell konnte bis zu 108 Passagiere transportieren. Die abschließende Caravelle-Serie war die **Mk 12,** deren Rumpf nochmals um 323 cm für maximal 140 Passagiere verlängert worden war. Wegen der höheren Betriebsmasse musste die Zelle verstärkt und gleichzeitig die Motorleistung erhöht werden. Die Caravelle war Frankreichs erster strahlgetriebene Airliner, der bei 35 Fluggesellschaften zum Einsatz kam. *Fotos: Caravelle III (oben), Caravelle 12 (unten).*

Technische Daten: Spannweite 34,29 m; Länge 36,23 m; Höhe 9,02 m; Tragflügelfläche 146,70 m². **Gewicht:** Leergewicht 29.500 kg; max. Startgewicht 58.000 kg. **Triebwerk:** zwei Pratt & Whitney JT8D-9-Turbofan-Triebwerke mit je 6577 kp Schub. **Leistung:** Höchstgeschwindigkeit 825 km/h; Dienstgipfelhöhe 10.000 m; Einsatzreichweite 4000 km. **Besatzung:** 2 Piloten und mehrere Flugbegleiter. **Passagiere:** bis zu 140. *Die Daten beziehen sich auf die Caravelle 12.*

Gebaute Versionen: SE 210, Caravelle I, IA, III, VI-N, VI-R, Super Caravelle 10B, 10R, 11R, 12.